建設テック革命

アナログな建設産業が
最新テクノロジーで生まれ変わる

AI　IoT　自動運転　ドローン　ロボティクス

木村 駿
日経コンストラクション編

日経BP社

はじめに

金融（ファイナンス）とITの融合を指す「フィンテック」を代表に、「〇〇テック」という言葉がビジネスの最前線で飛び交っています。農業ならアグリテック、医療・ヘルスケアならヘルステック、教育はエドテック――。既存の産業に異分野の最新テクノロジーを取り入れて生産性を高めたり、革新的な新ビジネスを生み出したりしようと、大企業から創業間もないスタートアップまで、様々な企業が躍起になっているのです。

本書のタイトルに使った「建設テック」もお察しの通り、建設とテクノロジーを掛け合わせた造語です。米国では「コンストラクションテック」などと呼んでいますが、長たらしいわりにイメージが湧きづらいので、本書では漢字を使いました。

「テックという言葉を付ければいいってもんじゃない」と思ったあなた、ちょっと待ってください。あまり知られていませんが、AI（人工知能）やIoT（モノのインターネット）、ロボティクスなどの最新テクノロジーで建設業の生産性を飛躍的に高めようという機運が今、急激に高まっているのです。その勢いたるや、まさに「建設テック革命」。建設専門誌の記者である筆者も、業界がこの数十年間で最大の変革期を迎えていると実感しながら取材をしています。

バブル経済が崩壊した一九九〇年代以降、建設業の労働生産性は足踏みを続け、製造業に大きく水をあけられて現在に至ります。それがなぜ今になって、生産性の向上なのか。業界が見据えているのは、近い将来に訪れる深刻な人手不足の時代です。例えば、工事現場で働く職人（技能者）の年齢構成から計算すると、二〇一五年に三百三十一万人いた技能者のうち百万人以上が、今後十年間で高齢化などを理由に離職すると考えられます。

産業間で働き手の奪い合いが激化すれば、休日が少なく賃金が低い状態が続いていた建設業は不利な立場に立たされます。このままでは企業活動を、さらには建設産業を維持できない。そんな危機感を背景として、公共投資の削減が落ち着き、企業経営が安定している今のうちに、建設生産の効率化と労働環境改善を進めようというのです。

建設業界は、民間企業や一般消費者の発注に基づいてオフィスビルや住宅、商業施設などを建てる「建築」の分野と、国や自治体などの発注に基づいて道路や堤防などを造る「土木」の分野から成ります。このうち、とりわけダイナミックな動きを見せているのが土木分野です。業界を所管する国土交通省は、建設業のＩＴ化を目指して「ｉ－Ｃｏｎｓｔｒｕｃｔｉｏｎ（アイ・コンストラクション）」と呼ぶ政策を強力に推進しています。生産性向上の旗を振る国交省、人手不足の時代に対応しようともがく建設業界、こうした動きに商機を見出した異分野の企業。三者の動きが相まって、大きなムーブメントを巻き起こしているのです。

本書では、こうした動きの背景を整理したうえで、具体的な事例をふんだんに紹介しています。建設産業を支える技術者や経営者はもちろん、ＩＴや製造など様々な分野のビジネスパーソンに手に取って頂き、建設テック革命の熱気を感じ取り、ビジネスに生かして頂ければ幸いです。

日経コンストラクション　木村　駿

目次

コラム

第2章

三次元データが現場にやってきた

第3章 自動運転・ロボットで建設現場が「工場」に

第4章

AIが救うインフラ維持管理

コラム

第5章

新たな主役はスタートアップ

＊記事中の肩書きや情報は原則として取材時点のものです。

PROLOGUE

人手不足がもたらす建設テック革命

LABOR SHORTAGE BRINGS REVOLUTION IN CONSTRUCTION TECHNOLOGY

「スーパーゼネコン」とも呼ばれる大手総合建設会社の鹿島、大成建設、大林組、清水建設。建設業界に君臨する四社の業績はこの数年、毎年のように過去最高益をたたき出している。二〇一八年三月期連結決算における四社の売上高は、それぞれ一兆五千億円～一兆九千億円に達する。四社のうち鹿島と大成建設が増収増益を果たした。工事の採算性を表す完成工事総利益率（粗利率）は、低迷期の数パーセント台から十数パーセントまで回復。各社の「稼ぐ力」は数字で見る限り、確実に高まっている。準大手クラスの建設会社の業績も、スーパーゼネコン同様に好調だ。

リニア中央新幹線などの大型工事の恩恵にあずかれない地方の中小建設会社の経営は、相変わらず楽ではない。それでも建設業全体として見れば、毎年のように公共事業費が削減され、倒産や廃業が続出した二〇〇〇年代からの「冬の時代」を完全に脱したと言えるだろう。

我が世の春を謳歌する建設会社が今、こぞって取り組んでいるのが生産性の向上だ。生産性には様々な定義や指標があるが、ごく単純に言えば、産出量（アウトプット）を投入量（インプット）で割った値。建設会社が工事の生産性を高めたければ、投入量（分母）に当たる「延べ労働時間（労働者数に労働時間を乗じたもの）」をいかに削減するかがキモになる。

なるべく少ない人数で、品質や安全を確保しながら素早く工事を仕上げようと、各社は知恵を絞っている。ドローン（小型無人機）にロボット、ＡＩ（人工知能）やＩｏＴ（モノのインターネット）。思いつく限りの最新テクノロジーを総動員し、アナログな建設現場を最新の「工場」に造り変えようとしているのだ。

十年間で百万人の職人が離職

　なぜ今、生産性の向上なのか。彼らが念頭に置いているのが、近い将来にほぼ確実に訪れる深刻な人手不足の時代だ。例えば、技能者（職人）の年齢構成から計算すると、二〇一五年に三百三十一万人いた技能者のうち百万人以上が、今後十年間で高齢化などを理由に離職する。業界団体の日本建設業連合会（日建連）は、こうした危機的状況に対応するために、大幅な生産性の向上が不可欠だと指摘している。

　さらに日本では、今後数十年で生産年齢人口（十五～六十四歳）が激減する。二〇一五年に七千六百八十二万人いた労働力の要が二〇五〇年には五千一万人まで減ってしまうのだ。技能者だけでなく、工事を管理したり、

建設技能労働者数の推移と2025年の推計

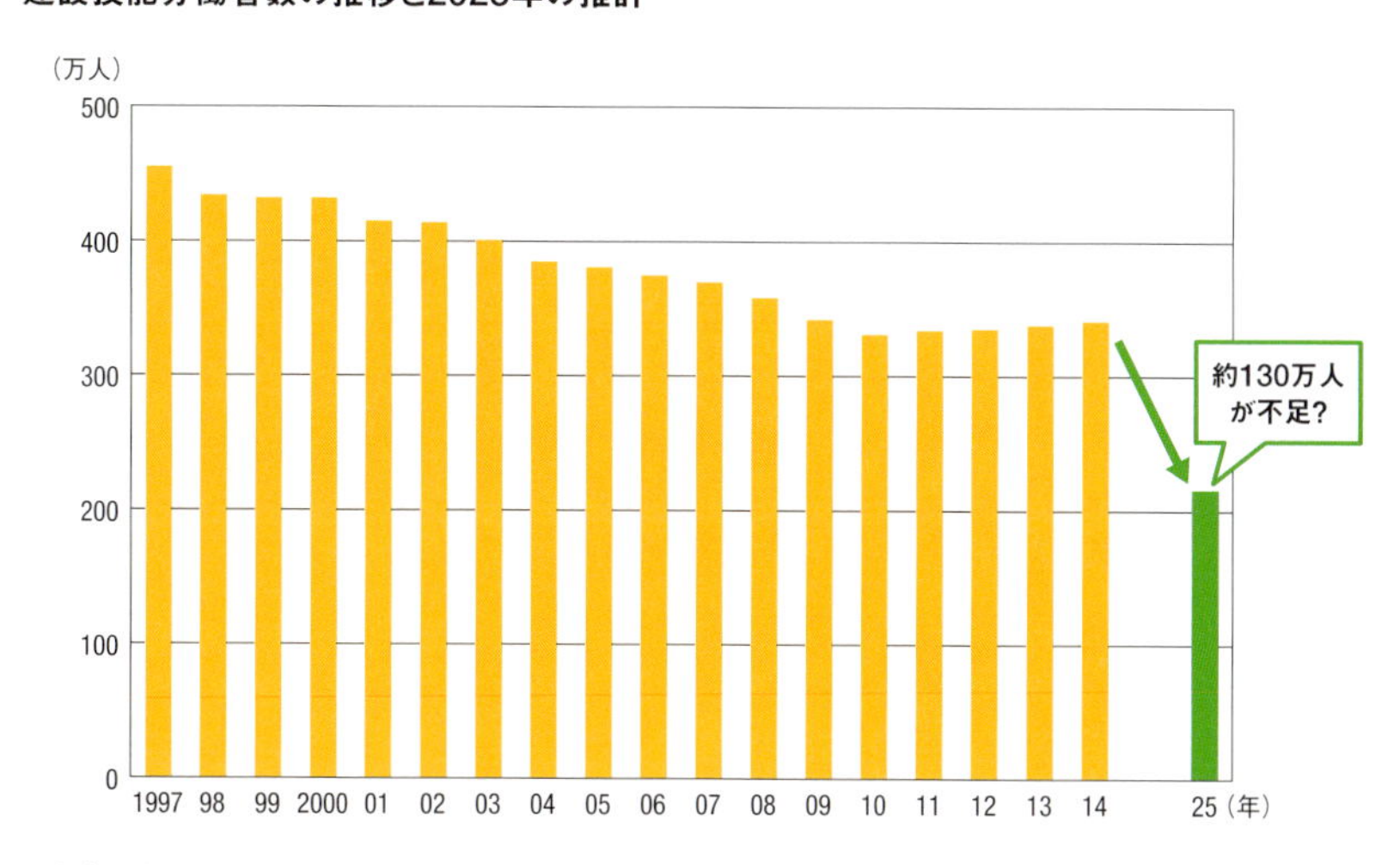

国土交通省と日本建設業連合会の資料を基に日経コンストラクションが作成

技術開発を担ったりする建設技術者の確保も難しくなっていく。大林組で東京湾アクアラインなどのビッグプロジェクトに携わり、副社長も務めた同社の金井誠特別顧問は、「人材の獲得競争が業界再編を促す可能性もある」と指摘する。

今後、産業間で人材の奪い合いが激化すれば、労働環境の整備に遅れが目立つ建設業に勝ち目はない。何しろ、工事現場ではいまだに週休二日制すら実現できていないのだから。日建連は二〇二一年度末を目標に現場の週休二日を実現する目標を掲げているが、取り組みはようやく始まったばかりだ。

問題を抱えるのは建設会社ばかりではない。建物の設計を担う建築設計事務所や、橋などの設計を生業とする建設コンサルタント会社でも、かねてより長時間労働がまん延している。公共投資の削減が止まり、企業経営が安定している今のうちに、建設生産の効率化や労働環境改善を進めることは、産業全体に突き付けられた至上命題なのだ。

建設産業の生産性を高めることは、社会的な意義も大きい。社会生活と経済活動の基盤となる道路などの社会インフラや建物を効率的に整備し、安全に保つことにつながるからだ。

建設業の労働生産性は、バブル崩壊から現在に至るまで一貫して低迷を続け、かつては同じような水準だった製造業に大きく水をあけられてしまった。建設投資の減少率が、就業者の減少率を上回り、労働力が過剰な状態が長らく続いたのが主な原因だ。マクロなデータは、それを裏付ける。二〇一五年度の建設投資額は五十一兆円。約二十年前の一九九六年度に比べて三十八パーセントも減少した。一方、建設業の就業者数は二十五パーセント減の五百万人だった。

建設業の付加価値労働生産性*

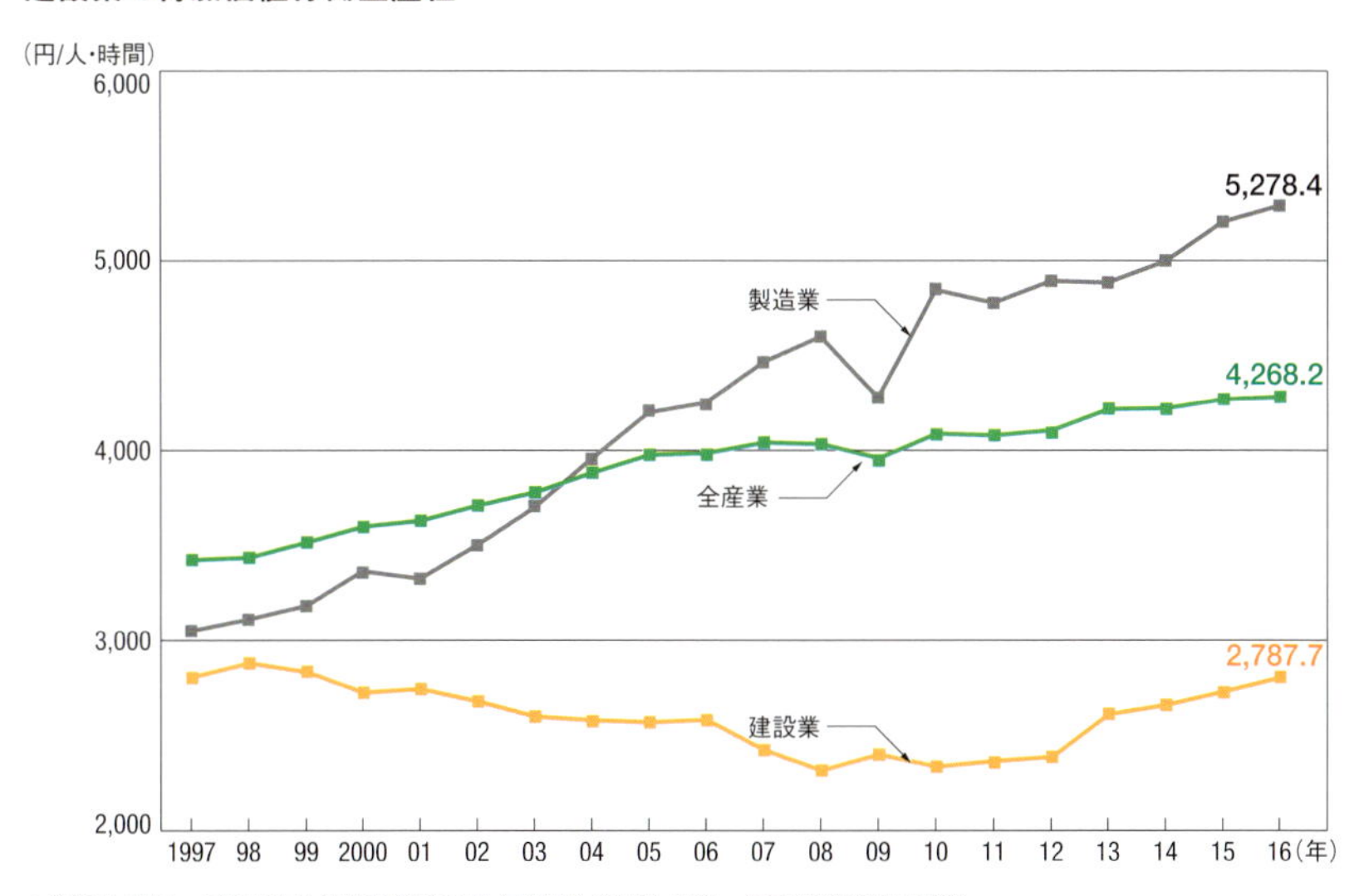

*労働生産性＝実質粗付加価値額(2011年価格)/(就業者数×年間総労働時間数)
(資料: 内閣府「国民経済計算」、総務省「労働力調査」、厚生労働省「毎月勤労統計調査」)

建設投資と建設業就業者の推移

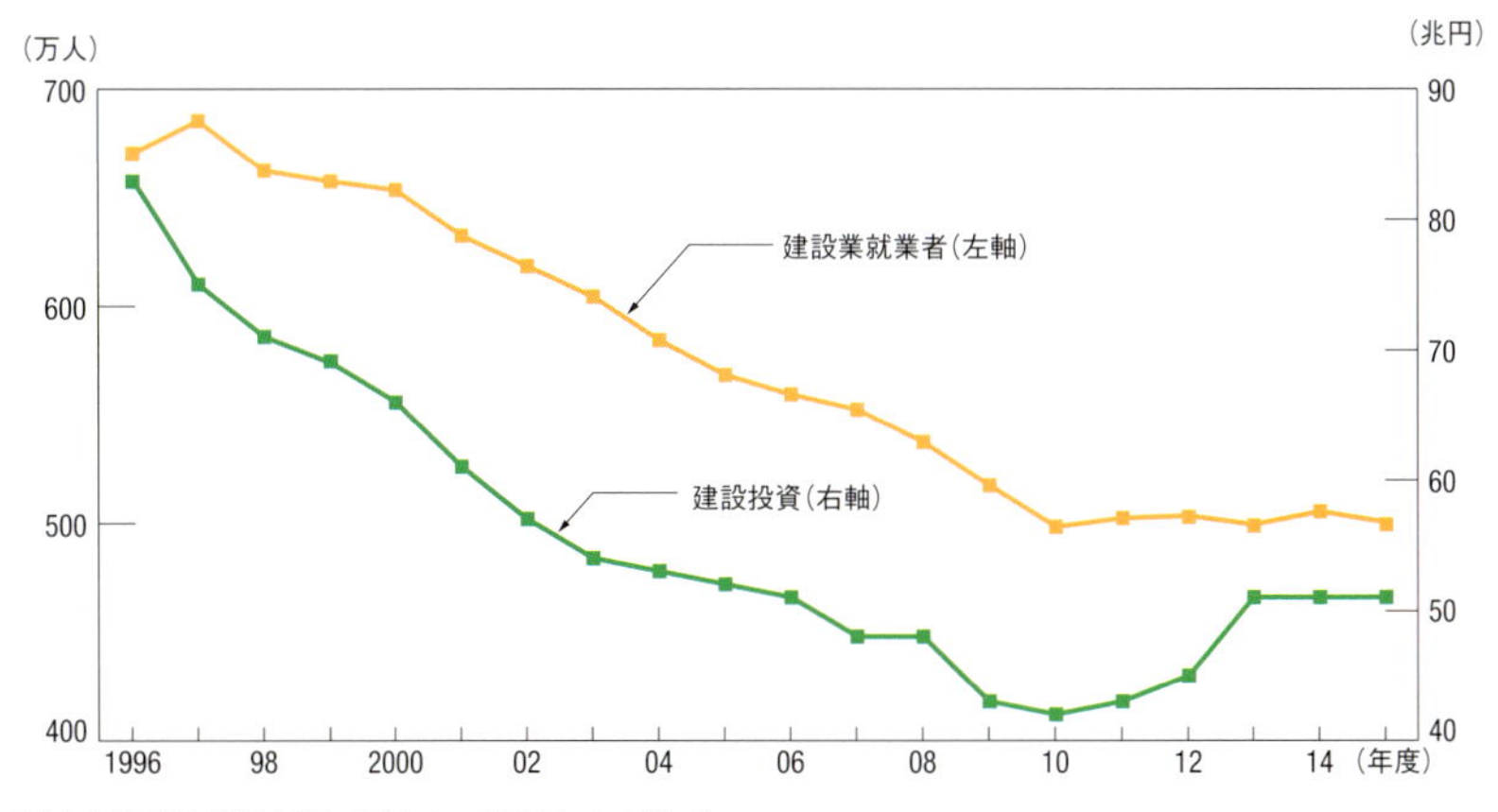

国土交通省の資料を基に日経コンストラクションが作成

発注者の要望に応じて毎回異なる形状・機能の構造物を建設する「単品受注生産」、あるいは「屋外生産」といった製造業にはない特徴も、建設業の生産性向上を妨げてきた原因だ。環境を一定に保ちやすい工場内で、少品種大量生産を行うために製造業が追求してきた機械化などの生産性向上策を、そのまま当てはめにくい。また、公共事業では設計と施工を分離して発注する方式が基本なので、研究開発や設計から製造までを自社で賄って効率を高める垂直統合モデルも取り入れづらかった。

建設業の「特殊性」は言い訳にならない

ただし、このような常識や定説は、テクノロジーの進化に伴って急激に覆りつつある。準大手ゼネコンの三井住友建設で生産性向上に向けた技術開発の旗を振る春日昭夫副社長は言う。「建設業の特殊性は、もう言い訳にならない。コンピューターの性能は飛躍的に上がったし、画期的な技術が次々に生まれている」。

本書のタイトルに用いた「建設テック」とは、「建設」と「テクノロジー」を掛け合わせた造語だ。AIやロボティクスのような異分野の最新テクノロジーを建設産業に大胆に取り入れることで生産性を飛躍的に高めたり、新たなビジネスを生み出したりする潮流を表している。米国ではコンストラクションテックなどと呼んでおり、「建設×IT」を標榜するスタートアップ企業が次々に産声を上げ、大型の資金調達も果たしている。

「〇〇テック」という造語は、金融（ファイナンス）とＩＴの融合を指す「フィンテック」や農業の「アグリテック」、医療・ヘルスケアの「ヘルステック」など、既に様々な分野で使われている。これらのワードに比べるとまだまだ一般にはなじみのない「建設テック」だが、筆者は建設専門誌・日経コンストラクションの記者として、建設産業がこの数十年間で最大の変革期を迎えていると実感しながら日々取材を進めている。

国内建設市場は約七十兆円

製造業などに比べてＩＴ化が遅れていた建設業界。国内の主要産業であるにもかかわらず、いまだに紙の書類や図面が幅を利かせているのが実情だ。売上高が数千億円を超える大手の建設会社はともかく、建設業許可を受けた約四十六万五千業者の大半は中小企業。町場の工務店では取引先との連絡にＦＡＸを使用することも少なくない。

逆の視点から捉えれば、建設業界にはＩＴの活用によって効率化できる余地が多分にあるということだ。そしてそこには、異業種の企業にとって、数ある「〇〇テック市場」に勝るとも劣らない大きなビジネスチャンスが転がっている。

「建設テック」が異業種の企業にとっても有望な分野だと考えられる理由は、建設産業でＩＴの活用が遅れていること以外にあと二つある。

一つ目の理由は、市場規模が大きい点だ。建設市場の規模を捉えるうえで参考になるのが、先ほど少し触れた「建設投資」の統計。国土交通省が二〇一八年六月に発表した最新の推計によると、二〇一八年度の建設投資（名目値）は五十七兆一千七百億円（前年度比二・一パーセント増）となる見通しだ。日本の国内総生産（ＧＤＰ）に占める建設投資の比率は、四十年ほど前に比べると半分になったものの、今なお十・一パーセントもある。

建設投資に、民間建築のリフォーム・リニューアル投資の見通しを加えて重複分を除外すると、六十九兆二千四百億円となる。これが建設市場の大まかな規模だ。つまり二〇一八年の国内建設市場は約七十兆円とみなせる。生命保険業界の国内市場は約四十兆円と言われているから、その大きさが分かるだろう。ＢｔｏＢ（企業間取引）が中心の建設業は国内の代表的な産業であるわりに、その実態があまり知られていない。注目度が低い点で「狙い目」なのだ。

さらに詳しく見ていこう。建設市場は大きく分けて、道路や堤防を造る「土木」と、オフィスビルやマンションなどを建てる「建築」から成る。七十兆円市場のうち、土木が二十六兆六百億円、建築が四十三兆一千八百億円だ。土木の発注者は国や自治体などが中心で、いわゆる公共事業が大半を占める。一方、建築の発注者は民間企業が主体という違いがある。

直近の三十年間で､建設市場の規模はどう変化してきたのか。民間建築のリフォーム・リニューアル投資については古いデータが存在しないので、建設投資の部分の推移をひも解いてみよう。建設投資は一九九二年度の八十四兆円をピークに減少傾向となり、二〇一〇年度にはピーク時の約半分に当たる四十二兆円程度まで減少した。バブル崩壊後、急速に公共投資の削減が進んだことなどが原因だ。建設業の「冬の時代」である。

2018年度の建設投資（名目値）の見通し

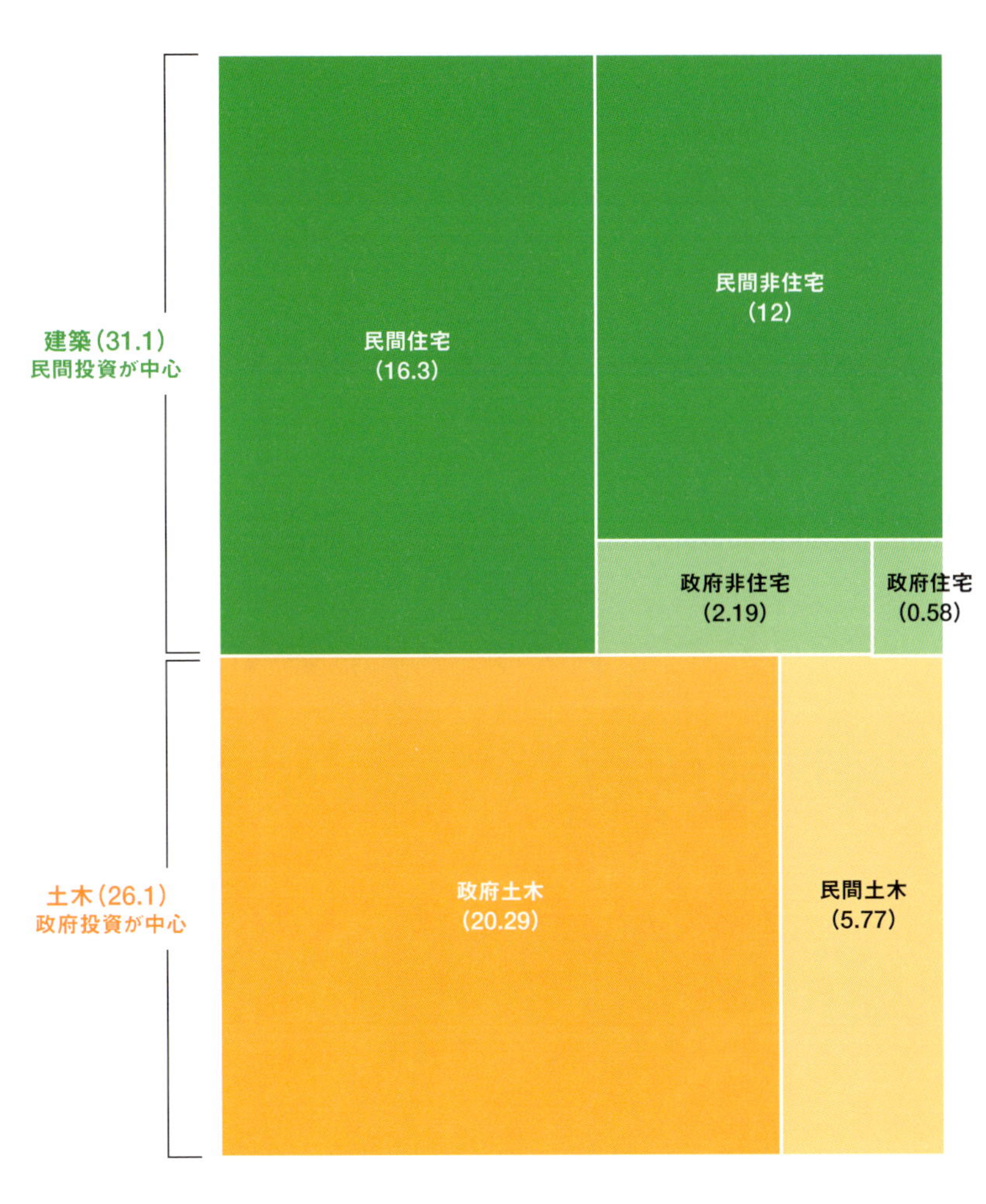

国土交通省の資料を基に日経コンストラクションが作成。図中の単位は兆円

建設産業の主なプレーヤー

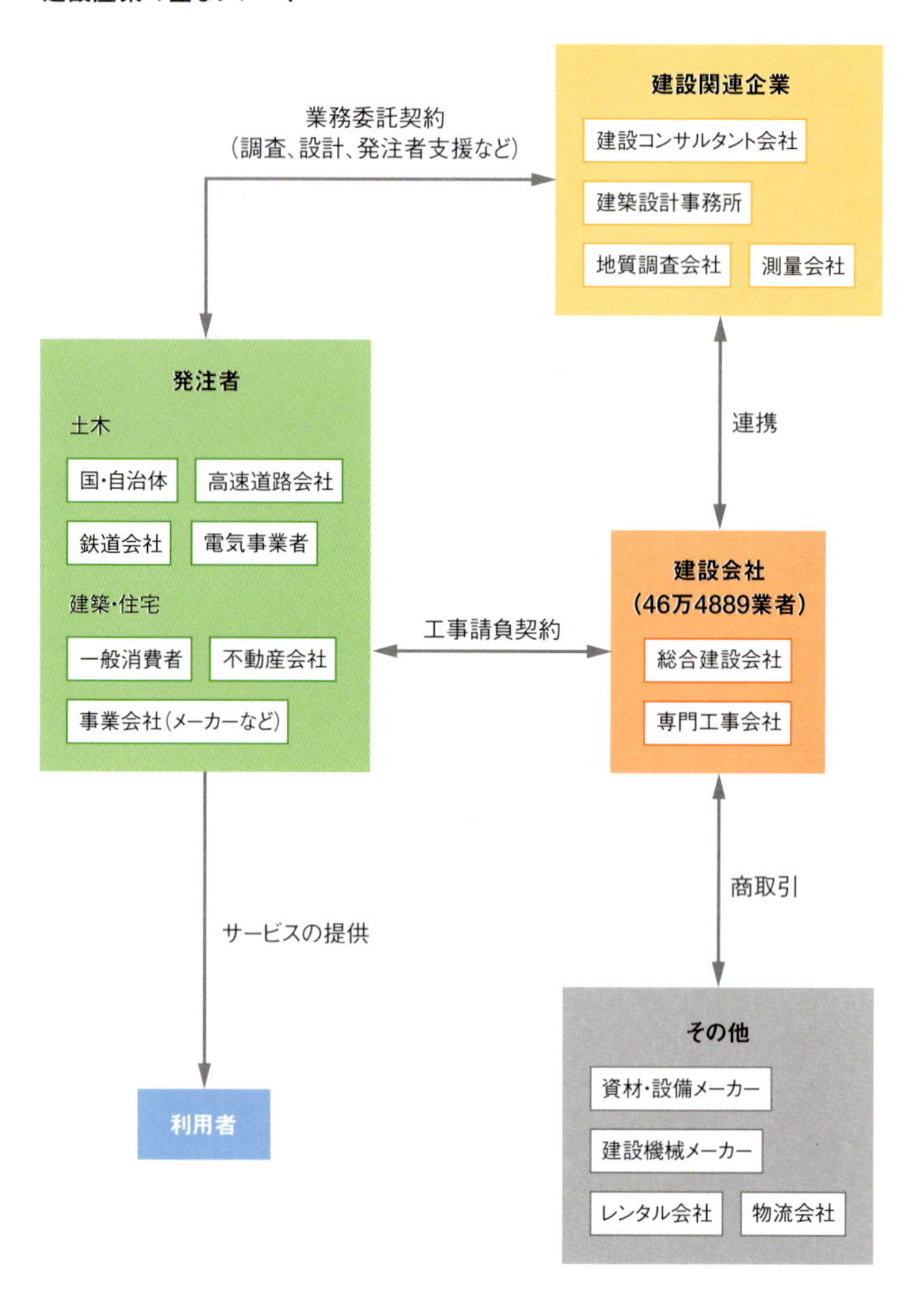

取材を基に日経コンストラクションが作成

この間、国交省（旧建設省）は談合などの不祥事を契機に、公共事業の「透明性」の確保を目的とする入札・契約制度の改革を繰り返してきた。その結果、価格競争が過熱してダンピング（赤字受注）が横行。不良業者の参入を招いたことで、品質の低下が大きな問題となった。建設業界は疲弊し、技術開発も停滞した。近年ではこうした反省から、価格だけでなく技術力を評価して施工者を選ぶ方針に変わっている。

さて、建設投資の規模についてはその後、二〇一一年に起こった東日本大震災を契機に公共事業の削減が止まり、拡大傾向に転じた。現在も、土木・建築の両分野で緩やかに市場が拡大している局面だ。建設業界には、「東京五輪がある二〇二〇年までは市場が拡大し、その後は緩やかに縮小するか横ばいを保つ」といったイメージを持っている経営者が多い。

国土交通省の「アイ・コンストラクション」

「建設テック」が有望だと考えられる二つ目の理由は、公共事業の国内最大の発注者である国土交通省が二〇一五年十一月に「i－Construction（アイ・コンストラクション）」と呼ぶ施策を打ち出し、建設業、とくに土木分野の生産性向上を強く後押ししているからだ。

「アイ・コンストラクション」のコンセプトは、測量から調査・設計、施工、検査、維持管理・更新に至る建設プロジェクトの全プロセスに一貫してＩＣＴ（情報通信技術）を導入し、建設生産活動の飛躍的な効率化を図るというもの。一連のプロセスの管理には、三次元モデルにコストや品質などの属性情報を関連付けるＣＩＭ（コンストラクション・インフォメーション・モデリング）を取り入れて、三次元データを徹底的に活用する。

測量にドローンや三次元レーザースキャナーなどの新技術を取り入れて省人化を図ったり、施工段階ではデジタルの設計データを基に重機を半自動で制御する「情報化施工」を活用したりと、個別のフェーズの効率化も大胆に進める。

実は過去にも、公共事業の「電子化」を目指す取り組みはあった。旧建設省が一九九七年に初めてアクションプランを立て、自ら推進してきた「公共事業支援統合情報システム（ＣＡＬＳ／ＥＣ）」がそれだ。建設プロジェクトの各フェーズ間、あるいは受注者と発注者の間で電子データを共有し、生産性向上や品質の確保を達成するというもの。目指すところは「アイ・コンストラクション」と大差ない。

ＣＡＬＳ／ＥＣの成果としては、二〇〇一年度から始まった電子納品（成果品を電子データで納品すること）や、二〇〇三年度から本格導入となった電子入札（公共事業の入札手続きをインターネット経由で行う方式）がある。ただし、納品データの標準化こそ進んだものの、建設プロジェクト全体の生産性向上には遠く及ばなかった。

こうした過去があるので、「アイ・コンストラクション」に対する建設会社の視線は、当初はどちらかと言うと冷ややかだったように思う。ところが、国交省がいつにないスピード感で技術基準を整備し、ＩＣＴの活用を前提とする工事を大量に発注し始めたことで、建設会社の目の色が変わった。

「i-Construction」の説明用資料(資料:国土交通省)

「アイ・コンストラクション」は「アイコン」などと略され、瞬く間に土木の分野に広がった。今では建築分野にも影響を及ぼすようになり、国交省も手ごたえを感じているようだ。少し古くなるが、筆者が二〇一七年五月に、「アイコン」の生みの親である石井啓一国交相にインタビューした際のやり取りを、以下に掲載しよう。

INTERVIEW

——なぜ「アイ・コンストラクション」に取り組むのでしょうか。改めて狙いを聞かせてください。

石井 アイ・コンストラクションでは、測量から設計、施工、検査、維持管理に至る全ての事業プロセスでICTを活用し、建設現場の生産性を飛躍的に向上させることを目指しています。IoTやAIといった革新的な技術を建設現場に取り入れることで、国内の労働人口が減っていくなかでも、それを上回るだけの生産性向上を実現し、経済成長を果たしていきたい。

安倍内閣では、名目GDP（国内総生産）を現状から約百兆円増やして、二〇二〇年までに六百兆円とする目標を掲げました。国土交通省は目標の実現に向けて二十項目にわたる「生産性革命プロジェクト」を進めています。アイ・コンストラクションは、その目玉施策の一つという位置づけです。

——頭文字のi（アイ）には、どんな意味がありますか。

石井 これには、いろんな意味を込めている。ICTのiでもあるし、愛情のiでもある。決

石井啓一国交相は1958年生まれ。81年東京大学工学部卒業、建設省入省。道路局課長補佐を経て92年に退職し、93年に衆院選挙で初当選。2015年10月に国土交通大臣に就任（写真：吉成 大輔）

して私のイニシャルから命名したわけではないことを、ここできちんと申し上げておきましょう（笑）。

──本格始動は二〇一六年度でした。

石井　そうですね。まずは他の工種に比べて効率化が遅れていて改善の余地が大きい「土工」から手を付けました。土工とは、山を削る「切り土」、土を盛る「盛り土」の工事を指します。

まずは国交省が発注する大規模な工事を対象に、ＩＣＴを活用した土工、いわゆる「ＩＣＴ土工」を全国で五百八十四件実施しました。

具体的に現場で取り組んだのは、工事に入る前の測量にドローンを活用して地形の三次元データを取得したり、ＩＣＴ建設機械に三次元設計データを入力して、半自動で施工したりといったことです。

これまでは二次元の図面を基に工事を進めてきましたから、三次元データを使おうとすると、そのための基準が必要になります。ですので、二〇一六年の春に新たに基準を整備しました。これについては、国交省の職員が一生懸命に取り組みました。

「俺は天才じゃないか」と勘違い

――ICTの活用による効果は、どの程度ありましたか。

石井　従来は人手で実施していた測量にドローンを用いることで、データの整理も含めて2週間ほどかかった作業が、わずか数日で済むようになりました。また、ICT建設機械を導入すれば、熟練オペレーターでなければ難しい作業も少し練習するだけでできるようになります。

実は、ICT建設機械については二〇一六年に、コマツに協力してもらって試乗しました。あまりに上手に操作できるので、「ひょっとして俺は天才じゃないか」などと勘違いするくらい。改めて手動で操作してみると、やはり全然ダメ。いかにICT建設機械の施工精度が高いか、大いに実感しました。

ICT建設機械の周囲には作業の補助者を配置する必要がなくなるので、接触事故を起こすリスクが下がった点も効果の一つだと感じています。

思うに、工事現場には仮囲いがあるので一般の人が入ってくることはまずありません。ですから、安全性という観点からも新技術を導入しやすいのではないでしょうか。そのあたりは、クルマの自動運転などとの違いでしょうね。

ＩＣＴ土工では、工事終了後の検査にもドローンなどを活用しています。これまでは、設計通りに完成しているかどうかを人手をかけて数十メートルごとに測っていたのですが、ドローンなどを使えば全体を素早く計測できる。計測結果も三次元データで提出してもらうなど、手続きを圧倒的に簡素化しました。

工事の受注者を対象とするアンケート調査では、測量から検査までにかかる作業時間が、平均で約二十三パーセントも減少するという結果が得られています。

政府の未来投資会議では、建設現場の生産性を二〇二五年までに二割向上させる目標を掲げました。実はまだ、具体的な指標などが決まっているわけではありませんが、従来と比べた作業時間や現場に投入する職人の人数などで、効果を評価できると考えています。

自治体への普及が課題

――効果については分かりました。では、ＩＣＴ土工を進めるうえでどんな課題がありますか？

石井　二〇一六年度はまず、国が発注する直轄工事から取り組みを始めましたが、今後は自治体が発注する工事にも広げていきたい。

そのためには基準などの整備も必要になるでしょうし、直轄工事での成果などは、各地方整備局を通じて大いにＰＲしていきたいです。

ＩＣＴの導入に伴う費用も課題の一つです。ＩＣＴ建設機械のリース費用は通常の建設機械よりも高く付きますから、増分は積算できちんと見込むようにしているところです。

――ICT土工以外の取り組みについてはどうでしょう。

石井　ICTの活用が本筋ではあるのですが、コンクリート工事の生産性向上にも取り組んでいます。コンクリート構造物を施工するには、鉄筋を組んで型枠を作り、その中に生コンクリートを流し込むわけですが、今は型枠工や鉄筋工といった職人が非常に不足している。ですので、プレキャスト部材などの工場製品を現場で使いやすくできるように、規格の標準化などを進めています。

このほか、施工時期の平準化も外せないテーマです。国の予算は単年度主義なので、年度末に繁忙期が集中するようなことが起こっていました。そこで、年度をまたいで工事ができるよう、二カ年国債（国庫債務負担行為）やゼロ国債といった仕組みを活用して、時期を平準化しようとしています。

――アイ・コンストラクションの二年目となる二〇一七年度の展開は。

石井　初年度に当たる二〇一六年度は生産性革命の「元年」でした。二年目の二〇一七年度は「前進」の一年と位置付けて、大きく分けて三つの取り組みを進めていきます。

一つ目は、ICTを活用する工種の拡大。土工に続いて、舗装と浚渫（しゅんせつ）、港湾や河川にたまった土砂などを除去する土木工事）でも、二〇一七年三月に新たに整備した技術基準などに基づいて本格的に工事を実施していきます。このほか、橋梁の建設事業でICTを全面的に活用する取り組みが試行的に始まります。関係者はこれを「i-Bridge」と呼んでいます。

二つ目は、設計や施工、維持管理の各段階で三次元モデルを活用し、生産を効率化するCIMの導入です。合理的な事業実施計画の検討、現場作業の安全性向上の検討などに活用していきたい。さらには、事業費や工期などを自動的に算出するような手法にも期待しています。産学官民の連携強化が三つ目です。

インタビューに応じる石井啓一国交相（写真：吉成 大輔）

――「産学官民の連携」ですが、具体的にはどのように進めますか。

石井　二〇一七年一月に「i-Construction推進コンソーシアム」と呼ぶ組織を立ち上げました。参加者は、五月一日時点で合計七百八者に上ります。今のところ、コンソーシアムのメンバーには建設関連の企業が多いですが、今後は異業種の方々にももっと参加していただきたい。ICTはもとより、ロボットやAIといった技術を扱う事業者や、金融関係の事業者なども。

――異業種と手を組まなければ、革新は難しい？

石井　そうですね。新しい発想や技術は、建設業界だけでは生まれにくいと思いますから。コンソーシアムでは、「技術開発・導入WG」「三次元データ流通・利活用WG」「海外標準WG」の三つのワーキンググループを立ち上げて、積極的に活動を進めていきたい。このうち技術開発・導入WGではまず、IoTやAIといった革新的な技術を導入するうえで、現場で何が求められているかを調べました。その結果、行政や建設事業者から、実に一千七百件以上のニーズが寄せられたのです。

例えば、「河川の流量や流速を簡単に把握できるようにしたい」「災害で変化した地形をドローンで迅速に測量したい」「地下埋設物の位置を把握したい」といったところです。ニーズに応える技術を開発してもらい、現場での実装に取り組んでほしいと思います。

——社会資本の維持管理については、二〇一六年十一月に「インフラメンテナンス国民会議」を立ち上げて技術開発などを進めています。コンソーシアムとの関係は？

石井　ご指摘のように、国土交通省では以前からインフラの老朽化対策にも力を入れてきました。アイ・コンストラクションも、今は測量や設計、施工段階が主な対象ですが、最終的には維持管理の効率化にまでつなげたい。両方の組織で、うまくコラボレーションしながらやっていくつもりです。

日本社会の様相が変わった

——ところで、石井大臣は一九九二年まで旧建設省道路局で課長補佐を務めておられました。当時と比べて変化を実感する場面は多いですか。

石井　約二十年ぶりに戻ってきたので、まさに浦島太郎のような気分ですよ（笑）。私が建設省にいた頃は、「生産性向上」や「働き方改革」といったことは正直に言ってほとんど考えていませんでしたから。

当時はまだ、労働力が減るということを真剣に考える時代ではなかった。本当に、状況は大きく変わりました。これは建設業界だけの問題ではありません。日本の社会の様相が、変わってきているのです。

あらゆる業界が人手不足を叫び始めています。担い手の確保を競い合うような時代に、建設産業が力を維持していくには、生産性を高めて少ない人数でも従来と同じことができるようにすることと、若い人に入職してもらえるような魅力ある業界・職場にすること、この二つをどうしてもやり遂げなければなりません。

「働き方改革」という面では、週休二日制をなんとか拡大しようとしています。まだまだ建設業では一般的ではありませんから。週休二日にすると工期が延びたり、現場管理費が増えたりする。積算できちんと配慮することも必要になってきます。

インフラの整備を支える建設業は社会に不可欠な存在です。都市再生や地方創生の担い手として、災害時における地域の守り手としての役割も果たしています。これまでは、建設投資が徐々に減少する厳しい環境に置かれていました。でも、この数年は状況が改善しつつあるのです。若年層の割合も増え、少しずつ活気を取り戻しつつあります。事業環境が好転している今こそ、将来を見据えて産業全体の力を高める好機なのです。

（以上、インタビュー終わり）

いかがだっただろうか。国交省は二〇一八年を生産性革命の「深化」の年と位置付けて、引き続きアイ・コンストラクションに力を入れている。生産性向上の旗を振る国交省、人手不足の時代に対応しようともがく巨大な建設産業、こうした動きに商機を見出した異分野の企業。三者の動きが相まって、大きなムーブメントを巻き起こしつつある。その熱気は「建設テック革命」の前夜と呼ぶにふさわしい。

最前線では何が起こっているのだろうか。本書では、AIやドローン、自動運転やロボティクスといった話題のテクノロジーが、アナログな建設産業をどのように変えようとしているか、豊富な事例と当事者への綿密な取材を基に読み解く。論より証拠。続く第一章では、建設テックの先兵であるドローンに焦点を合わせ、その活躍ぶりを詳しく見ていこう。

第1章

建設業界でドローンが大ヒットしたワケ

WHY ARE DRONES SO POPULAR IN CONSTRUCTION INDUSTRY?

二〇一九年度末の完成を目指し、国土交通省が大分市内の山中で整備を進める大分川ダム。既に本体の工事は完了し、二〇一八年二月からは実際に水を貯めて安全性などをチェックする試験湛水が始まっている。

高さ九十二メートル、長さ五百メートルの大分川ダムを建設する際に、施工者の鹿島JV（共同企業体）は、ドローン（小型無人機）をフル活用した。ドローンをダムの工事に使うと聞いても、一般の人にはイメージが湧きにくいかもしれない。ドローンの活用先といえば、農業や物流などではないか——。そんな風に思う人も多いだろう。

だが、実際は違う。建設業界は、テレビなどの映像制作に次いで、ドローンのビジネス活用が盛んな分野の一つなのだ。その活躍ぶりは、「空飛ぶ建設機械」と言っても大げさではない。建設会社はどのようにドローンを活用しているか、大分川ダムの工事を例に詳しく説明しよう。

ダムの原石山を「鳥の目」で管理

大分川ダムの構造形式は「ロックフィルダム」と呼ばれる。黒部ダムのように優美な曲線を描くアーチ式コンクリートダムとは違って、断面が台形になるように土や岩石を積み上げて造るどっしりとした形状のダムだ。中央には水を通しにくい粘土層のコア（遮水壁）を設け、その外側には土の流出を防ぐフィルターゾーンを施工。さらにその外側に岩石を並べ、強度と排水性を持つロックゾーンを配する。

ロックフィルダムの建設工事では、周辺の山を削って堤体（ダムの本体のこと）の材料を確保する。材料を採取する山を「原石山」と呼ぶ。また、材料として使用できない岩石は、「土捨て場」に埋め戻す。

この過程で大量の土砂を削ったり、盛ったりする。工事を円滑に進めるには、原石山や土捨て場の掘削土量や盛り土量を正確に把握することが欠かせない。高低差が大きく広大なダムの工事現場で、土量の変化を把握するのにうってつけのツールがドローンだ。

ドローンを使った「写真測量」で、土量を把握する手順はこうだ。まず、計測対象エリアの四隅と中央部などに、事前に座標を測量しておいた対空標識（標定点）を設置し、ドローンに搭載したデジタルカメラで現場を上空から、なるべく重複するように撮影する。

次に、大量に撮影した空中写真を専用ソフ

大分川ダムで使用したドローン（写真:鹿島）

トウエアで解析し、地形の三次元点群データ（三次元座標の集まり）やオルソ画像（空中写真のひずみを補正し、位置情報を付与した画像）などを作成する。この過程はほぼ自動化されている。最後に、得られた三次元のデータを前回の計測結果と比較し、差分を計算すれば、掘削した土の量や盛り土の量がたちどころに分かるというわけだ。

従来はどうしていたかというと、「光波測量」と呼ぶ手法を用いて現場の断面形状を一定間隔で測定し、これに断面間の距離を乗じるなどして土量を概算していた。ドローンなら、人手で一週間は掛かるような作業がわずか一日で済む。誤差も数センチメートルほどだ。

検査もスムーズにできる。週末にドローンを飛ばしてデータを取り、計測結果と現場の状況が一致した状態で、翌週の月曜日の朝に発注者の立ち会いを受ける、といったことが可能だ。

鹿島土木工務部ダムグループの岡山誠次長は、「もう光波測量に戻ることはないだろう。一度味を占めた技術者なら、必ず次の現場でも使うはず」と言い切る。

こうしたドローンの使い方は、鹿島のような大手建設会社の専売特許ではない。地方の中小建設会社も自らドローンを購入し、一般的な道路の工事現場などで活用し始めている。測量や計測は、重要だが単調で手間のかかる作業。より手軽に、しかも緻密に現場を管理してコストを削減したいという建設会社のニーズに、ドローンはぴたりとハマった。

建設業界でドローンの活用が始まった二〇一三年ごろからその動向を取材し続けている筆者は、この数年で土木の工事現場に最も影響を与えた技術がドローンだと考えている。使い方は一見すると地味だが、リアルに役立つ「建設テック」の代表格なのだ。

3次元点群データでダム工事の進捗を把握

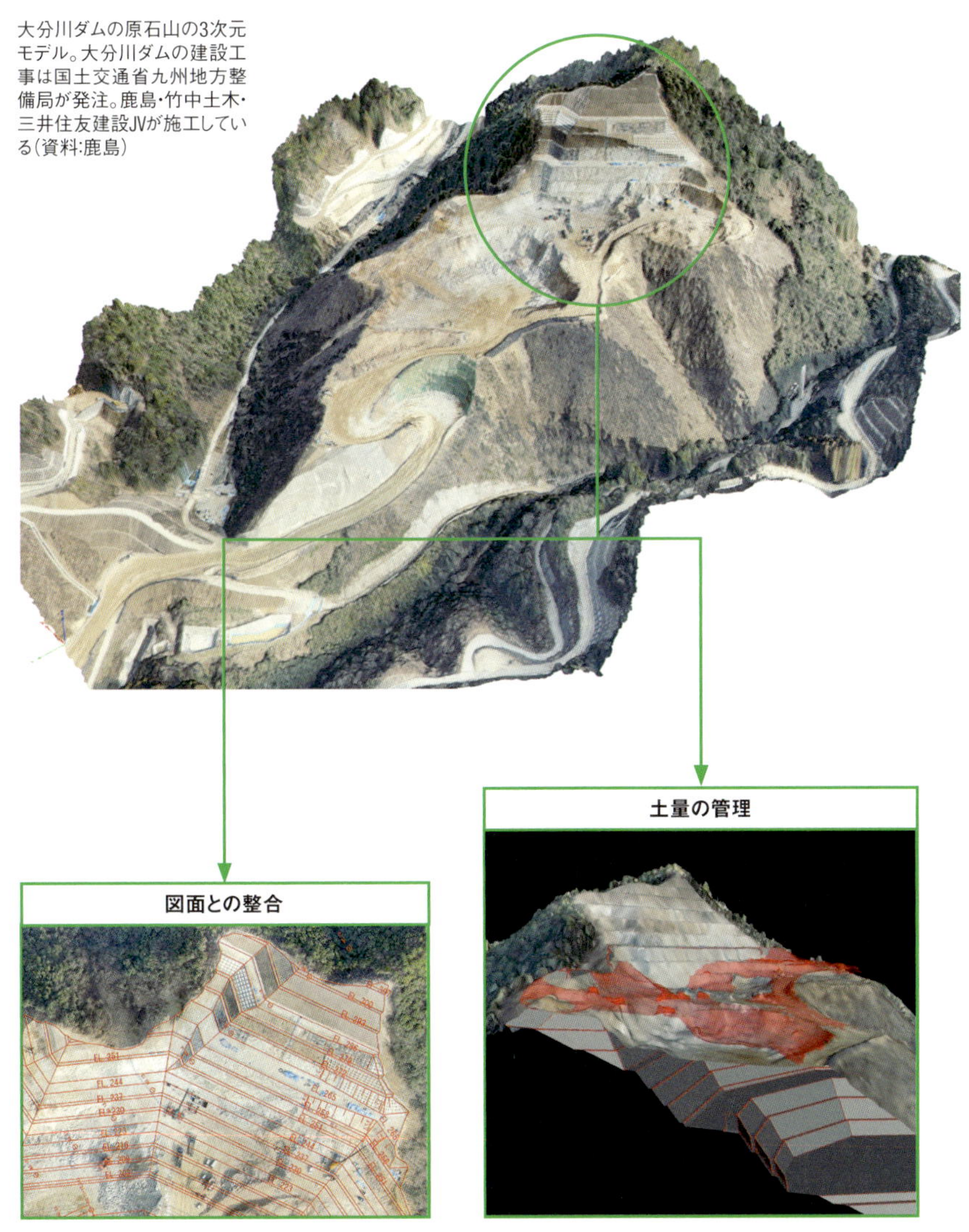

大分川ダムの原石山の3次元モデル。大分川ダムの建設工事は国土交通省九州地方整備局が発注。鹿島・竹中土木・三井住友建設JVが施工している（資料：鹿島）

原石山のオルソ画像に、設計図面を重ね合わせて進捗を確認

赤色が前回の、ベージュ色が最新の計測結果。両者の差分から、掘削数量を算出できる

コマツが先駆け

ドローン測量を建設業界に広めるきっかけとなったのが、コマツが二〇一五年二月から始めたスマートコンストラクション事業だ。同事業は、コマツのユーザーである中小建設会社に対して、施工計画のシミュレーションやICT建機を使った施工などのサービスをパッケージで提供し、土工事（土を切ったり、盛ったりする工事）を効率化するというもの。ドローン測量や三次元データの作成もメニューの一つだ。

その後、国交省が二〇一五年十一月に「i-Construction（アイ・コンストラクション）」と呼ぶ施策を打ち出したことで（23ページ参照）、ドローン測量への注目度はさらに高まった。

国土交通省が2016年2月に実施した「コマツIoTセンタ」（千葉県美浜区）の視察では、社会資本整備審議会と交通政策審議会交通体系分科会の計画部会の委員が、ドローンの飛行やICT建機による実演に見入った
（写真：日経コンストラクション）

同省は早速、翌年三月末に、ドローン測量で土工事の出来形管理（設計通りの寸法や品質で施工できているか管理すること）や検査ができるよう技術基準を整備。二〇一六年四月から二〇一八年三月までに、ＩＣＴ土工と称する工事を全国で合計一千三百九十九件も実施している。

もっとも、二〇一六年度から始まる工事で使うために、国交省がわずか数カ月で作成した技術基準には現場の実情と合わない部分もあった。基準を作ったはいいが、実態に即していないため現場で使われず、改善されないまま事実上の「お蔵入り」に――。よくある失敗談と同じ轍（てつ）を踏むと思いきや、今度ばかりは違った。同省は基準の検証に乗り出し、一年後の二〇一七年三月には改定を発表。関係者を驚かせた。

わずか一年で基準を改定した国交省の本気度

このとき国交省が改定したのは、「空中写真測量（無人航空機）を用いた出来形管理要領（土工編）（案）」という基準など。主な変更点は、ドローンで写真測量をする際に考慮する「ラップ率」の緩和だ。基準を緩めることで、作業時間を短縮できるようにした。同省は道路工事で延長一キロメートル、幅六十メートルを計測する場合に約二時間かかっていた作業が、七十分で済むとしている。なぜ、「ラップ率」を緩和すると作業時間を減らせるのか。ドローンによる写真測量の流れと併せて、もう少し具体的に説明しておこう。

ドローンによる写真測量では、写真から三次元点群データを生成する際に「ＳｆＭ（Ｓｔｒｕ

ｃｔｕｒｅ ｆｒｏｍ Ｍｏｔｉｏｎ）」と呼ぶ手法を用いる。計測対象を様々な位置・角度から写した画像を大量に用意し、写真同士の対応関係を専用ソフトウエアで解析すると、三次元点群データが得られる。精密なデータを得るには、コンピューターが写真同士の対応関係を見つけやすいように、なるべく対象物が重複するように撮影する。同一の撮影コースで隣り合う写真の重複度は「オーバーラップ率」、隣接するコースの写真との重複度は「サイドラップ率」と呼ぶ。ラップ率を上げると確かに計測精度も上がるが、飛行速度を落として撮影しなければならず、計測に時間がかかる。写真の枚数も増えるので、データ処理の時間も増大する。

国交省は当初、オーバーラップ率を九十パーセント、サイドラップ率を六十パーセントと規定していたが、緩和を求める声を受けて検証を実施。データの精度に問題がないと確認したうえで、二〇一七年三月の改定でオーバーラップ率を八十パーセントに緩めた。

基準改定のきっかけを作ったのは大林組だった。同社の標準的な方法と国交省の基準に違いがあったので、それぞれのやり方で二十ヘクタールの工事現場を測量してみると、国交省の基準では十倍以上の時間がかかると分かったからだ。こうしたデータを基に、業界団体の日本建設業連合会と国交省が共同で基準の検証を開始。大林組の現場で両者がそれぞれ測量を実施し、精度に影響がないことを確認して改定に至った。同社の杉浦伸哉情報技術推進課長は、「民間の声を踏まえて、できたばかりの基準を一年で変えるなど、これまで聞いたことがない。国交省の本気度を感じた」と話す。基準整備を担当する国交省公共事業企画調整課の近藤弘嗣課長補佐は、「今後も柔軟に対応していく」と語る。

国交省が2016年3月に整備したドローン関連の基準類

(1) UAVを用いた公共測量マニュアル（案）
(2) 公共測量におけるUAVの使用に関する安全基準（案）
(3) 空中写真測量（無人航空機）を用いた出来形管理要領（土工編）（案）
(4) 空中写真測量（無人航空機）を用いた出来形管理の監督・検査要領（土工編）（案）

（資料;国土交通省）

「ラップ率」の緩和

［大林組の標準と国交省の基準（改定前）の比較］

	対象面積	飛行高度	焦点距離	地上解像度	ラップ率	飛行速度	飛行時間	写真枚数	解析時間
大林組	20ha	60m	16mm	2cm	80-60%	5m/s	25分	750枚	10時間
国交省	20ha	60m	30mm	1cm	90-60%	1m/s	300分	9000枚	100時間
							12倍	12倍	10倍

［当初の基準］		［2017年3月改定後］	
オーバーラップ率	90%	オーバーラップ率	80%
サイドラップ率	60%	サイドラップ率	60%

大林組と国土交通省の資料を基に日経コンストラクションが作成

ラップ率のイメージ

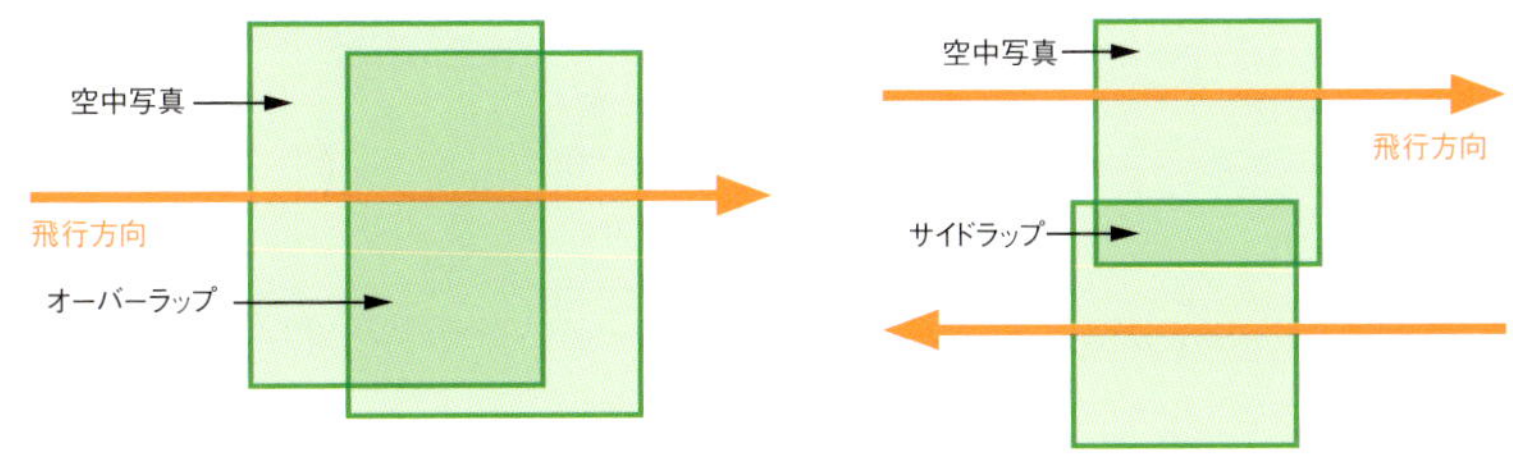

取材を基に日経コンストラクションが作成

column

ドローン測量の基礎知識

ドローンで撮影した写真から三次元点群データを得る作業は、大半が自動化されている。ただし、精度の高いデータを得るにはコツも必要。背景にある技術について知っておきたい。

空中写真から三次元点群データを生成するのに用いられるのがSfMという手法だ。まず、計測対象を様々な位置・角度から撮影した画像を大量に用意する。次に、写真同士の対応関係を専用のソフトウエアで解析する。すると、計測対象物の三次元点群データを得ることができる。得られたデータは用途に応じて、オルソ画像やTINデータ（地表面などを三角形の集合で表現したデータ）に加工して使用する。

専用ソフトウエアには、Agisoft社の「PhotoScan Pro」がある。約五十万円と安価で、初心者でも扱いやすい。このほか、ベントレー・システムズ「ContextCapture」、Pix4D社「Pix4D mapper」なども使用例が多い。ソフトには特徴があり、同じ対象を測量しても精度が異なる。上級者は必要に応じて使い分けている。

誤差の少ない三次元点群データを得るには、なるべく対象が重複するように撮影しなければ

ドローンによる写真測量の流れ

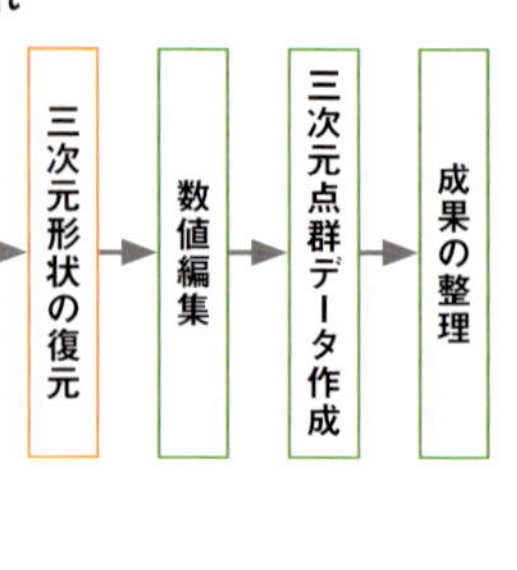

（資料:国土地理院）

ならない。コンピューターが写真同士の対応関係を見つけやすいようにするためだ。ただし、写真の枚数が増えすぎると、データ処理に時間が掛かるというデメリットもある。写真の重複度には目安がある。同一の撮影コースで隣り合う空中写真の重複度は「オーバーラップ率」、隣接するコースの空中写真との重複度は「サイドラップ率」と呼び、面積比で表す。

SfMでは、データ作成がほとんど自動化されているものの、精度の高いデータを得るには測量のノウハウも要る。その一つが標定点の配置。標定点とは事前に座標を測量しておいた点を指し、点群データの作成時にその値を用いる。写真同士の対応付けを強化し、精度を高める役割がある。国土地理院のマニュアルでは計測対象範囲を囲むように標定点を配置すると規定。間隔なども定めている。

軍艦島の3次元モデル作成にもSfM

ドローンなどで様々な方向から撮影した写真

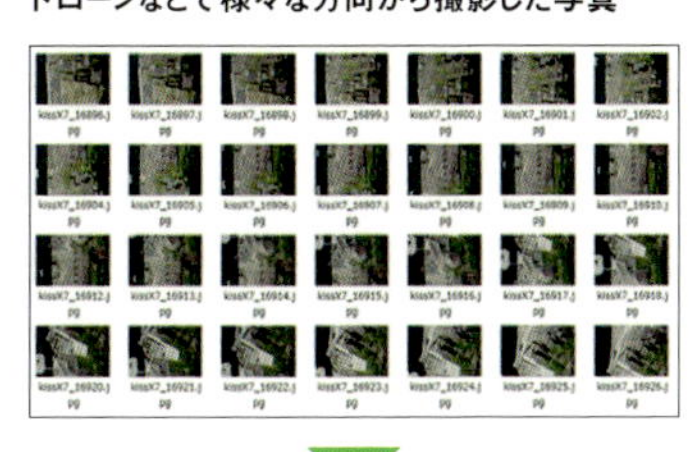

ソフトウエアに画像を取り込んで解析

3次元点群データなどを作成

軍艦島の3次元モデルを作成するために、ドローンで撮影した写真など約2000枚の画像を使用した。資料は長崎市の協力を受けて長崎大学インフラ長寿命化センターが作成した

「レーザードローン」もデビュー

工事現場の空撮や写真測量から始まった建設業界のドローン活用。これらに続いて普及し始めているのが、樹木に覆われた地形までも計測できる「レーザードローン」だ。レーザードローンは、小型の三次元レーザースキャナーのほか、高精度GNSS（GPSなどの衛星を用いた測位システムの総称）、機体の姿勢や加速度を計測するIMU（慣性計測装置）を搭載したドローンのこと。地上に近赤外レーザーを照射し、反射されるレーザーの時間差を基に地形を計測する。

樹木が生い茂っていてもすり抜け、地表面の三次元座標を取得できるのが、写真測量にない特長だ。写真測量では樹木の頂部の座標しか取得できないので、その下の地形までは分からない。レーザードローンなら、樹木の伐採前の工事現場の地形を簡単に計測できる。

レーザードローンが本格的なデビューを飾ったのは、二〇一六年四月の熊本地震だった。舞台は、約五十万立方メートルの土砂が崩壊した熊本県南阿蘇村立野地区。阿蘇大橋を飲み込んだ大規模な斜面崩壊の現場で、国交省の依頼を受けた大手地質調査会社の応用地質（東京都千代田区）が、計測会社のルーチェサーチ（広島市）の協力を得てレーザードローンを飛ばした。崩壊が拡大する恐れがあるかどうか、調べるのが目的だ。

崩壊斜面の周辺の地表面に生じた開口部を持つ亀裂（開口亀裂）の幅が広がれば、土砂がさらに崩落して二次災害を生みかねない。

調査では、崩壊地頭部（崩れた斜面の上端）を取り囲む崖が安定しているかどうかを評価し、再び崩れる恐れがある土砂の量を推定することにした。計測したのは、二〇一六年四月十六日の発災から四日後。午前中に三十分間のフライトを終え、午後に約八十万平方メートルの地形データを作成。国交省に提出できた。

開口亀裂がくっきり見える

計測したデータからは、現場の地形図だけでなく、レーザーの反射強度の違いを示した図も作成した。地形が凹になっている箇所、つまり亀裂がある箇所のレーザー反射は弱いと考えられる。案の定、反射強度図からは、開口亀裂の位置が鮮明に浮かび上がった。断面図を作ってみると、落差三メートル、幅四メートルほどの亀裂が生じ、表層が下方に張り出している様子が分かる。データを基に、崩れる恐れがあると見積もった土量は最大で二万立方メートルだ。

斜面崩壊の規模が大きいうえ、現場はやぶに覆われているので、人が現地調査をしても亀裂の連続性などはよく分からない。レーザードローンは現場の悩みを解決してみせた。

調査を担った応用地質砂防・防災事業部技術部の正木光一部長は、次のように語る。「ヘリコプターなどを用いる航空レーザー測量と違って低い高度で綿密に計測できるので、亀裂の位置を正確に把握できる。結果的に、大規模に崩れることはなさそうだと早期に判断できた」。

国交省はその後、工事現場におけるレーザードローンの普及を見越して「無人航空機搭載型レー

熊本地震で崩壊した阿蘇大橋付近の斜面(写真:国土地理院)

崩壊地の下部からドローンを飛ばした。飛行高度は地表から約100mとした(写真:右も応用地質)

計測に用いたルーチェサーチのドローン。機体の重量は25kgほどだ

レーザードローンで計測したその日に断面図まで作成

［崩壊地頭部付近の反射強度図］

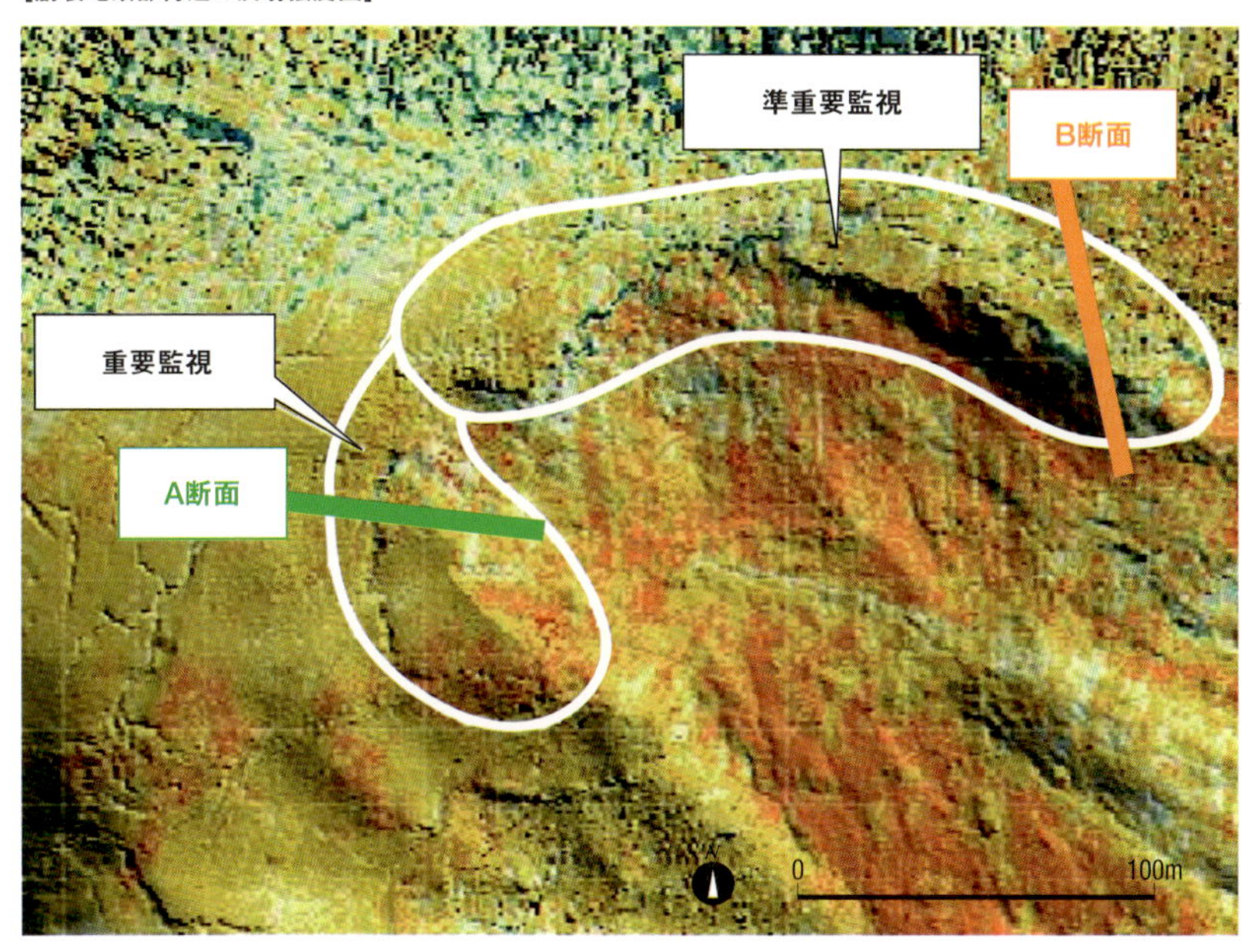

反射強度図からは崩壊地頭部の崖を取り囲むように開口亀裂が生じていることが分かる（白線で囲まれた箇所）。A断面（左下図）を見ると大きな亀裂が生じて表層が下方にずれている（資料：下も応用地質）

［A断面］

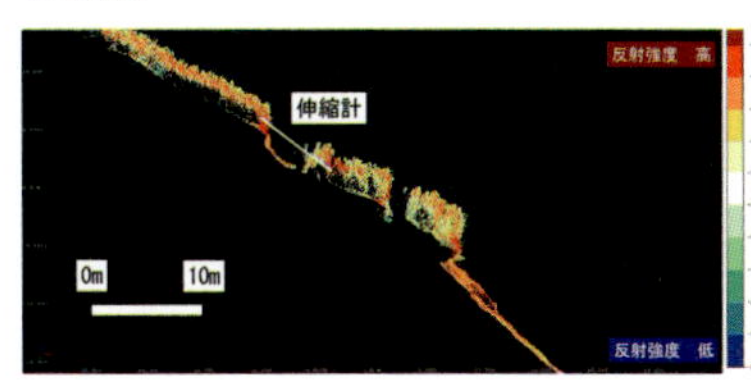

［B断面］

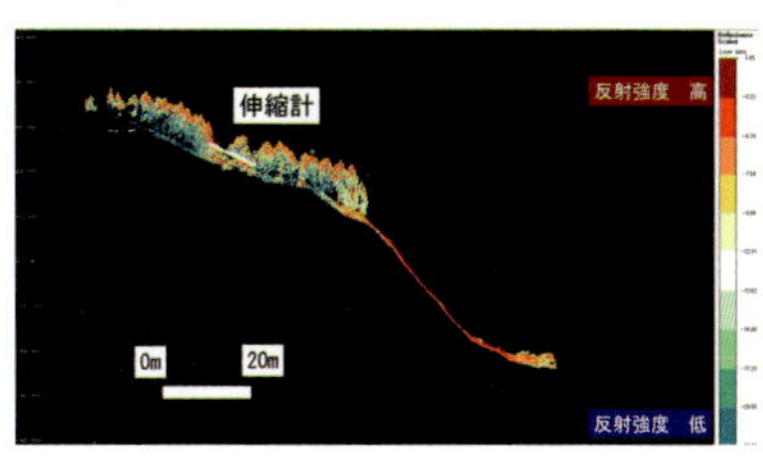

国土交通省が京都府の由良川で実施した「陸上・水中レーザードローン」の現場実証では、パスコとアミューズワンセルフのグループが、陸上の地形を計測できるレーザードローンを持ち込んだ。建設コンサルタント会社などの技術者が100人ほど集まった（写真:日経コンストラクション）

ザースキャナーを用いた出来形管理要領（土工編）（案）」という技術基準を作成した。

認知度が高まるにつれ、様々な製品が出てきている。例えば応用地質が用いたドローンにはオーストリアの測量機器メーカー、リーグルの「ＶＵＸ－１ＵＡＶ」を搭載している。測定回数は毎秒五十万点、測定距離は九百二十メートルと屈指の性能を誇る。問題は三・五キログラムと重く、機体を合わせた価格が数千万円もする点だ。リーグルはより小型で安価な製品を求める声を踏まえて、廉価版の「ｍｉｎｉＶＵＸ－１ＵＡＶ」を発売している（109ページ参照）。

クルマの自動運転向けのＬｉＤＡＲ（ライダー）を高価なスキャナーの代わりに使うケースも増えている。代表例が、フォードなどが出資する米ベロダインの製品。性能の向上に期待がかかる。

column

災害廃棄物の管理にも活用

ドローンは災害調査に役立つだけではない。災害廃棄物の管理に生かしたのが応用地質と九州大学だ。二〇一六年四月の熊本地震では、熊本県西原村の仮置き場を撮影し、写真測量で災害廃棄物の体積を算出。搬出入のコントロールに活用した。

二〇一一年の東日本大震災では災害廃棄物を高く積みすぎて火災やガスの発生原因となったため、西原村では廃棄物の最高高さを把握し、安全管理に生かした。応用地質地球環境事業部廃棄物・リサイクル部の眞鍋和俊グループマネージャーは「赤外線カメラを使えば火災の予兆も察知できる」と話す。

ドローンはDJI製の「ファントム」を用いることが多いが、飛行許可を得る時間がない場合は航空法の規制対象外である二百グラム未満の機体も使う。

今後は発災後すぐに災害廃棄物の正確な重量を推定する仕組みを構築し、行政が処理計画や予算規模を決める際に役立ててもらう。ドローンで計測した廃棄物の体積に、廃棄物の比重を乗じて重量を算出する仕組みだ。

2016年11月20日にドローンで計測した西原村の仮置き場の3次元モデル（資料：右も応用地質）

西原村の仮置き場のデジタル標高モデル（DEM）。2016年11月20日の最高高さは7.3m

水中の地形もドローンで計測

スキャナー込みの機体価格は数千万円、一回の計測費用が数百万円と、まだまだ高価なレーザードローンだが、国交省も普及を後押ししている。特に熱心なのが同省の水管理・国土保全局だ。河川の管理に活用しようと、二〇一七年初に「陸上・水中レーザードローン」の開発をぶち上げた。国交省が示した仕様に従い、河川の形状を面的に把握できる技術を短期間で実用化するのが目標だ。

同省が河川管理にレーザードローンを導入しようともくろむ理由は、現状の測量方法だと綿密な管理ができないからだ。音響測深機（音波を利用して水深を求める装置）などを用いて実施している河川の定期縦横断測量では、二百メートル間隔の断面形状が五年に一度のサイクルで得られるにすぎない。これでは堤防の弱点を把握しきれない。そうはいっても経費がかさむので測量の頻度を上げるのは難しかった。

開発を担うのは、大手航空測量会社などから成る二つのグループ。河川情報センター、朝日航洋、アジア航測、ルーチェサーチの四者で構成する「チームＦＡＬＣＯＮ」と、パスコとアミューズワンセルフ（大阪市）のグループだ。

陸上のレーザー計測については、両者ともほぼ完成している。各グループで機体の開発を担うルーチェサーチとアミューズワンセルフは、既にレーザードローンを保有している。朝日航洋や

国交省が陸上・水中レーザードローンに求める主な仕様

測定条件	高度30～50mで航空レーザー測量を実施。3次元点群データを取得する。グリーンレーザーを搭載し、水面下も測量可能にする。ドローンはマルチコプタータイプ。カメラも搭載する
飛行方式	GNSS/IMUで自動自律飛行
飛行時間	河川縦断方向に長距離の測量が可能。1回1時間以上の飛行が目標
重量	バッテリーを除き、一式5kg以下。持ち運び可能
価格	1000万円台が目標
測定レートなど	測定レートは毎秒数万点以上、走査数は毎秒20回以上。視野角は90度以上。測距精度10～20mm。ファーストパルスとラストパルスを取得できる
GNSS	2周波で搬送波位相観測、取得間隔1秒以下
IMU	精度はロール/ピッチ±0.025度以下、ヨーは±0.1度以下。取得間隔0.005秒以下。対空標識なしに世界測地系の地図を作成
精度	裸地における水平精度、高さ精度ともに±5cm以内
レーザーの安全基準	近赤色波長はJIS C 6802のクラス1、緑色波長はクラス2以下を満たす
データの出力	LAS形式で出力できること

（資料:国土交通省）

アジア航測、パスコといった航空測量会社は、河川管理に必要なデータの仕様を決め、計測データの精度検証などを順調に進めている。

水を透過するグリーンレーザー

問題は水中の地形をどう測るかだ。

河底の地形を計測するには、陸上の計測に用いる近赤外レーザーに加えて、より波長の短いグリーンレーザーを用いる。水面で反射される近赤外レーザーと、水中を透過して河底で反射されるグリーンレーザーの時間差から水深を算出して、水中の地形を計測する仕組みだ。

グリーンレーザーを用いた「有人航空機向け」の大型測量機器はALB（航空レーザー測深機）と呼ばれ、大手航空測量会社のパスコやアジア航測、朝日航洋、国際航業などが導入して港湾や河川の測量業務に使用し始めている。船が進入できない浅瀬や岩場で、特に威力を発揮する技術だ。ALBによる測量を手掛けるアジア航測環境デザイン課の五島幸太郎技師は、「平均誤差は五センチメートルで、従来の音響測深機と遜色ない」と話す（137ページ参照）。

グリーンレーザーは水が濁っていると吸収されるので、河川だと現状では水深六メートル程度までしか計測できない。それでも、これまでは面的に把握するのが難しかった水中の地形情報を取得できるインパクトは大きい。

パスコの堀内成郎顧問は、「橋脚の洗掘（流水によって削られること）なども可視化できる。デー

レーザードローンによる計測のイメージ

ドローン

樹木の隙間を抜け
地表面で反射
（ラストパルス）

樹木に当たって反射
（ファーストパルス）

グリーンレーザー
（波長532nm）

近赤外レーザー
（波長1064nm）

樹木

近赤外レーザー
（波長1064nm）

地表面

水面

水中

河底

河底の地形の計測には、水面での屈折の処理や水中のノイズを取り除くフィルタリングにノウハウが要る。取材を基に日経コンストラクションが作成

和歌山市の紀ノ川では橋脚の洗掘がくっきり

ALBによる河底の計測結果。中央のへこみは橋脚の周囲の洗掘箇所（資料:アジア航測）

リーグルの「BDF-1」（写真中央）のサイズは14×17.9×44.8cm、重量5.3kg（写真・資料：下もチームFALCON）

「水中ドローン」による河川の横断面の計測結果

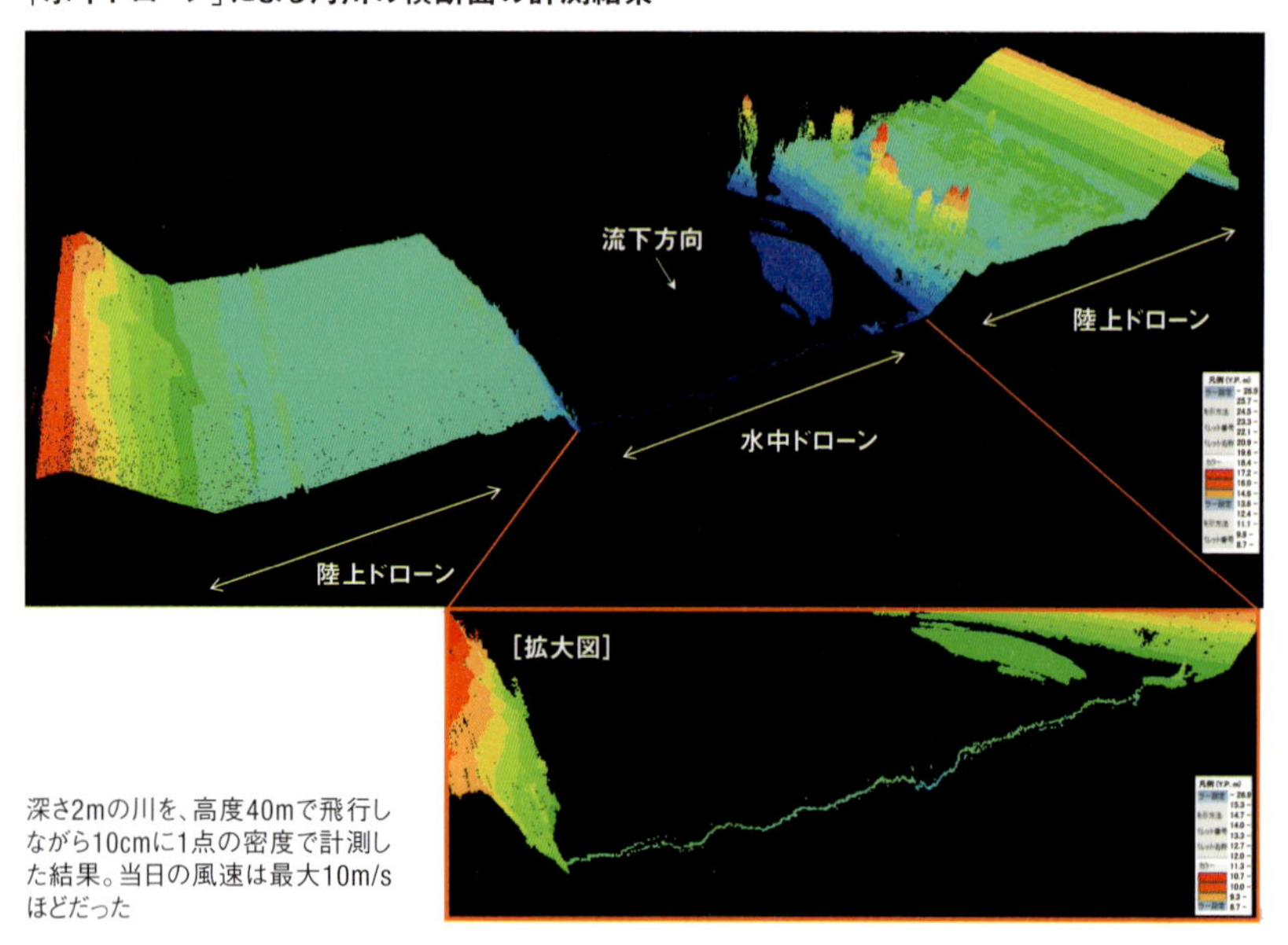

深さ2mの川を、高度40mで飛行しながら10cmに1点の密度で計測した結果。当日の風速は最大10m/sほどだった

タを基に内水氾濫のシミュレーションも可能だ。今後、様々な研究が花開くきっかけになるのではないか」と期待を寄せる。

ただし、ＡＬＢは価格が二億円程度と非常に高価で、重量が数十キログラムもあり、ドローンに積むにはサイズも大きすぎる。スキャナーの小型化が課題だ。

チームＦＡＬＣＯＮが開発したのは、リーグルのグリーンレーザー距離計「ＢＤＦ－１」を搭載したドローン。二〇一七年末には利根川で実証実験を実施した。河川情報センターの中安正晃部長は「精度についてはさらに検証を要するが、河川の断面を概ね良く計測できた」と話す。実用化できれば、河川の定期縦横断測量を手軽に実施できるようになる。ただし、チームＦＡＬＣＯＮが開発したのはあくまで水中の地形を「線」で把握する技術。地形を「面」で計測することはできない。

対するパスコとアミューズワンセルフのグループは国交省の要求通り、「線」ではなく「面」で水中の地形を計測できるスキャナーを開発中だ。

商機を嗅ぎ取り続々と参入

建設業界で生産性向上の動きが活発化していることや、国交省がドローンのような新技術の活用を熱心に後押ししている様子を目の当たりにして、建設会社向けの測量・計測サービスに参入する企業は急増。測量・計測業界の地図が塗り替わり始めている。

参入企業は多種多様だ。測量会社や重機・計測機器のレンタル会社、建設系ソフトウエア企業といった旧来のプレーヤーはもちろん、異業種からの新規参入も目立つ。新旧のプレーヤーによる業務提携や共同開発も盛んになっている。

「年間一千億円を売り上げるメガベンチャーを目指し、ドローンによる土木向け測量サービスに参入する」。

二〇一六年三月、大勢の報道関係者に囲まれたテラドローン（東京都渋谷区）の徳重徹社長はこう宣言した。

テラドローンは、電動バイク事業を手掛けるテラモーターズを創業した徳重社長が設立した。建設会社向けにドローンによる写真測量を始めた同社は、レーザードローンもすぐさま導入して実績を積んでいる。

二〇一七年八月からは、三次元点群データ

テラドローンの設立発表会で記者に囲まれる徳重徹社長（写真:日経コンストラクション）

の生成や土量の計算などを一括で行える自社開発の画像処理ソフト「Ｔｅｒｒａ Ｍａｐｐｅｒ」を展開してきた。

ノートパソコンにインストールして使用する「デスクトップ版」の価格は四十五万円。従来製品に比べて価格を大幅に安く設定し、中小規模の建設会社などにも導入しやすくした。機体の購入費を合わせても百万円以下に抑えられる。

通常、三次元点群データの生成やデータの解析にはそれぞれ専用のソフトウエアが必要になるうえ、高性能なコンピューターも用意しなければならず、初期導入費が三百万～四百万円ほどかかる。そのため、導入に二の足を踏む中小規模の建設会社や測量会社は少なくない。

Ｔｅｒｒａ Ｍａｐｐｅｒなら、三次元点群データの生成から解析までの一連の作業を一つのソフトウエアで済ませられる。デスクトップ版の場合、点群の生成や不要な点の自動除去のほか、縦横断図の作成や土量計算、ＴＩＮデータの作成が簡単な操作でできる。

さらに、インターネット上でデータの処理や管理ができる「クラウド版」も用意した。利用料金は月額一万五千円から。本社と工事現場の情報共有などに役立ててもらう。デスクトップ版に比べると解析機能に制限はあるものの、生成したデータを様々な形式のファイルに出力し、他のソフトウエアに読み込んで詳細に解析することも可能だ。

徳重社長は言う。「世界的に見ても、今の段階でドローンによるビジネスが成り立っているのは土木分野だ。日本の『アイ・コンストラクション』はその最先端だと思う。今後、世界市場を狙っていくうえで、日本で蓄積したノウハウは大きな武器になると考えている」。

ソニーとZMPの合弁会社

自動運転ベンチャーのZMP（東京都文京区）とソニーが二〇一五年八月に立ち上げたエアロセンス（東京都文京区）は、ソニーが持つカメラや通信ネットワークなどの技術とZMPのロボット技術を売りに、建設分野の測量市場に参入したユニークな企業の一つだ。

同社の「エアロボ測量2.0」は、独自開発のドローンによる写真測量とクラウドでのデータ処理を統合したサービス。飛行から三次元データの作成までをほぼ自動で行えるという触れ込みで、採用数を伸ばしている。標定点の設置が簡単にできる「エアロボマーカー」も特徴の一つ。GNSSロガー付きの対空標識を現場に置くだけで、標識が自ら位置情報を取得してくれる。機体一式とマーカー五個に、クラウドサービスや保険などが付いた月額のレンタル料金は三十万円だ。

大手IT企業も参入している。例えば日立システムズは、ドローンの操縦や撮影代行、画像の加工・診断、データの保管・管理、業務システムとのデータ連携までをワンストップで支援する「ドローン運用統合管理サービス」を提供している。日立グループのほか、大手航空測量会社のパスコとも協力してサービス内容を次々に拡充している。

現時点で、十分な収益を上げていると胸を張れる企業は、それほど多くないかもしれない。それでも、生産性向上への熱気が高まる建設・測量の市場を狙って、様々な分野の企業が関心を寄せ続けている。

ドローンの登場で広がる航空測量会社の市場

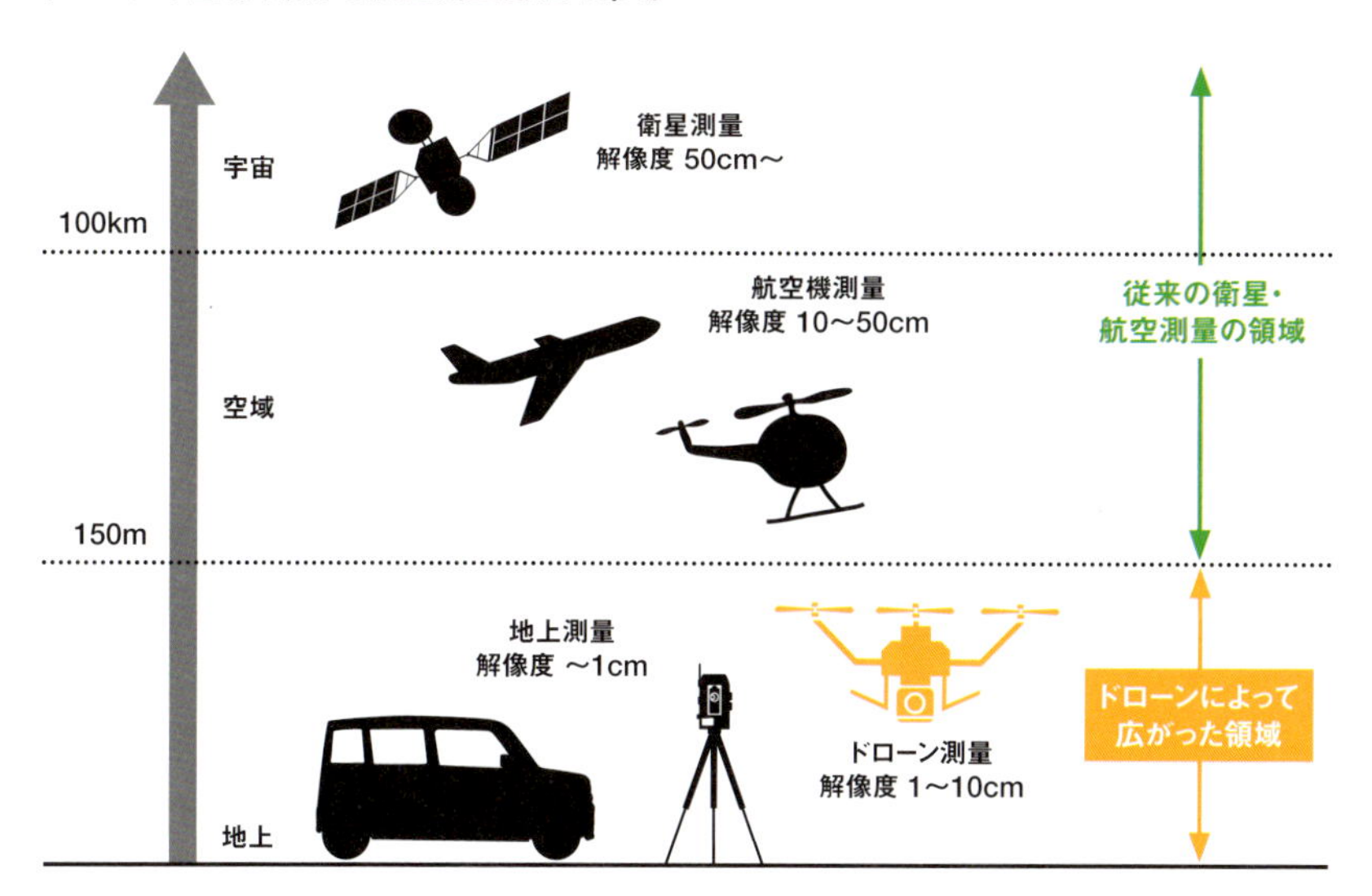

取材を基に日経コンストラクションが作成

ドローンによる測量（空撮）のSWOT分析

Strengths（強み）	Weaknesses（弱み）
・機動性が高い ・短時間で計測が終わる ・機体が比較的安い ・低高度で近接撮影が可能 ・カスタマイズが容易	・天候に左右されやすい ・搭載できる重量に限界がある ・解析に時間が掛かる ・技術（ハード、ソフト）が未成熟 ・安全管理が未整備 ・操縦者の育成が必要
・日本は災害が多い ・計測対象となるインフラが多い ・国が普及を支援している （基準整備、研究開発など）	・社会が事故に敏感 ・規制強化
Opportunities（機会）	Threats（脅威）

芝浦工業大学の中川雅史准教授の資料を基に日経コンストラクションが作成

ドローンを「面白い」から「使える」へ（渡辺豊・ルーチェサーチ社長）

当社の開発現場にようこそ。こちらは、グリーンレーザーで水中の地形を計測できるドローン。あちらにあるのは、構造物の打音検査ができる機体です。ご覧の通り、複数のプロジェクトが並走しています。多くは建設コンサルタント会社などからの相談がきっかけで始まるんですよ。「このセンサーを積んで調査したい」といった要望に応えて機体を開発したり、計測してデータを解析したり。「ルーチェサーチなら解決してくれる」。そんな風に顧客から頼られる技術のシンクタンクになりたい。

今でこそ、土木分野をターゲットに事業展開をしていますが、私は土木学科の出身ではありません。大学卒業後、ＩＴ企業を経て土木関連の計測会社に入社。ＭＭＳ（モービル・マッピング・システム）や写真測量などに慣れ親しんだ後、二〇一一年に移動体計測を手掛けるルーチェサーチを設立し、ドローンを扱い始めました。

最初の転機は二〇一二年。福島第一原発から二十キロメートル圏内の家屋の調査でした。原発事故の影響で有人航空機での調査ができず、ドローンで空撮することに。この業務でフライト数が急増しました。現場に出る回数が増えると機体のトラブルも増える。原因を究明し、解決する過程でモーターや制御の知識、気象の読み方などのノウハウを蓄積できました。

次の転機が、橋梁などの構造物の点検です。構造物に近づいて撮影すると、内部鉄筋の磁気で飛行に影響が出るなど、それまで思ってもいない問題に直面します。技術的な工夫を重ね、

ルーチェサーチの渡辺豊社長は1982年生まれ。大学卒業後にIT企業や計測会社を経て、2011年6月にルーチェサーチ（広島市）を設立。16年に「第7回ロボット大賞（国土交通大臣賞）」を受賞。17年には広島県などが出資する官民ファンドから2億円を調達した（写真：日経コンストラクション）

もう一段成長できました。

会社の陣容が少し拡大した二〇一四年、今度は地元の広島市で大規模な土砂災害が起こりました。国土交通省中国地方整備局との災害協定に基づき、それまでの経験を生かして数十の渓流を撮影。写真測量とデータの三次元化にも取り組みました。

ドローンで撮った映像を多くのテレビ局に取り上げてもらったからでしょうか。首相官邸に呼ばれ、「ロボット革命実現会議」の場でドローンを飛ばすという貴重な経験も。一方、広島土砂災害では、樹木の下の地形を計測できない写真測量の限界を痛感しました。ですから、後に測量機器メーカーのリーグルがドローンに搭載できる航空レーザーを製品化した際は購入を即断しています。数千万円もしますが、以前の会社で航空レーザーを扱った経験があり、ニーズがあることは分かっていましたから。

ドローンによるレーザー計測を始めてしばらくたち、今度は二〇一六年四月に熊本地震が起こります。すぐに阿蘇大橋地区の斜面崩壊を計測し、現地踏査では見つけにくい地割れを発見

2014年8月の広島土砂災害で撮影した被害状況(写真:ルーチェサーチ)

できたのです。同年の第七回ロボット大賞受賞につながりました。

新しいことに挑みながら成長を続け、ある程度の売り上げが立つようになってきた。まだまだ定常的に稼げるまでには至っていませんが。市場性の有無はやってみないと分からないことが多い。いかに素早く実験段階に持っていくかがカギなので、機体の設計・製作から実際の計測、その後のデータ処理まで一貫してできるようにしています。

資金調達で成長への投資

設立当初、メンバーは三人でしたが、今では十九人に。ラジコンヘリの日本チャンピオンに、カーボン加工の技術者、土木系の人もいます。ほぼ全員が現場に行くし、機体やソフトウエアの開発も担当します。二〇一七年にはファンドから二億円を調達しました。会社のさらなる拡大を図りたい。ある程度、規模が大きくないと開発を進められませんから。

ライバルはどこかって？　確かにドローン系のベンチャーは増えていますが、あまり気にしていません。機体販売が主体の企業が多く、計測を武器にしている当社とはアプローチが違いますから。現場の経験にも一日の長があると自負しています。

それに今は、ドローンの市場がないに等しい状態です。閉じこもって市場を取り合うのではなく、市場を作るために開いていかないといけない。ドローンはまだ珍しいもの、新しいものなのです。新しいものは「面白いね」とは言われますが、そこで終わってしまいがち。「面白いね」から「使えるね」に変えないと。（談）

インフラ点検での活用に期待

ここまで主に、工事現場や災害調査におけるドローンの活用動向を見てきたが、建設業界にはもう一つ、ドローンの活躍に期待がかかる分野がある。社会インフラの点検だ。

社会インフラの老朽化問題に光が当たるきっかけは、二〇一二年十二月の中央自動車道笹子トンネル天井板崩落事故だった。換気用の天井板などが百四十メートルにわたって落下し、死者九人、負傷者二人を出す大惨事を引き起こしたのだ。

高度経済成長期を中心に猛烈な勢いで整備してきたインフラの老朽化は、これから加速的に進んでいく。例えば、全国に約七十万橋ある二メートル以上の道路橋の場合、建設から五十年以上が経過した施設の割合は二〇一三年三月時点で十八パーセントだ。これが、その十年後の二〇二三年には四十三パーセントに、二十年後の二〇三三年には六十七パーセントまで跳ね上がる。トンネルも同じような状況だ。

国交省の推計によると、同省が所管する道路や河川などのインフラに投じた維持管理・更新費は、二〇一三年度に約三・六兆円だった。これが二〇二三年度には最大五・一兆円まで膨れ上がるという。

笹子トンネル天井板崩落事故を契機に、国交省は道路法を改正。橋やトンネルを五年に一回の頻度で点検するよう義務化した。予算や人材の不足に悩む自治体は今も、二〇一四年から始まった橋などの定期点検に対応するために、四苦八苦している。

橋を点検するには橋梁点検車を使用するか、足場を組み立てる必要がある。その費用はばかにならない。そこで注目を集めたのがドローンだ。搭載したカメラで橋をくまなく撮影し、ひび割れなどの損傷を机上でチェックしてしまおうという発想だ。二〇一四年から、国交省も点検用ドローンなどの開発を後押ししてきた。

橋の定期点検要領では、手を触れることができる位置まで人が近づいて損傷をチェックする「近接目視」を求めている。国交省は今のところ、ドローンで撮影した画像だけでは損傷を正確に識別できないと判断しているため、ドローンのみで点検を済ませることはできないのが実態だ。それでも徐々に、ドローンを点検に活用する時代の到来が、現実味を

富士通が開発した橋梁点検用ドローン（資料:岐阜大学）

デンソーが開発したドローン（写真：デンソー）

増している。

例えば、岐阜県各務原市は木曽川に架かる各務原大橋で、定期点検の「事前準備」にドローンやロボットを用いる。ドローンなどで撮影した写真を基に、点検員が事前におおよその損傷図を作成。その後、点検車に乗って近接目視を実施する。点検員の作業は、ひび割れの有無や状態が損傷図の通りかどうかを確認するだけでいい。チョークで印を付けて撮影する手間が省けるので、点検車を使う日数を十日から四日に、費用を三千万円から二千四百万円に削減できる。

ユニークなドローンが続々

ドローンによるインフラ点検の時代を見越し、ユニークな技術が次々に現れている。

例えば自動車部品メーカーのデンソーは、

打音検査ドローンの実証実験の様子。ケーブル給電なので長時間の作業が可能。開発は内閣府の戦略的イノベーション創造プログラム（SIP）の一環で進めており、2019年の社会実装を目指す（写真:NEC）

「可変ピッチ機構」を採用して安定飛行ができるドローンを開発。ＡＩ（人工知能）を活用した画像解析技術などにも力を入れる。二〇一八年四月には建設・測量向けシステムの販売などを手掛ける岩崎（札幌市）に出資し、橋梁を中心としたインフラ点検事業を本格的に始める体制を整えた。

ＮＥＣも、ドローンによる橋の点検を目指している。同社が首都高速道路技術センター、自律制御システム研究所、産業技術総合研究所と共同で開発しているのが、「打音検査」ができるドローンだ。打音検査では、点検員がハンマーでコンクリートをたたき、音の違いで損傷の有無を判断する。これをドローンに任せることで、足場を設置しなくても構造物の状態を把握できるようになる。

開発したドローンの前方にはハンマーを搭載。橋脚などに接近してハンマーを打ち付け、マイクと振動センサーで捉えた音を点検員が聞き取り、コンクリートの健全性を診断する仕組みだ。

測量に用いるＴＳ（トータルステーション）と測距センサーを併用することで、橋桁の下のような非ＧＰＳ環境下でも自律飛行が可能だ。普段はＴＳでドローンの位置座標を計測して飛行の制御に用い、点検対象に近づくとドローンに積んだ測距センサーで対象物との詳細な距離を把握する。検査結果はシステム上でドローンの位置座標と関連付けて記録する。ＡＩで良しあしを判定する技術も開発中だ。

下水道管の中を飛ぶ小型ドローン

直径四百ミリメートルの下水道管内を飛行し、映像を撮影する点検用ドローンが登場した。開発したのは上下水道の設計を手掛ける建設コンサルタント会社のＮＪＳ（東京都港区）とドローンベンチャーの自律制御システム研究所（千葉市）だ。

「Ａｉｒ Ｓｌｉｄｅｒ」と名付けた機体のサイズはＡ３用紙ほど。重量はバッテリーを含めて一・五キログラムだ。壁面にぶつかっても壊れないよう周囲をガードした五つのプロペラによって下水道管内を飛行する。

飛行可能時間は三～五分。バッテリーや基板は、機体の中央部に収納する。カメラは撮影用と操作用で合計二台。ＬＥＤテープライトで照明を確保する。

ＮＪＳは当初、市販のホビー向けドローンを使ってみたが、下水道管のような閉鎖空間では機体が巻き起こす風の影響でうまく飛べないことが分かった。そこで、千葉大学発のベンチャー企業で楽天が出資する自律制御システム研究所に共同研究を申し込み、機体を一から設計。後方に補助用のプロペラを取り付けることで、安定飛行を実現した。

操作は簡単。管きょの壁面にぶつかっても、姿勢や位置を戻す仕組みを取り入れたからだ。現状は手動で操作しなければならないが、将来は全自動化を目指す。マンホールを開けてドローンをセットすれば、自動で飛行・調査して地上に戻るイメージだ。ＮＪＳはビルの配管やＮＴＴの洞道などにも適用できるとみる。

同社ドローン開発部の稲垣裕亮部長は、「下水道管路の延長は四十七万キロメートルだ

下水道管の内部を点検するドローン（写真:日経コンストラクション）

が、ほとんど点検できていない。安く簡単に点検する方法を考えていた」と話す。

従来からあるクローラー型の検査カメラだと、一日に点検できる距離が三百~五百メートルに限られる。組み立て作業などに人手と時間がかかるうえ、交通誘導員も複数配置しなければならない。検査カメラ自体も高価だ。「機体価格が十万円ほどのドローンなら消耗品の感覚で使える。調査市場を活性化する起爆剤になるのでは」(稲垣部長)。二〇一八年度は神奈川県横須賀市や高杉商事(東京都小平市)と共同で、同市の下水道を用いた実証実験も進める予定だ。

補修作業までこなすドローン

点検後の「補修」をこなすドローンもある。西武グループの総合建設会社である西武建設(埼玉県所沢市)と芝浦工業大学は、高所にコンクリート表面含浸材(表層の保護材)を施工できる「吹き付けドローン」を二〇一五年から開発している。材料を搭載し、機体の斜め上に突き出たノズルから吹き付ける。足場や高所作業車が要らないので、コストを抑えて安全に施工できる。

初号機はケーブルで給電するタイプだったが、二号機はより高い構造物に対応するためにバッテリー方式に変更。機体サイズは初号機よりひと回り大きい一・五メートル角にして、従来の二倍となる四リットルの材料を積めるようにした。機体は操縦者と吹き付け担当者の二人で操る。一回で吹き付けられる面積は十平方メートル程度。フルパワーだと三分で吹き終わる。離陸して吹き付けを終え、余裕を持って戻ってくるまでの時間を考えると、一度に飛べるのは十五分程度

吹き付けドローンの2号機。サイズは1.5m角、総重量は16kgだ。機体はエンルート製の「Zion EX1100」を用いた（写真：日経コンストラクション）

ショーボンド建設が開発した2液混合型の表面含浸材を、トンネルの覆工コンクリートに吹き付ける様子。吹き付けると色が付き、紫外線を当てると無色になる。塗った範囲が一目瞭然だ。2017年3月撮影（写真：西武建設）

だ。百五十メートルほどの高さの構造物にも対応できる。

橋梁やトンネルなどのインフラが主なターゲットだが、意外なニーズもある。ドローンの開発を担当する西武建設土木事業部エンジニアリング部の二村憲太郎課長は、「木造建築物はその一例。近年の木造建築物の中高層化に対応し、高所に防腐剤や防虫剤を吹き付ける実験を近く始めたい」と明かす。このほか、火力発電所の煙突への吹き付けや鉄塔の塗装など、技術を応用できる分野は広そうだ。中東の高層ビルの外壁を清掃できないかと尋ねられたこともある。

非GPS環境で自律飛行できる機能を取り入れたり、ノズルの改造をしたりして、より施工能力を高める方針だ。事業化の方法は検討中。「自社の独自技術として活用していくか、メーカーと組んで機体を販売するか、ニーズを見ながら決めたい」（同社エンジニアリング部インフラソリューション室の井上靖雄担当部長）。

カラーボールを発射、損傷箇所に目印

ドローンで構造物を点検したはいいが、どこに異状があったか分からなくなった――。そんな事態を防ぐのにうってつけのアイテムが、スカイロボット（東京都中央区）が開発した「スカイマーカー」だ。オレンジ色の生分解性塗料をプラスチックで包んだ質量三・三グラム、直径十七ミリメートルの弾を、ドローンに装着した砲身から吹き矢のように発射する。

対象にぶつかると塗料が数十センチメートルの範囲に飛び散る。元々は太陽光発電パネルの点

検・補修用に開発した技術だが、「ダムのような大規模インフラの維持管理に有効では」と同社の貝應大介社長は語る。

十メートル離れた位置から五センチメートル以内の精度で命中させることが可能だ。砲身の内側に溝を掘り、弾にバックスピンをかけて射程距離を伸ばしたほか、発射時の反動でドローンの姿勢がぶれないように後方噴射排気管を設けた。特許は二〇一七年二月に取得済みだ。「発射時のパワーが強すぎると銃刀法に違反する恐れがあるほか、弾が破裂するなどの問題がある。調整に苦労した」（貝應社長）。

価格は機体を含めて三百万円程度。使い方を誤ると危険な道具にもなり得るので、同社のドローンスクールの修了者に限って販売する。

スカイロボットの貝應大介社長。左が発射装置を搭載したドローン。DJI製大型ドローン「Matrice 600 Pro」がベースだ。発射角度は自由に調整できる（写真:日経コンストラクション）

column

ドローンを飛ばせる場所は？

「書類を整えるのにはそれなりに手間が掛かったが、許可は思ったよりもすんなり下りた」。ある建設会社の技術者は胸をなで下ろす。許可とは、改正航空法に基づくドローンの飛行許可のことだ。

二〇一五年四月に発生した首相官邸へのドローン落下事件をきっかけに、国土交通省は航空法を改正。同年十二月十日から、ドローンの飛行ルールが導入された。違反者に五十万円以下の罰金を科す。二百グラム未満の機体は規制の対象外だ。

空港周辺の上空や地表から百五十メートル以上の空域、人口集中地区の上空を飛ばすには、事前に国交省の許可・承認を要する。

人口集中地区は、国土地理院のウェブサイトなどで確認できる。東京二十三区や大阪市、名古屋市などの都市部が指定されている。土木分野では

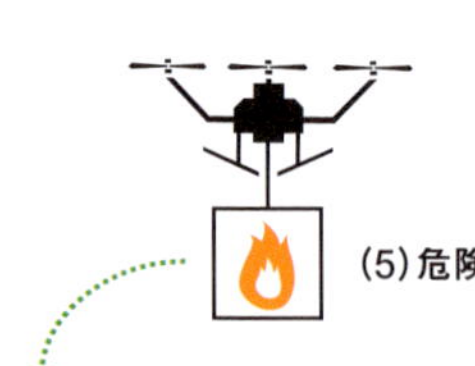

都市部から離れた工事現場が多いので、活用しやすいと言えよう。

インターネットで飛行許可申請も

場所に関係なく、守らなければならないルールは次の通り。

(1)日中（日の出から日没まで）に飛行させる、(2)目視できる範囲内で、機体とその周辺を常に監視する、(3)人や物（建物や自動車など）と三十メートル以上の距離を保つ、(4)多くの人が集まる催しの上空で飛行させない、(5)爆発物などの危険物を輸送しない、(6)機体から物を投下しない。(1)〜(6)のルールを逸脱する場合も国交省の許可・承認が必要だ。

当初は冒頭のように書類で申請していたが、現在はインターネット経由で手続きができるようにもなり、申請者側の利便性は以前よりも高まっている。

改正航空法で規定したドローンの飛行方法

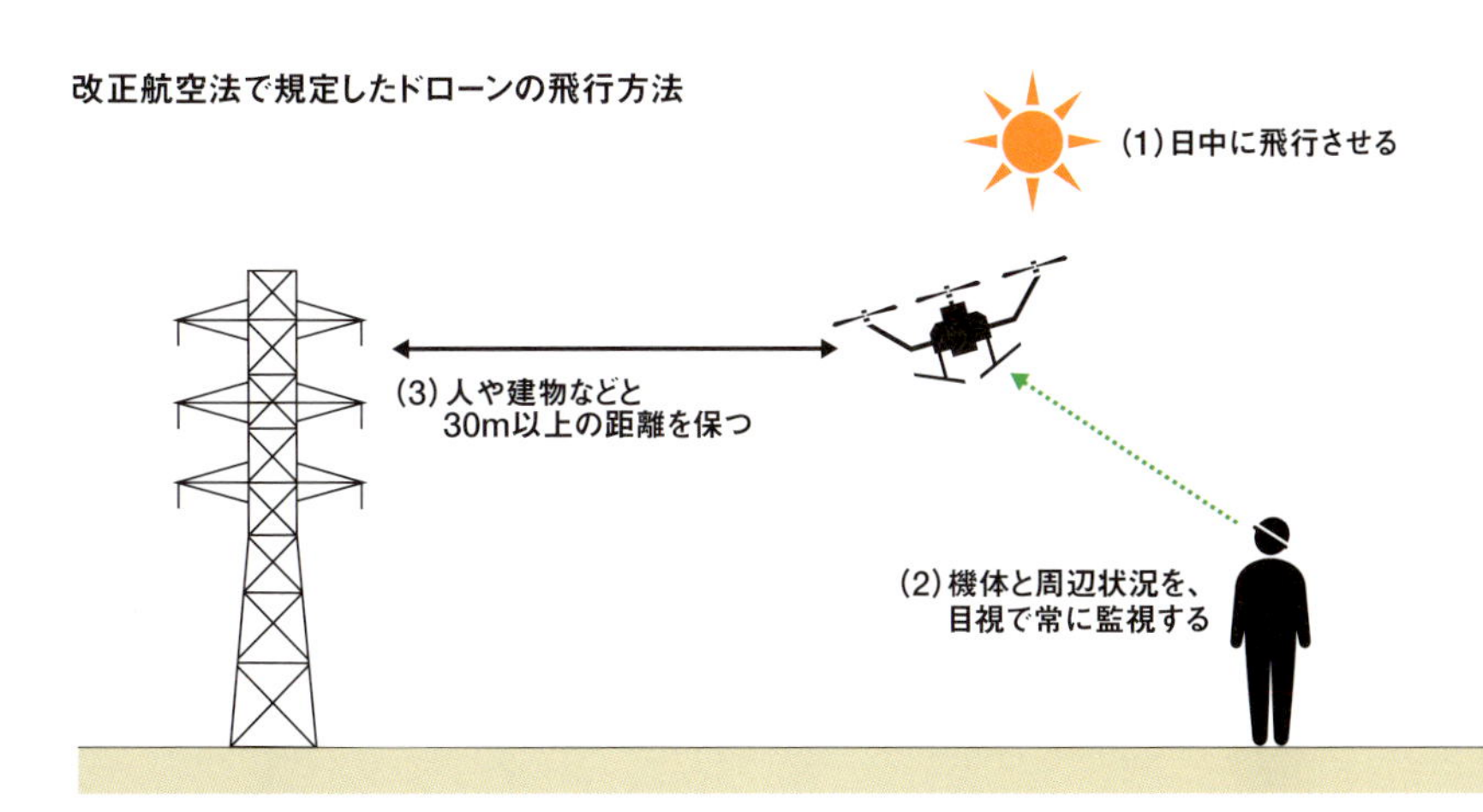

国土交通省の資料を基に日経コンストラクションが作成

重い責任、自覚と対策を

建設テックの先兵として、瞬く間に建設業界に普及したドローン。手軽に扱えるのが最大の売りだが、一歩間違えれば凶器にもなり得る。

例えば二〇一七年二月には、神奈川県藤沢市内のマンション建設現場で空撮中のドローンが墜落。作業員が顔に数針縫うけがを負った。飛行中に何らかの原因で電波が途切れた結果、自動帰還モードに切り替わり、降下しながら操縦者の元に戻る途中にクレーンに衝突。墜落したとみられている。

「制御不能になって民家の屋根に墜落」、「墜落後に機体から発火し、付近の草が焼失」、「マンションに衝突し、墜落」。国交省航空局のウェブサイトには、様々なパターンの事故事例がずらりと並ぶ。イベント中の事故も後を絶たない。

障害物を検知して自動で回避する機能を搭載するなど、機体の性能は確かに向上している。それでも、利用者の裾野が広がれば、事故はさらに増えかねない。

たとえ航空法のルールを守り、国交省から飛行許可を得てドローンを飛ばしていたとしても、ひとたび事故を起こして人や物を傷つければ、操縦者や企業は重い責任を負わなければならない恐れがある。建設会社が工事中に重大事故を起こした場合は、発注者から指名停止などの処分を科されるリスクもある。新たなテクノロジーを扱う者には、相応の責任が伴うことも忘れてはならない。

ドローンを扱う建設技術者、機体やサービスを開発・提供する企業は何に気をつけなければならないのか。第一章の最後に、ドローン関連の法規制に詳しい森・濱田松本法律事務所の林浩美弁護士の監修の下、最低限押さえておきたいポイントを解説しておこう。AI、自動運転などの革新的なテクノロジーは、既存の法令や基準に当てはまらないことも多い。国だけでなく、開発者や利用者が一体となって、より良いルール作りを進めていくうえでも、ドローン関連の法規制は参考になる。

Q・もしドローンが墜落して人や物を傷つけたら？
A・損害賠償請求も。「過失」の有無が争点に

ドローンで人の身体や物を傷つけてしまったとしたら、民事上の責任として、損害賠償責任を負う可能性がある。根拠は民法第七百九条の不法行為責任だ。

前提となるのは、「故意」または「過失」があること。工事現場の空撮や測量業務の最中に「故意」に他人を傷つけたりするのはあまり現実的ではないから、基本的には「過失」の有無が問題になる。予見可能性（被害が生じることが事前に認識できたかどうか）があったにもかかわらず、対策を講じなかった場合は、過失を問われる。

運用マニュアルをきちんと整備し、飛行前の機体の点検や整備を漏れなく実施していたか、バッテリーの残量は確認したか、墜落原因となる電波障害が起こらないか調べたか——。ドローンを飛ばすに当たって、墜落などの事態が起こらないように、どこまで注意を払っていたかが争点になる。

また、従業員が不注意で事故を起こした場合は、会社も使用者責任（民法第七百十五条）を問われる場合があるので注意が必要だ。

Q・事故に対する国交省のスタンスは？
A・許可・承認と事故の責任は別

都市部などでドローンを飛行させる際に欠かせないのが、航空法に基づく許可・承認の手続きだ（76ページ参照）。申請者は飛行マニュアルや操縦者の実績、機体の性能に関する情報などを国交省に提出しなければならない。

ただし、国交省の許可・承認を受けたからといって、事故を起こした際に責任が生じないかというと、そんなことはない。同省は航空法の観点から規制をかけているにすぎず、民事上の責任とは話が別なのだ。

逆に言えば、国交省の許可・承認を受けずにドローンを飛ばして事故を起こしたとしても、そのことだけを理由に民事上の責任が発生するというわけではない。航空法を守らずに不注意に飛ばしていたことで、民事上の責任が認められやすい、ということはあるかもしれないが。

ちなみに国交省は現在、ドローンと有人航空機あるいはドローン同士の衝突が生じないように、安全確保のためのルール作りを進めている。ドローンを扱う事業者は、こうした動きにも注意を払う必要がある。

Q・業務を依頼した測量会社が事故を起こしたら？
A・契約方法や指示内容で責任の程度が変わる

ある建設会社が、ドローンによる写真測量を測量会社に依頼したとしよう。この測量会社が重大な事故を起こした場合、誰が責任を負うことになるだろうか。

契約方法が「委任契約」の場合、この建設会社が測量会社に対してどのような指示をしたかによって、責任の程度が異なってくると考えられる。

例えば、建設会社が測量会社に対して、「何月何日に測量してください。細かいやり方は任せます」と指示したとする。もしその日が極めて悪天候であれば、ドローンが制御不能になり、墜落する危険性が高まるのは明らかだ。それでも日程を変更する努力をせずにドローンを飛ばして事故を起こしたならば、測量会社に一定の過失があったとされるだろう。

一方、指示した建設会社が「絶対に他の日は許さない」と厳命したとすると、悪天候にもかかわらずフライトを無理強いしたということで、共同不法行為（民法第七百十九条）が成立し得る。共同不法行為とは、その名の通り、複数の人が共同で不法行為を行うことを指す。

委任契約ではなく、請負契約ならどうだろう。建設会社が、「このエリアを何月何日までに測量してください」と完全にお任せしている中、測量会社が事故を起こしたとすると、測量会社に過失があると考えるのが普通だ。

ドローンによる写真測量の経験が全くない不適格な測量会社と知ったうえで依頼したといった特殊事情がない限り、共同不法行為は成立しにくいと考えられるので、測量会社の責任ということで問題は収れんしていくだろう。

Q・事故を起こした場合の刑事上の責任は？

A・業務上過失致死傷罪などに問われる恐れ

業務上、ドローンで人を負傷させた、または死亡させた場合は業務上過失致死傷罪（刑法第二百十一条）に問われ、五年以下の懲役か禁錮、または百万円以下の罰金を科せられる恐れがある。また、建物を壊すと建造物等損壊罪（刑法第二百六十条）に問われる場合がある。刑罰は五年以下の懲役。物を壊した場合は器物損壊罪（刑法第二百六十一条）で、三年以下の懲役または三十万円以下の罰金もしくは科料に処せられる恐れがある。ただし故意犯に限るので、通常は該当しないだろう。

では、二〇一五年四月に首相官邸の屋上にドローンが墜落した事件で、元自衛官の男はどのような罪に問われたのだろうか。建物や物を壊したわけではなく、人を傷つけてもいない。そこで、官邸の職員の業務を妨げたとして威力業務妨害罪（刑法第二百三十四条）で罪を問うことになった。男は一審で有罪になっている。その後、国の重要施設の周辺地域上空におけるドローンの飛行を禁止する法律ができたので、今、同じことをすれば違反を問われる。

Q・開発・製造したドローンに欠陥があったら？
A・PL法に基づく損害賠償請求も

製品の欠陥が原因で損害が生じた場合、製造物責任法（PL法）に基づいて損害賠償を請求されることがある。責任を負うのは基本的には製造者だが、法律では「製造業者等」と定義しており、輸入業者なども含まれる。

建設会社や測量会社などが関係する場面は少なそうだが、例えば海外製のドローンを国内で販売する事業者が、機体の共同開発者としてかなり関与している場合などは注意を払う必要がある。

ユーザーの立場に立てば、機体のマニュアルなどを十分に確認しておかなければならない。マニュアルの注意書きや指示に従わず、イレギュラーな使い方をしていたとすると、事故を起こした場合に製造者の責任を問うのが難しくなる。

もちろん、マニュアルに注意書きがあるからといって製造者に全く責任がないとは言い切れない。製造者には、マニュアルの中でもとりわけ大事なことを強調して表示するなどの配慮が求められるのではないか。

Q・家屋の上空を飛ぶのに問題は？
A・土地所有権の侵害に注意

ドローンが他人の土地の上空を飛ぶ際に問題となるのが、土地所有権の侵害。土地の所有権はその土地の上下に及ぶからだ（民法第二百六条、第二百七条）。しかし、「上下」がどの範囲か明確に示されていないのが難しいところだ。

飛行機が自宅のはるか上空を飛んでいるからといって土地所有権の侵害を主張する人は、まずいないだろう。しかし、ドローンは有人航空機に比べるとかなり低い高度で飛行するという特徴がある。

さらに、飛行するエリアによっても事情が異なる。例えば、高さ十メートルまでの建物しか建てられない土地の上空百メートルをドローンが飛行する場合はどうか。土地の所有者が本来利用できない高度を飛ぶのだから、所有権侵害は成り立ちにくそうだ。一方、容積率が高い都心のオフィスビル街では、高度百メートルでも利用権が及ぶ場合がある。

「土地の所有権は、かなり高いところまでは及ばない」という見解や、「実際に土地の利用が侵害されない限りは『権利乱用』として排斥できる」という見解もあるので、測量や空撮の目的で普通にドローンを飛ばす場合、土地所有権の侵害が成立することは、現実的にはあまり考えにくいと思われる。

それでも、仮に所有権侵害を申し立てられると、実際にそれが成り立つかはさておき、実務に悪影響を及ぼすだろう。このため、周辺住民に対して飛行計画などを念入りに周知し、無用のトラブルを避ける努力をしている事業者は少なくない。今後、ドローンの効用が広く認められることや、機体の安全性向上によって、社会がドローンを受け入れやすくなることが期待される。

Q・海外から輸入する、あるいは海外で使う際の注意点は？

A・電波法や外為法に違反しないか確認

日本の技術基準に適合していないドローンを海外から個人輸入して使用した場合、電波法違反で一年以下の懲役または百万円以下の罰金を科される恐れがある。国内で市販のドローンは技術基準適合のマークがあれば問題ない。

逆に、ドローンを海外へ販売する場合、機体を構成する部品が武器に当たると、外国為替及び外国貿易法（外為法）に基づいて経済産業大臣の輸出許可が必要になる。国外の調査業務などに使用するため、一時的に海外に持っていき、日本に持って帰ってくるとしても、扱いは同じだと考えられる。とはいえ、市販されているドローンは、通常は武器に該当しない。

第1章のまとめ

- あまり知られていないが、建設業界ではドローンの活用（測量）が盛んだ
- 国土交通省が技術基準を整備し、公共事業を中心に普及が加速した
- レーザースキャナーを搭載したドローンなど、新たな技術が次々に現れている
- 商機を嗅ぎ取った様々な企業が、ドローン測量市場に参入してきた
- インフラ老朽化を背景に、ドローンによる点検も注目を集めている

第2章

三次元データが現場にやってきた

HOW 3D MODELING IS CHANGING
CONSTRUCTION SITES

二次元の、それも紙の図面が幅を利かせてきた建設業界は今、デジタル・三次元の世界へと急速に移行しつつある。測量に始まり、調査・設計、施工、検査、維持管理・更新に至る建設プロジェクトの全フェーズを通じて三次元モデルを活用し、生産性を高めるための基盤となるのがBIM／CIM（ビム・シム）という概念だ。

BIMとは「ビルディング・インフォメーション・モデリング」の略称で、三次元モデルに材料やコスト、品質などの属性データを関連付け、建築の設計・工事や建物・設備の管理を効率化する取り組みを指す。CIM（コンストラクション・インフォメーション・モデリング）はその土木版だ。国際的には建築、土木の分野を問わずBIMと呼ぶのが普通だが、本章では以降、日本国内で流通しているBIM／CIMという呼称を使うことにする。

フロントローディングへの期待

BIM／CIMを活用するメリットは多い。最も分かりやすいのは、三次元モデルで設計することによってもたらされる効果だろう。例えば、配管や設備、コンクリート内の鉄筋などが別の部材と干渉していないか、立体的に確認できるので、「工事を始めてから誤りに気付いて慌てて対応に追われる」といった事態を防げる。施工性を考えた設計をすることで、品質向上や工期短縮といった様々な効果が見込めるのだ。プロジェクトの序盤にリソースを集中投下して完成度を高め、後工程を楽にする「フロントローディング」の考え方だ。

建設プロジェクトの流れとBIM／CIMの効果

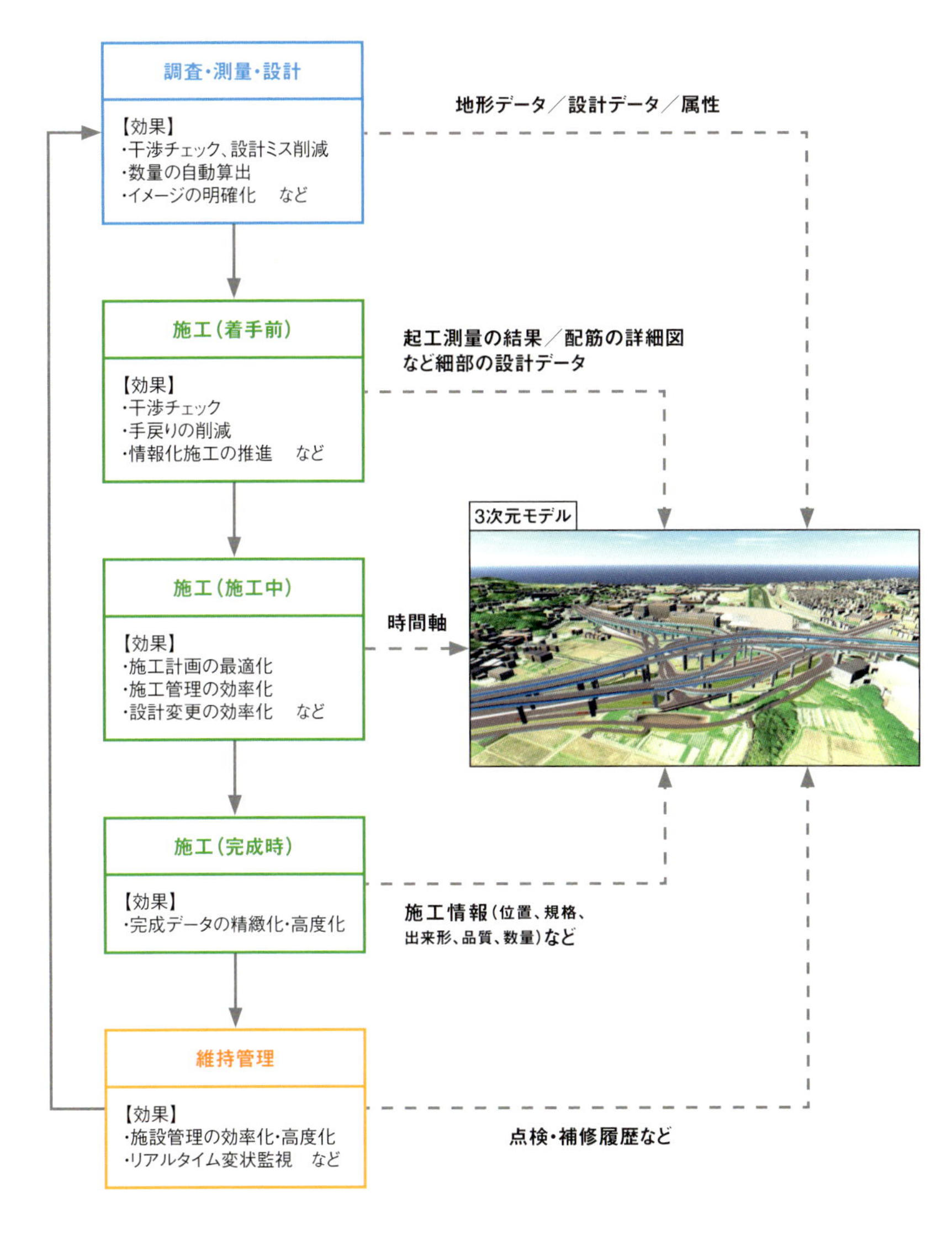

国土交通省の資料を基に日経コンストラクションが作成。破線は各段階で3次元モデルに追加するデータ

施工計画を立てるのにも役立つ。大手建設会社はＢＩＭ／ＣＩＭのデータに時間軸を与え、複雑な工事のシミュレーションに用いている。工事の手順を時間軸に沿って三次元モデルで事前に検証することで、無理・無駄のない工程計画を立てられるのだ。

また、重機に搭載したマシンコントロール（ＭＣ）に設計データを入力すれば、このデータを基に重機の動きの一部を自動制御し、設計通りに施工することができる。三次元モデルを３Ｄプリンターで出力するだけで建物が出来上がる、そんな未来がすぐそこに迫っているかもしれない。事実、オランダのＭＸ３Ｄというスタートアップ企業は、アーム型ロボットを用いた３Ｄプリンターで、鋼橋を「印刷」するプロジェクトを進めている。

このほか施工中の検査では、設計データと現場の映像をＡＲ（拡張現実）技術で重ね合わせ、設計通りに施工できているか簡単に確認できる技術も登場し始めている。

ＢＩＭ／ＣＩＭのメリットを最大限に生かせるのが維持管理や運用のフェーズだ。コストや施工履歴などの情報をひも付けておいた三次元モデルに、その後の点検結果などを蓄積して活用すれば、施設のライフサイクルコストを削減できると考えられる。ＢＩＭ／ＣＩＭの本質は、建物やインフラに関する情報を統合したデータベースなのだ。

国内で土木分野に比べて先行していたのが、建築分野におけるＢＩＭ／ＣＩＭの活用だ。建築の「ＢＩＭ元年」と言われる二〇〇九年以降、設計や施工、施設のファシリティマネジメント（ＦＭ）への適用が徐々に増え、現在はビルや住宅を建てる際に必要な「建築確認申請」の際にＢＩＭデータを提出し、審査を効率化する取り組みも始まっている。

特製の3Dプリンターで橋を「印刷」する様子（写真：下もMX3D）

3Dプリンターで造った鋼橋の全体像

バーチャル・シンガポールのイメージ（資料：ダッソー・システムズ）

シンガポールや欧州諸国が先行

海外にはさらに先を進んでいる国もある。建築確認申請に関しては、シンガポールが二〇一五年に五千平方メートルを超える建物の設計を対象としてＢＩＭデータの提出を義務付けた。

また、シンガポール国立研究財団は同年、大手ＰＬＭベンダーのダッソー・システムズの協力を得て、国土を丸ごと三次元モデル化する「バーチャル・シンガポール構想」を発表した。ＢＩＭ／ＣＩＭを都市のスケールに拡張した珍しい取り組みだ。工事のシミュレーションはもちろんのこと、感染症の広がりを予測するなど、「都市の運営」を効率化するうえで様々な使い方が考えられる。

英国も二〇一一年から政府が主導してＢＩＭ／ＣＩＭの公共事業への導入を段階的に進めている。二〇二五年までに、統合された一つのＢＩＭ

モデルを全ての関係者が共有・運用することを目指しているほか、国際標準化にも熱心だ。日本の国土交通省も、英国の動きを参考に施策を打ち出している。

英国など二十一カ国の取り組みを分かりやすくまとめたのが、「欧州公共事業によるＢＩＭ導入の手引き」という文書だ。日本建設情報総合センター（ＪＡＣＩＣ）のウェブサイトで無料公開しているので、参考にしてほしい。報告書の末尾には次のように記されている。「二〇二五年までに、本格的なデジタル化により、設計・施工フェーズでは十三〜二十一パーセント、維持管理フェーズでは十〜十七パーセントの年間コストを削減できるでしょう」。

国交省がＣＩＭのガイドライン

建築に比べてＢＩＭ／ＣＩＭの活用が遅れていた国内の土木分野でも、今後は急速に活用が進みそうだ。国交省は二〇一七年三月に「ＣＩＭ導入ガイドライン（案）」を公表。三次元モデルをどこまで作り込むか目的に応じて定義するなど、ＢＩＭ／ＣＩＭの活用におけるポイントをまとめた。ＢＩＭ／ＣＩＭの活用を前提としたモデル事業も全国で進めている。現在は、大規模構造物の詳細設計で原則としてＢＩＭ／ＣＩＭを活用することにしている。

国交省が橋梁やダムを対象として二〇一二年度から始めたＢＩＭ／ＣＩＭの活用業務（設計）・工事は、二〇一七年度までに合計四百十八件。二〇一八年度は二百件が目標だ。

もちろん、ＢＩＭ／ＣＩＭの普及には課題も多い。例えば、三次元モデルの作成を担うＣＡＤ

オペレーターが不足している。オートデスクやダッソー・システムズ、ベントレー・システムズ、グラフィソフトといったベンダーが提供しているＢＩＭ／ＣＩＭ用の高度なソフトウエアを使いこなすには、それなりのスキルが必要だからだ。

ＢＩＭ／ＣＩＭの推進に向けた動きとして面白いのが、建築分野における鹿島の取り組み。同社は建築の三次元モデリングの体制を整えるために、フィリピンやインド、韓国の企業と提携してきた。さらに二〇一七年四月には、モデリングやコンサルティングの専業会社であるグローバルＢＩＭ（東京都港区）を設立。鹿島のノウハウを国内外に提供する「日本初のＢＩＭサービスプロバイダー」をうたっている。

建設生産の上流（設計など）から下流（維持管理）に至るまで、ＢＩＭ／ＣＩＭモデルを一気通貫で活用するという目標も、実現にはまだまだ時間が掛かりそうだ。例えば、施工時に記録した大量のデータのうち、何を三次元モデルに登録しておけば維持管理のフェーズで役に立つか、といったことが決まっていないからだ。国交省は二〇二〇年度に向けて基準やマニュアルなどを整備し、二〇二五年度にはＢＩＭ／ＣＩＭの活用を原則化する目標を掲げる。

三次元モデルをわずか数分で自動作成

多くのモデル事業を進めながら課題を洗い出し、基準の整備を進める国交省。一方、民間企業側はこうした国の動きも踏まえつつ、自らの業務や工事を効率化するために、現場のニーズに合っ

BIM/CIM活用業務・工事の件数

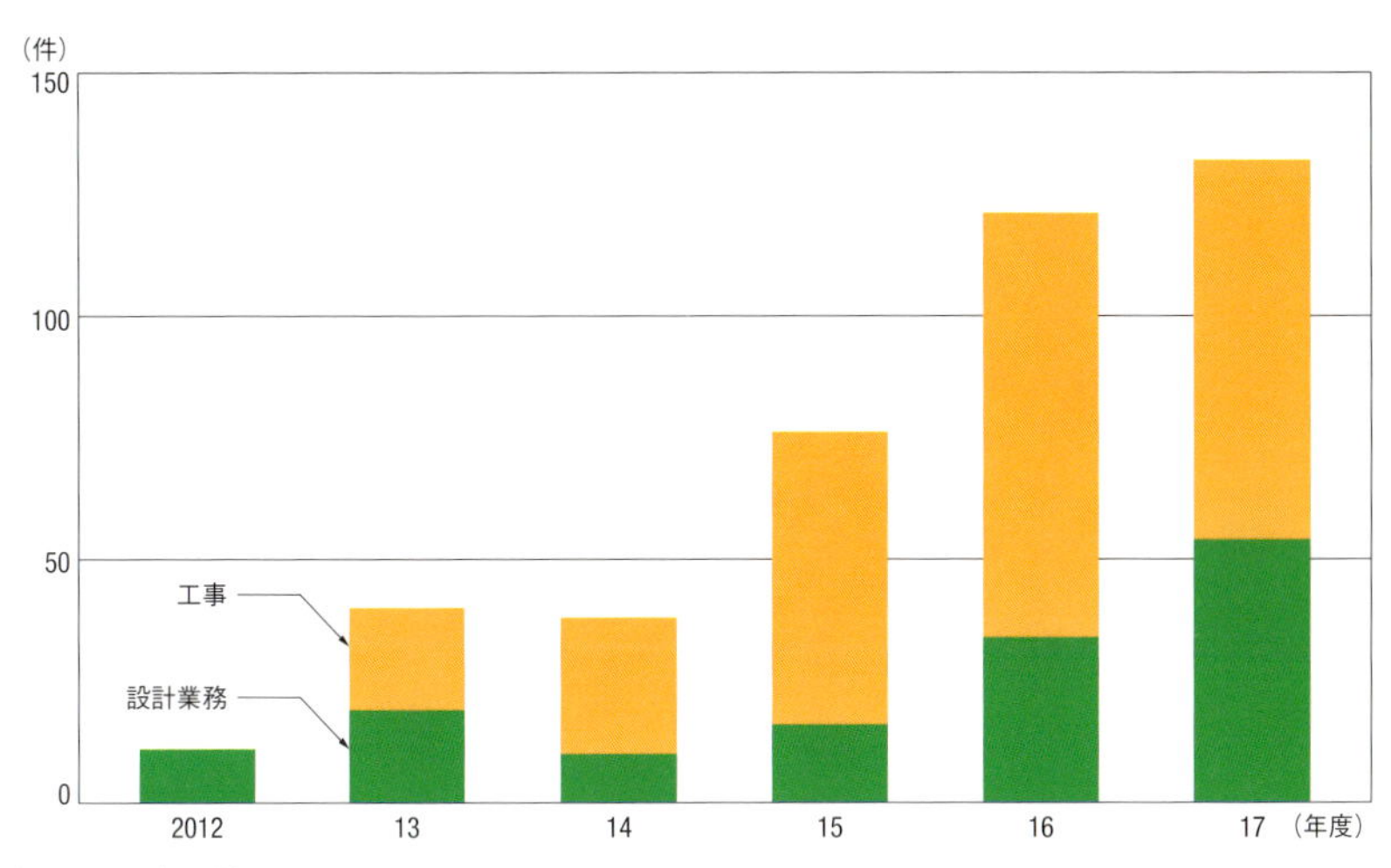

（資料:国土交通省）

BIM/CIMの段階的な拡大方針

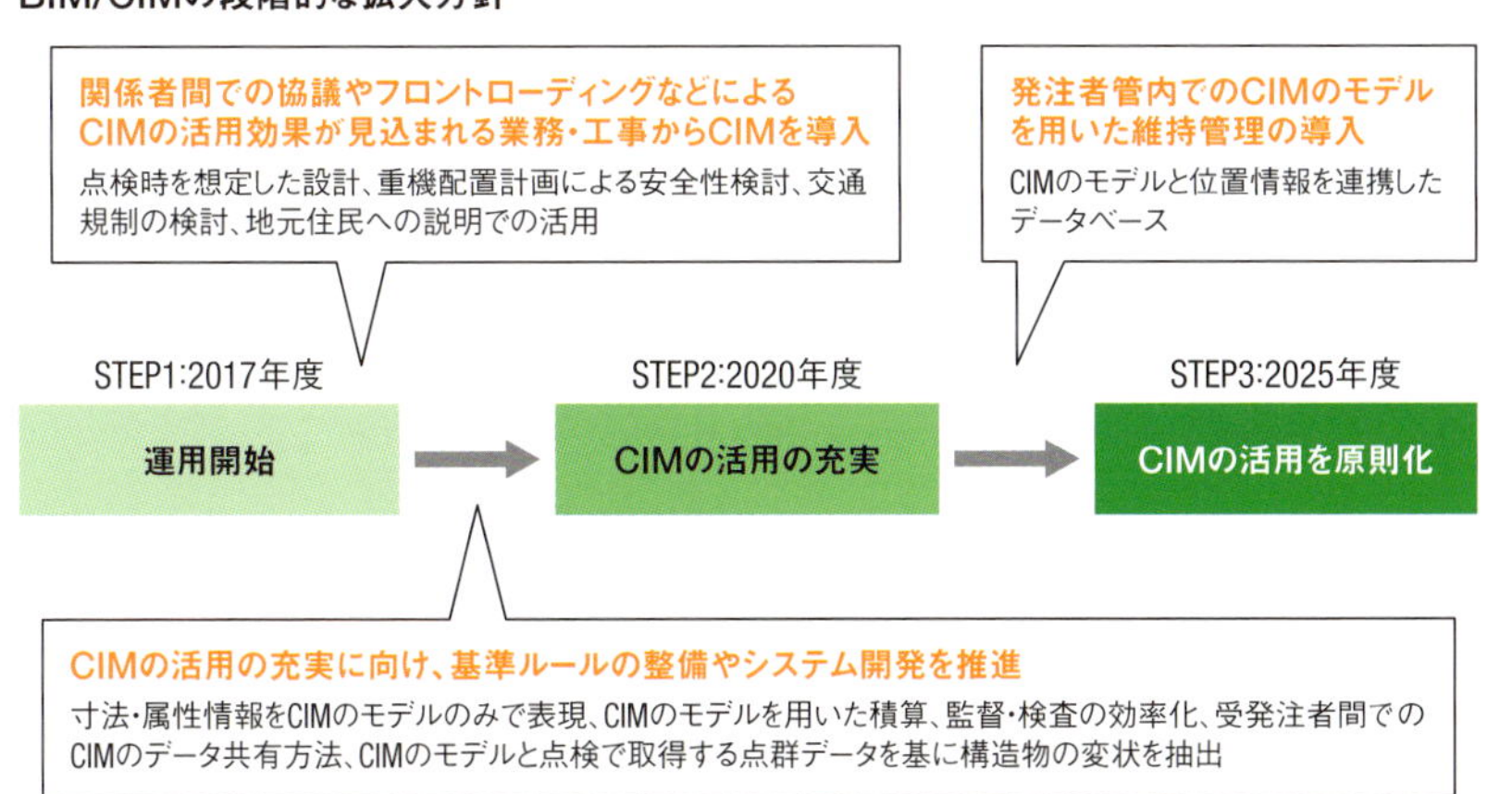

（資料:国土交通省「CIM導入推進委員会」）

た独自の取り組みを進めている。

準大手ゼネコンの三井住友建設が二〇一六年十二月に発表した「橋梁三次元モデル作成システム」（ＳＭＣ－ｍｏｄｅｌｅｒ）はその一例。伊藤忠テクノソリューションズが提供する設計ソフト「Ｃ－ｍｏｄｅｌｅｒ」をベースに、三井住友建設のノウハウを組み込んだプレストレスト・コンクリート（ＰＣ）橋の設計システムだ。オートデスク製品のアドオン（機能拡張）ソフトとして開発した。岩手県久慈市の国道四十五号夏井高架橋に適用し、他システムとの連携や改良を進めた。

同システムは、ＰＣ橋の設計段階で作成する断面形状や線形の数値データを入力するだけで、位置情報付きの三次元モデルをわずか数分のうちに自動作成できるのが売りだ。橋の主桁の補強に使うＰＣ鋼材や配水管なども正確に反映。部材同士の干渉をチェックする機能もシステムに組み込んだ。

アプリの追加で現場作業も効率化

橋梁は平面方向にカーブがあったり、断面方向に勾配があったりと、意外に複雑な形状をしている。三井住友建設土木設計部の水田武利主任は、「ベンダーにも相談したが、各部材の細かな設定を反映できるソフトはなかった」と話す。

高速道路橋の詳細設計付きの工事案件を手掛けることが多い同社では、以前から設計の効率化

国道45号夏井高架橋の3次元モデル

三井住友建設は、「SMC-modeler」を同社が施工する国道45号夏井高架橋工事に適用した。ドローンで撮影した画像から地形の3次元モデルを作成し、重ね合わせることもできる（資料：三井住友建設）

SMC-modelerの活用シーンの例

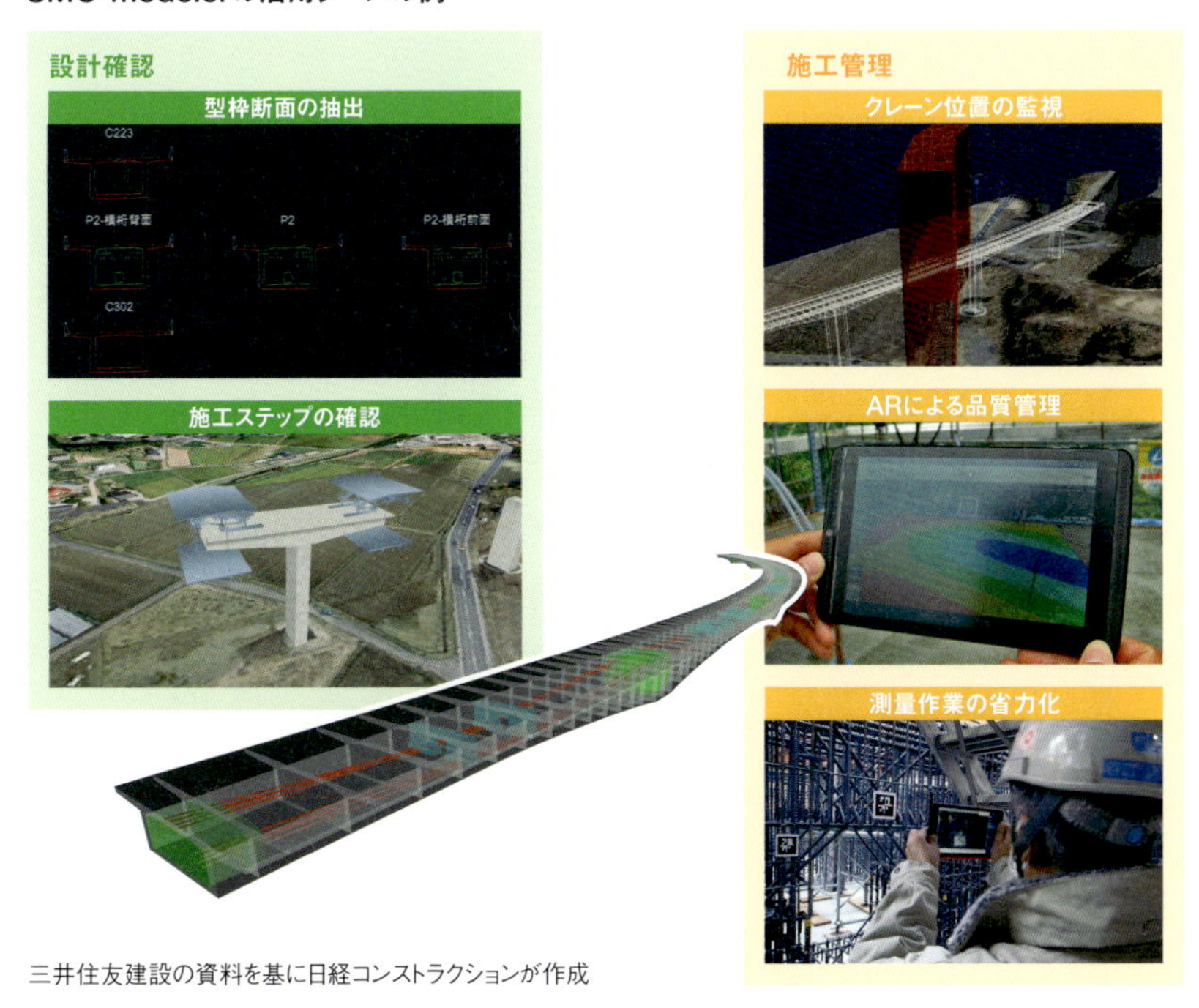

三井住友建設の資料を基に日経コンストラクションが作成

が課題だった。三次元モデルの作成をオペレーターに外注すると、数週間かかることもあるだけに、開発したシステムの効果は抜群だ。

工事現場の負担軽減にも役立つ。例えば、コンクリートの型枠の発注に必要な図面の書き出しを自動化し、橋梁の張り出し架設（橋脚から「やじろべえ」のようにバランスを取りつつ左右に橋桁を延ばして橋を架ける工法）などで、施工の継ぎ目ごとに必要だった図面の作成作業を省略できるようにした。位置情報を持つＢＩＭ／ＣＩＭモデルを生かしたアプリケーションも次々に開発している。ＧＰＳ（全地球測位システム）を搭載したクレーンと橋梁の位置関係を、リアルタイムで監視するシステムを実用化済みだ。

さらに、三井住友建設技術本部建設情報技術部の戸倉健太郎部長は、「三次元データの活用で、建築と土木の垣根を越えた技術の共有が実現している」と話す。一例が、自己位置の推定と周辺のマッピングを同時に行い、設計データと実際の施工状況を比較してミリ単位の誤差を見抜く検査システムだ。元々は建築工事で設備スリーブの取り付け位置の確認用に開発した技術で、現在は配筋位置のチェックなど、土木工事への転用を予定している。

三井住友建設の目標は、橋梁の設計から維持管理までの一連の情報を統括するプラットフォームだ。戸倉部長は「社員の仕事を効率化するだけでなく、他社に同じシステムを販売することも考えている」と展望を語る。建設会社にとってＢＩＭ／ＣＩＭはもはや生産性を向上するためだけのツールではない。「市場の変化に対応した新しいビジネスを生む」（戸倉部長）。そんな可能性も秘めている。

生コンの情報を電子化

ＢＩＭ／ＣＩＭの目的は既に述べた通り、建設プロジェクト全体の生産性向上や高度化だ。そのために重要になるのが、各フェーズのデータを次の段階に過不足なく引き継ぐこと。大成建設が開発した「Ｔ－ＣＩＭ／Ｃｏｎｃｒｅｔｅ」は、生コンクリートの伝票情報などを電子化し、コンクリートの打ち込み段階や維持管理などの後工程にデータを引き継ぐシステムとして、国や業界団体から注目を集めている。

土木分野のコンクリート構造物に関する基準を定めた「コンクリート標準示方書」では、コンクリートの品質を考慮して、練り混ぜから打ち込みまでの時間に制約を課している。にもかかわらず、いまだに生コン工場が発行する「生コン伝票」と建設会社が記録する「野帳」で別々に品質管理をしているのが実情だった。

建設会社は生コンが現場に到着するまで、工場に電話で確認しない限り、出荷や運搬、待機の状況を把握できない。一方、生コン工場も工事現場での受け入れ以降は、打設の状況を知るすべがない。その結果、例えば交通渋滞で生コン車が現場に到着していないにもかかわらず、当初通りのピッチで出荷してしまい、品質を損ねるといったケースが後を絶たなかった。

生コンに関する情報をリアルタイムに共有できれば、問題は全て解決する。情報を電子化すれば、ＢＩＭ／ＣＩＭの三次元モデルに属性として付加できる。

「T－CIM／Concrete」の使い方は簡単。生コン工場の出荷担当者が、練り混ぜ開始時に計量ボタンを押すのと併せて、タブレット端末に表示されるボタンをタッチするだけだ。運搬状況がサーバーにアップロードされ、練り混ぜ開始からの時間を工事現場と共有できる。荷下ろしなどの時間についても、現場側でタブレット端末を操作すれば簡単に共有できる。

工場に負担をかけない仕組みに

「生コン工場から、いかにしてサーバーに情報を上げてもらうかがポイントだった」と、大成建設土木技術部技術・品質推進室の北原剛次長は振り返る。当初は、生コン工場に伝票をスキャンしてもらうことも検討したが、一蹴されたという。そこで、計量ボタンを押す際にタブレット端末をタッチするだけにして、生コン工場側の負担を極限まで減らした。

導入のハードルを下げるために、コストにもこだわった。特殊なソフトは使わず、初期投資はタブレット端末にかかる費用のみ。運用時に必要なのは通信費程度だ。

さらに、システムの採用が生コン工場に大きなメリットになる点もアピールした。生コン工場で処分しなければならない「残コン」の削減はその一つ。待機状況が分かれば、無駄な生コンの出荷を制御できるようになる。開発したシステムの趣旨に賛同して、三十程度の生コン工場が試験的に導入している。

大成建設は、「T－CIM／Concrete」をさらに発展させる。タブレット端末のボタ

T-CIM/Concreteによる生コン出荷時の作業イメージ

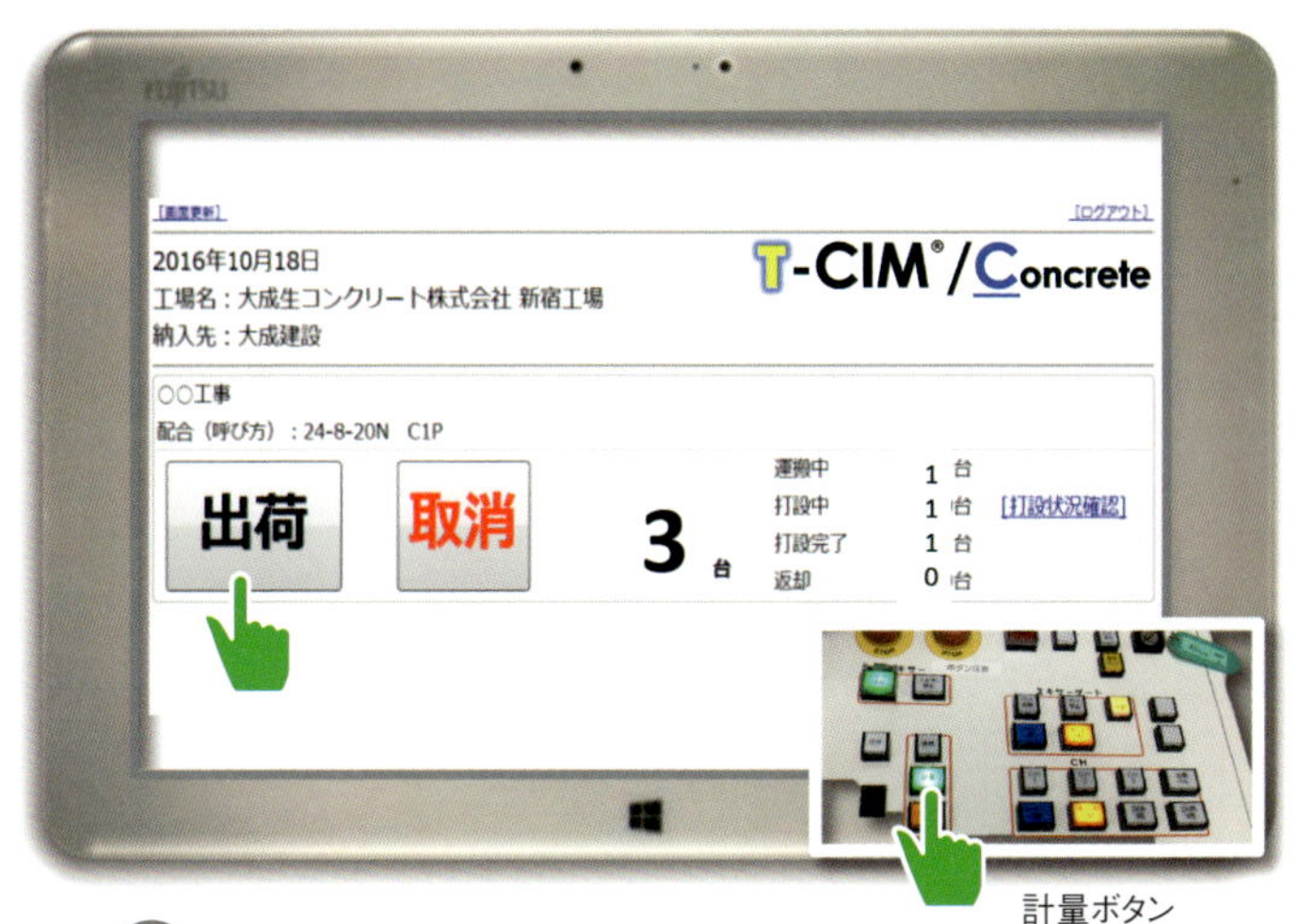

計量ボタン

生コン工場の
出荷担当者

計量ボタンを押すタイミングでタブレット端末にある出荷ボタンをタッチすれば、現場側と生コンの配車状況を共有できる

（資料：下も大成建設）

T-CIM/Concreteの主な効果

1　出荷状況や打設状況の「見える化」

現場側からは出荷状況や運搬状況が、生コン工場側からは打設の間隔などがそれぞれ見える化され、出荷間隔や打設間隔を適切に管理できるようになった

2　生コンのロスの最小化

生コン車の待機状況が見えるので、無駄な生コンの出荷を制御できるようになった

3　帳票作成の効率化

打設記録の帳票作成などを効率化。残業時間を減らせるようになった

ンを押す手間も省いて、計量ボタンを押すと自動でサーバーに生コン伝票情報が上がるようにする。今のところ、大成建設だけの取り組みだが、今後は建設業界への普及を考え、伝票情報の電子化がうまく回る仕組みも検討中だ。

MRとの組み合わせ

小柳建設（新潟県三条市）と日本マイクロソフトが共同で開発している「Holostruction（ホロストラクション）」は、現実空間に三次元モデルを映すMR（Mixed Reality、複合現実）を生かした建設業向け情報共有システムだ。立体映像を意味するホログラムと、建設を意味するコンストラクションを組み合わせて命名した。米マイクロソフトが開発して二〇一七年から日本で販売を始めた「Microsoft HoloLens（以下、ホロレン

❶ 3次元モデル（サイズ変更可能）
❷ 工程表
❸ 工事調書や確認書類など
❹ 施工時の記録写真

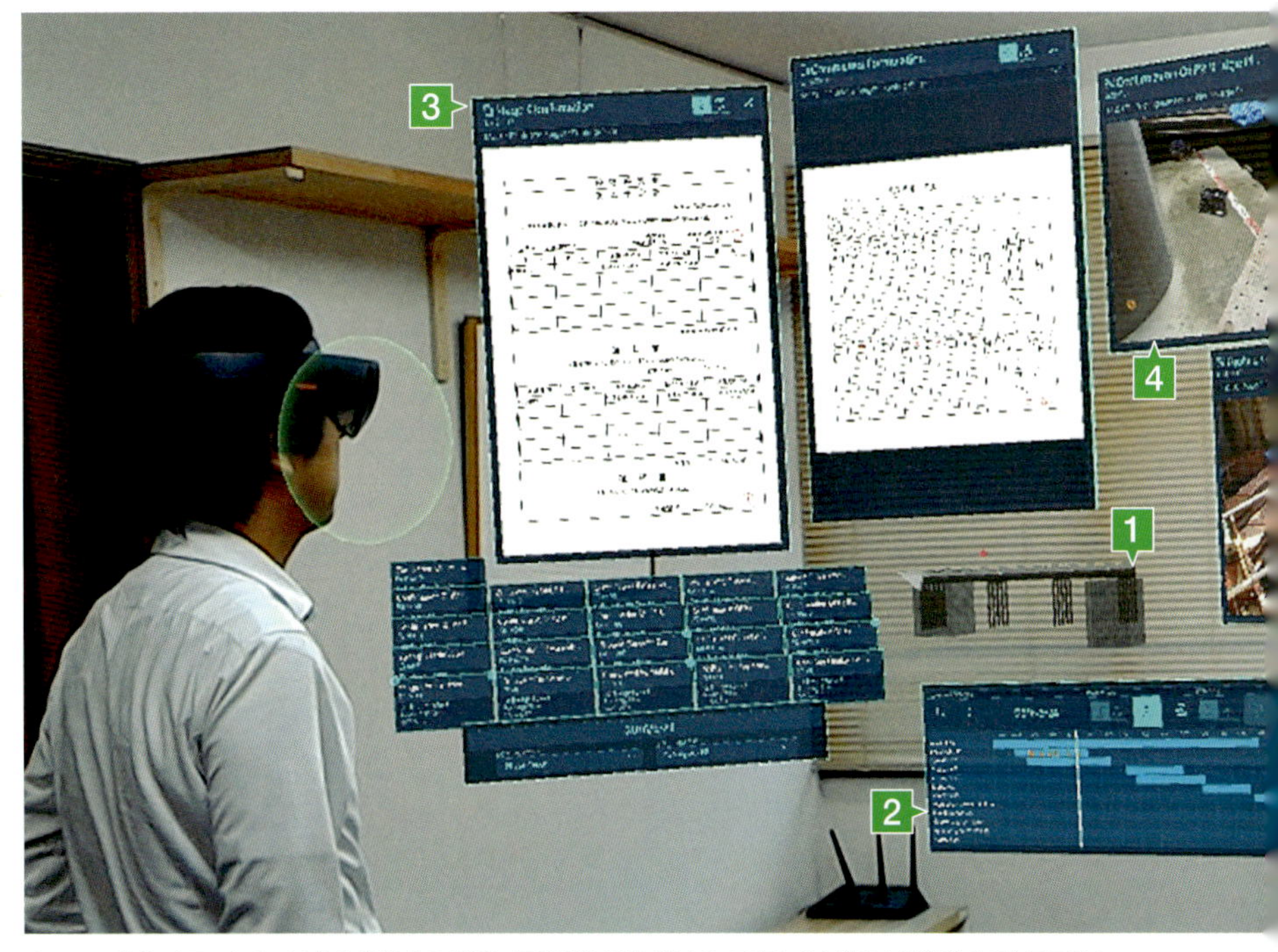

ホロレンズをネットワークでつなげば、複数人の視界に同じ映像を映し出せる。工程にひも付けた構造物の3次元モデルのほか、関連する書類や写真なども視覚的にリアルタイムで共有できる（資料：小柳建設）

ズ）」を使用している。

建設業界では最近、三次元の映像で仮想的な空間をつくり上げるVR（仮想現実）や、現実空間の映像に各種の情報を重ねて表示するAR（拡張現実）を導入する事例が増えてきた。MRは、VRとARを発展させたものだ。MRを使えば、現実空間に浮かんだ三次元モデルを左右から眺めたり、近寄って細かい部材を確認したりと、自在に視点を変えられる。三次元モデルと工程表をひも付けておけば、工程表のあるポイントを選択すると、その時点の現場の様子が三次元モデルとして映し出される。

さらに、端末同士を無線のネットワークでつなげば、複数人の視界に同じ映像を表示できる。遠隔地でも端末さえあれば映像の共有が可能だ。施工中の確認書類や写真など、発注者との打ち合わせに必要な情報をクラウドで一元的に管理し、どこでも共有できる。

発注者との協議を二次元の図面に基づいて進めると、出来上がりのイメージを十分に共有しきれず、後になって作業の手戻りが生じることも珍しくない。ホロストラクションなら完成形をイメージしやすくなるので、受発注者間で行き違いが生じにくい。

操作性にもこだわりがある。ホロレンズは、内蔵するカメラで装着者の指の動きを検知する。操作に必要な手の動きはわずか二種類。発注者や協力会社の作業員など、工事に関わるあらゆる人が直感的に動かせるようなシンプルさを追求した。

開発のきっかけは、二〇一六年七月に小柳卓蔵社長が参加した米マイクロソフトの企業向けイベントだった。「現場の働き方を楽にできる」。そう確信した小柳社長は、その場で日本マイクロソフトの担当者に声をかけ、自社でホロレンズを活用する案を持ちかけた。

システム開発は、米マイクロソフトのエンジニアと直接やり取りした。開発チームのリーダーを務めた小柳建設土木事業部の中静真吾事業部長は、「通訳を介して技術的な要望を伝えるのに苦労した」と振り返る。世界的なＩＴ企業の開発スピードに食らい付き、三カ月でプロトタイプを作り上げた。

現在は工事現場への適用に向け、システムの改良を進めている。他のモデリングソフトとの互換性などを向上させる計画だ。小柳建設と日本マイクロソフトは、「三年以内にホロストラクションを日本中で展開すること」を目標に掲げる。

レーザースキャナーに脚光

各社のＢＩＭ／ＣＩＭに関する取り組みを見てきたが、ここからはそれを支える要素技術に焦点を合わせてみよう。というのも、ＢＩＭ／ＣＩＭの普及に伴い、要素技術も急激に進化を始めているからだ。とりわけ脚光を浴びているのが三次元計測技術だ。なかでも「三次元レーザースキャナー」への関心が、建設会社を中心に急速に高まっている。

三次元レーザースキャナーとは、レーザーを対象物に照射することで、三次元座標を取得できる計測機器だ。内部の反射鏡を一定速度で回転させて、レーザーを放射状に照射するのが一般的。一秒間に数千～数十万発のレーザーを発射するので、得られるデータは座標点が集まった「三次元点群データ」と呼ばれている。建物の内部の形状や、橋などのインフラの形状、地形データなどを精度よく、手軽に計測できる利点がある。

橋や堤防、ダムなどを造る土木にしても、オフィスビルや住宅を建てる建築にしても、全ての建設事業は測量・計測から始まる。これまで工事現場でポピュラーな計測機器と言えばＴＳ（トータルステーション）だった。ＴＳも三次元レーザースキャナーと同様、対象物にレーザーを照射して座標を測る装置だが、「単点」を測ることしかできなかった。対する三次元レーザースキャナーは、短時間で「面的」に点群データを取得できる。半径数十から数百メートルの広範囲を一度に測れてしまうのが特長だ。

取得した三次元点群データを使えば、構造物や地形などの形状を把握したり、寸法をコンピューター上で確認したりできる。ただし、大量の点群を含むデータの容量は数十ギガバイトにも上り、スペックが低いパソコンなどでは扱いにくいのが難点だ。そこで、専用ソフトウエアを使って不要な点を間引いたり、三次元のＣＡＤデータに変換したりして扱いやすくすることも多い。クラウドに三次元点群データをアップロードするだけで、一連の処理を済ませてくれるサービスも次々に登場している。

工事現場向けの三次元レーザースキャナーを提供する主なメーカーは、ファロー、ライカジオシステムズ、トプコン、トリンブル、リーグルの五社。これらの企業が世界シェアのほとんどを握っている。かつては一千万円を超える機器が多く、なかなか手が出にくい代物だったが、近年では価格破壊が進み、数百万円クラスの製品も増えてきた。

法面工事の出来形を把握

三次元レーザースキャナーを工事で活用できるように国交省が技術基準を整備し始めたことを受けて、三次元データの活用に積極的な中小建設会社も自らスキャナーを購入し、工事の効率化に生かし始めている。

様々な3次元レーザースキャナー

高規格スキャナーを提供するオーストリアのメーカー。写真はドローン用スキャナー「VUX-1UAV」と小型の「mini VUX-1UAV」だ。密度の高い点群で樹木下の地形まで計測できる
（写真：リーグルジャパン）

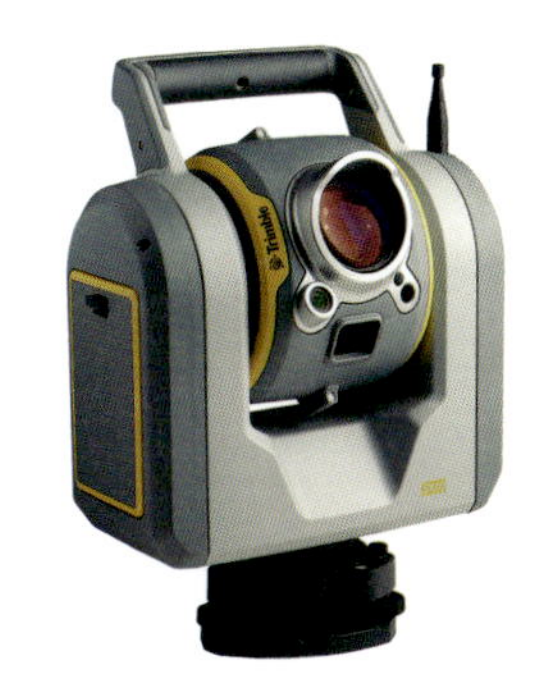

Trimble

本社は米国で、日本での販売などはニコンとの合弁会社、ニコン・トリンブルが手掛ける。2016年に発表した「Trimble SX10」はTS、高解像度カメラ、3次元レーザースキャナーの機能を1台に併せ持つ
（写真：ニコン・トリンブル）

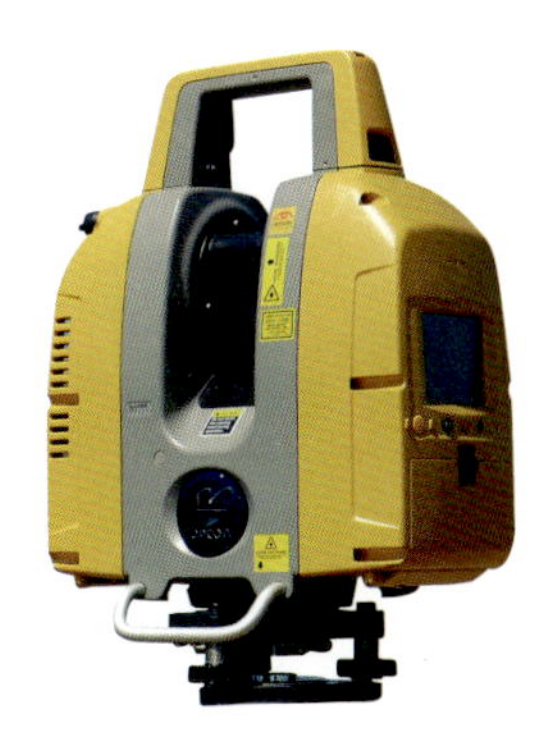

代表メーカー5社の中では唯一の国内メーカー。ノイズの少なさと長距離計測が特徴。反射率が低いアスファルト舗装を計測する「路面モード」など、「i-Construction」に対応した機能を拡充している。写真は「GLS-2000」
（写真：日経コンストラクション）

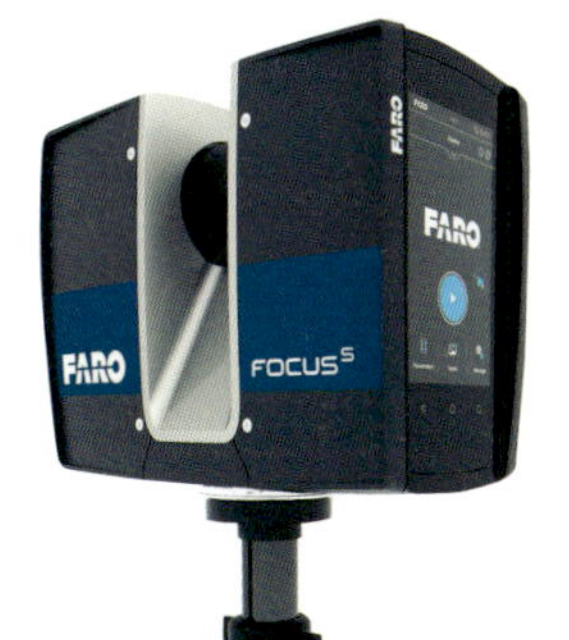

FARO

レーザースキャナーの価格破壊を起こした米国のメーカー。ボタン1つで計測できるシンプルさが特徴。比較的計測距離が短いことから室内や建築現場での使用例が多い。防じん・防水機能を備えた「FocusS」シリーズを発売した
（写真：ファロージャパン）

スキャンの速さに定評があるスイスのメーカー。1000万円を超える高規格の機種を多くそろえる。1秒間に100万発ものレーザーを発し、高密度の点群データを取得できる
（写真：ライカジオシステムズ）

対岸から計測した斜面対策の現場

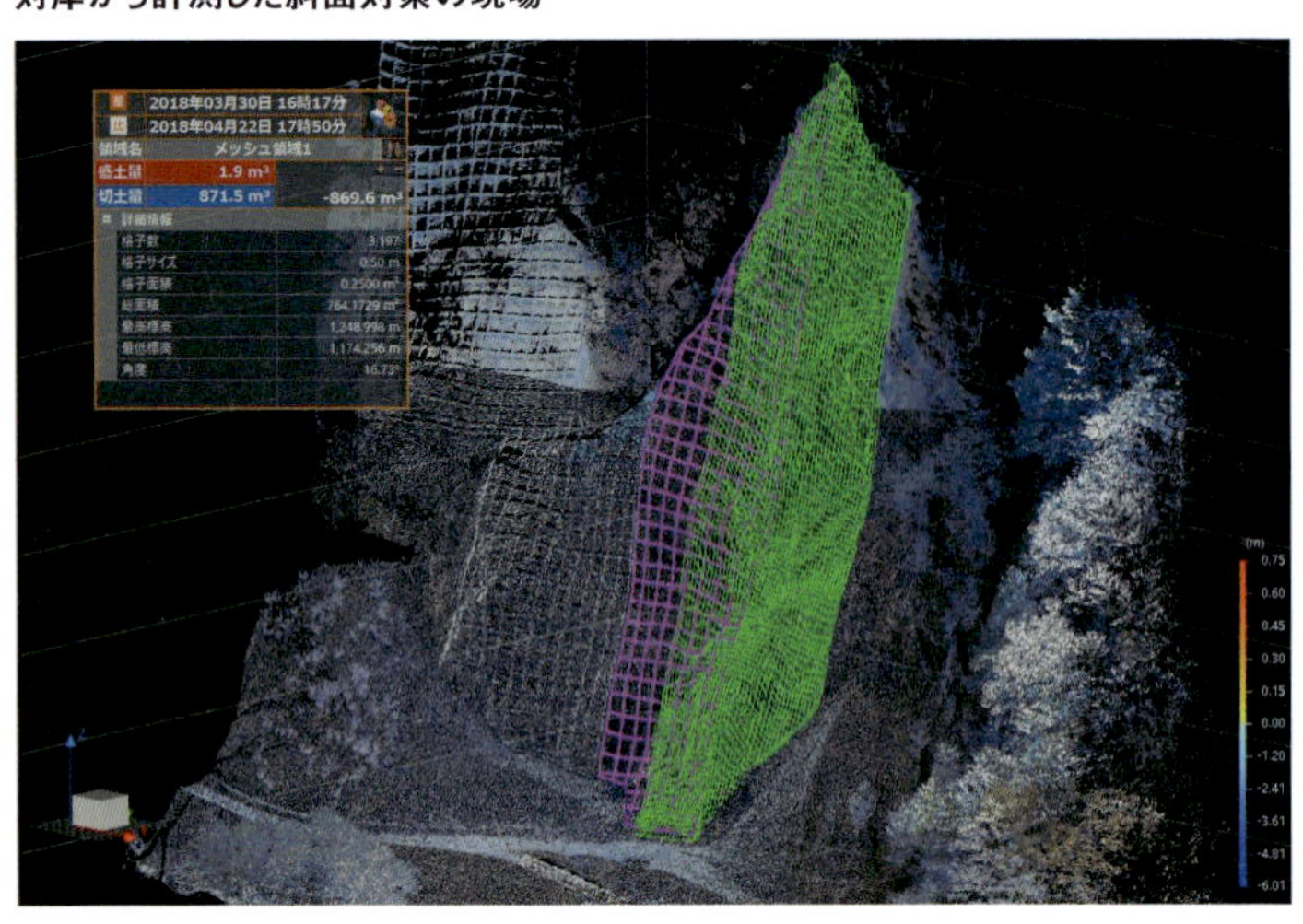

斜面の計測結果に法枠の3次元モデルを重ね合わせた（資料:湯澤工業）

山梨県南アルプス市の建設会社、湯澤工業もそんな企業の一つだ。同社は国交省関東地方整備局富士川砂防事務所から受注した「H29小武川崩壊地対策工事」に、導入したばかりの据え置き式地上型スキャナーを活用している。使用したのはトプコンの「GLS－2000（ミドル）」。二〇一八年に、中小企業の設備投資を支援する「ものづくり・商業・サービス経営力向上支援補助金（ものづくり補助金）」を活用し、思い切って購入したものだ。

この工事の目的は、一九八二年の災害で崩壊した斜面に対策を施し、降雨の際などに下流へ土砂が流出するのを防ぐこと。工事の特記仕様書には、工事着手前に現場の形状を把握して数量を算出するための起工測量や、設計通りに施工できているか確認する出来形管理に三次元レーザースキャナーやドローンな

左端が湯澤工業の湯沢信常務。右端が使用した3次元レーザースキャナー。現場ではラス張りを終え、法枠の鉄筋を組んでいた。契約金額は約1億900万円（税込み）。工期は2018年3月～8月（写真:日経コンストラクション）

どを活用できると書かれていた。

人が斜面にぶら下がらなくて済む

国交省は二〇一六年以降にICT土工（ICT建機などを使う土工事）やICT舗装工に関する技術基準を整備してきたが、法面（人工的な斜面）の工事に関する基準はまだ存在しない。「特記仕様書を見て、ぜひやってみたいと思った」（湯澤工業の湯沢信常務）。以前からICTの活用に力を入れてきた湯沢常務のチャレンジ精神に火がついた。

首尾よく工事を受注できた同社では、着工前と法面整形後、ラス金網張り完了時、法枠完成後の計四回にわたって法面を三次元レーザースキャナーで計測し、出来形を確認することにした。

現場は起伏に富む斜面。人手で計測するな

ら、五人で斜面にぶら下がり、一日がかりの作業になる。図面に描き起こす時間を含めると二、三日は要する。レーザースキャナーであれば計測は二時間ほどで終わる。発注者の富士川砂防事務所は「ＩＣＴの活用で、危険できつい作業を軽減できるのでは」と期待を寄せる。

計測の手間を減らしたり、作業員の安全を確保したりする以外にもメリットは多い。斜面を掘削して整形する際の切り土の量は従来、平均断面法という計算方法で概算していたが、スキャナーであれば、切り土量を極めて正確に算出できる。「今回の現場の場合、平均断面法で算出した切り土量は約一千四百立方メートル。一方、スキャナーで取得したデータで計算すると約八百七十立方メートルだった。起伏が激しく複雑な形状なので誤差が大きかったようだ。正確な数値を基に契約を変更できるようになれば、受発注者の双方にとって公平性が高まる」（湯沢常務）。

トンネルの内壁は手押し型スキャナーで

トンネルの出来形計測も、レーザースキャナーの活躍が期待できる場面の一つだ。計測作業を効率化できるほか、天端（最頂部）の付近のように人の手が届かない場所でも、高所作業車を使わずに済むなどの利点がある。

中堅ゼネコンの佐藤工業と、建設・測量向けシステムの販売などを手掛ける岩崎（札幌市）、ライカジオシステムズが共同で開発したのは、「手押し型」の三次元レーザースキャナーでトンネルの内空を計測する技術だ。使用するのはライカジオシステムズの「ＬｅｉｃａＰｒｏＳｃ ａｎ」。手押し型のレーザースキャナーに取り付けた計測用ミラーをＴＳ（トータルステーション）で追尾して、スキャナーの位置や姿勢の情報を記録。これをスキャナーで取得した点群データと組み合わせ、座標付きの三次元モデルを作る。

ＴＳを置いた箇所を中心に、前後に最大二百メートルずつを一度で計測できる。据え置き式の地上型スキャナーでは、およそ五十メートルごとにスキャナーを移動させなければならない。手押し型ならその回数を減らし、大幅な省力化が可能だ。延長一・六キロメートルのトンネルを測るのに、地上型スキャナーだと八時間かかるところを、手押し型では二・五時間に短縮できた。

佐藤工業土木事業本部ＩＣＴ推進部の京免継彦部長は、「ＧＮＳＳ（衛星を用いた測位システムの総称）が使えないトンネルの中で、正確な位置座標を効率的に取れるのが、他の測量手法にはない魅力だ」と話す。

従来のような人手による計測作業と比べた手押し型スキャナーの誤差は十ミリメートル程度。同社は今後も実証実験を重ね、精度の向上を目指す。

鉄筋のかぶり厚さを「見える化」

準大手ゼネコンの戸田建設も岩崎と共同で、三次元レーザースキャナーを使って山岳トンネルの覆工コンクリート（内壁）の内部にある鉄筋の「かぶり厚さ」を、三次元データで管理する技術を開発。島根県で施工中の出雲湖陵道路神西トンネルで、二〇一八年夏から実証実験を始めた。

「ProScan」は女性の力でも楽に押せる（写真:佐藤工業）

トンネルの3次元点群データ

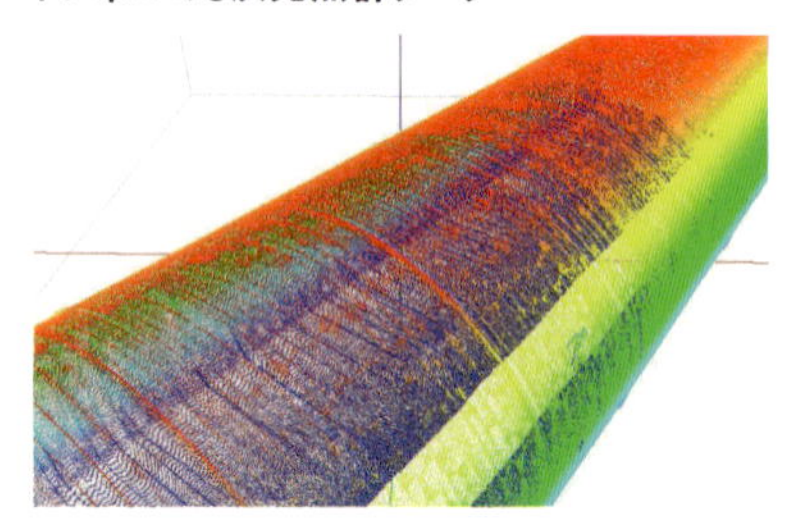

「ProScan」の導入費用はスキャナーとTS、解析ソフトなどがセットでおよそ4000万円（資料:佐藤工業）

手押し型スキャナーで出来形計測の時間を4割以下に

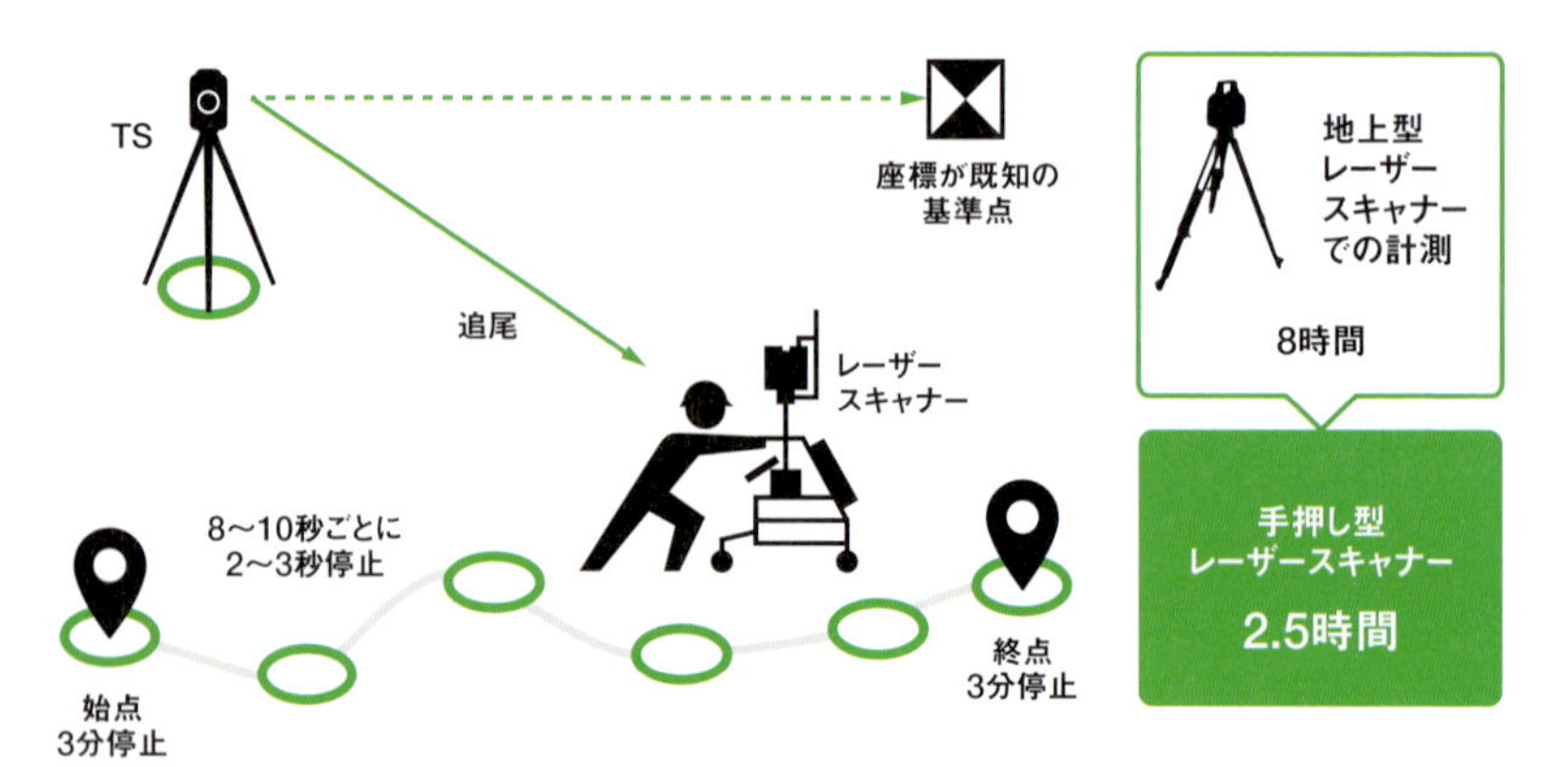

佐藤工業の資料を基に日経コンストラクションが作成

かぶり厚さとは、鉄筋を覆うコンクリートの厚さだ。

鉄筋の配置後、コンクリートを打設するための移動式型枠（セントル）を設置する前に、トンネル内空を地上型スキャナーで計測する。その後、取得した三次元点群データから独自の解析手法で鉄筋を抽出。設計データと重ね合わせて、覆工コンクリートの計画面までの距離をかぶり厚さとして算出する。

計算結果は設計値に対するかぶり厚さの割合を三次元モデル上で色分けして表示。過不足が大きい箇所がひと目で分かるようにした。

戸田建設土木工事部ＩＣＴ推進課の北原淳史課長は「想定していた以上にくっきりと鉄筋が浮かび上がった」と話す。鉄筋部分だけを抜き出した点群データを見ると、本数や配筋間隔のほか、一本一本の直径まで確認できたところもあった。実証実験を踏まえ、同社はこうした項目を三次元点群データを基に評価する手法の確立を目指す。トンネル以外のコンクリート構造物にも適用していく方針だ。

三次元データで舗装工事を効率化

三次元レーザースキャナーによる計測結果から三次元の設計データを作成し、マシンコントロール（ＭＣ）に入力。重機を半自動制御して舗装工事を効率化する――。このようなＩＣＴ舗装工事の事例は増えつつあるが、その大半は新設工事だ。

アスファルトフィニッシャーを自動制御する様子。施工は大成ロテックが担当した（写真：中日本高速道路会社）

一方、舗装工事の多くを占めるのは切削オーバーレイ（悪くなった箇所を切り取って舗装し直す工法）などの補修工事。こうした工事でも、省力化への期待は大きい。交通規制を最小限にするために、車がすぐ横を通る危険な状況の下、狭いスペースと限られた時間で作業する必要があるからだ。

中日本高速道路会社は二〇一七年五月に発注した東名高速道路の舗装補修工事でICTの活用に挑んだ。起工測量と出来形計測にはTSと地上型レーザースキャナーを併用。MC搭載の舗装切削機とアスファルトフィニッシャーによる施工を終え、効果の検証を進めている。

MCに入力する三次元設計データは、スキャナーで計測した路面データから作成した。人の手による測量では把握しきれなかった路面の沈下量なども可視化し、その対策を設計に盛り込んだ。中日本高速環境・技術チームの石田篤徳サブリーダーは、「作業員の『現場合わせ』に頼らず、あらかじめ対策を用意できるようになった」と説明する。

一方で、スキャナーの活用には課題も残った。石田サブリーダーは、「データの処理に時間がかかり、効率化したとは言い難い」と打ち明ける。計測時にも想定以上の手間が生じた。使用した機材で一定の精度を出すには約四十メートルごとの測定が必要で、延長約二百メートルの施工範囲を測りきるまでに、何度も機材を盛り替えなければならなかった。

中日本高速はこの工事で得られた教訓を生かし、舗装補修工事におけるICTの活用を推進していく方針だ。将来的には、同社の道路管理基準に、レーザースキャナーに関する項目を盛り込むことも視野に入れる。「発注者として、受注者が報告した通りの測量が本当にできているか、見極められるようになる必要がある。正しい測量の知識を持った技術者の育成が今後の課題だ」（石田サブリーダー）。

沖縄のモノレールの桁を計測

ドローンによる測量やBIM／CIMモデルの作成などを手掛けるベンチャー企業のオカベメンテ（那覇市）。沖縄県内を走るモノレール「ゆいレール」の延伸に使用するプレストレスト・コンクリート（PC）製の軌道桁の出来形管理に三次元レーザースキャナーを使った。

PCとは、鋼材でコンクリートに圧縮力を導入して強度を高めたコンクリート部材のことで、工場であらかじめ製作して工事現場に持ち込む。

オカベメンテが工事の元請け会社である金秀沖縄ピーシー（那覇市）から受注したのは、合計五十六本のＰＣ桁の計測だ。

三次元レーザースキャナーとＴＳの機能を併せ持つ「Ｔｒｉｍｂｌｅ ＳＸ１０」を使用した。レーザースキャナーでは計測しづらい構造物の「角」の座標も正確に計測できるのが特徴の製品だ。架設前に工場で計測したところ、人手で測ったのとほぼ同じ結果が得られた。

モノレールの軌道桁は、一般的な道路橋などよりも出来形管理の基準が厳しく、高い精度を要求される。

また、直線だけでなくカーブを描く桁があるなど形状が多様だ。従来のように、定規やテープを当てて人手で計測するには手間がかかるうえ、誤差も生じやすい。レーザースキャナーであれば、これまで把握が難しかったたわみなども計測できる。

オカベメンテは内閣府沖縄総合事務局が発注したＣＩＭ試行モデル現場でも、出来形計測に取り組む予定だ。金秀沖縄ピーシーが受注した「平成２９年度国場川側道橋上部工工事」で、完成後の橋の形状を計測し、３次元モデル化して維持管理に活用できるようにする。

面倒な仮設道路の設計も楽々

大林組と岩崎は共同で、工事用仮設道路の最適ルートを簡単に計画できる「３Ｄ施工計画作成

製作したPC桁を工場で計測

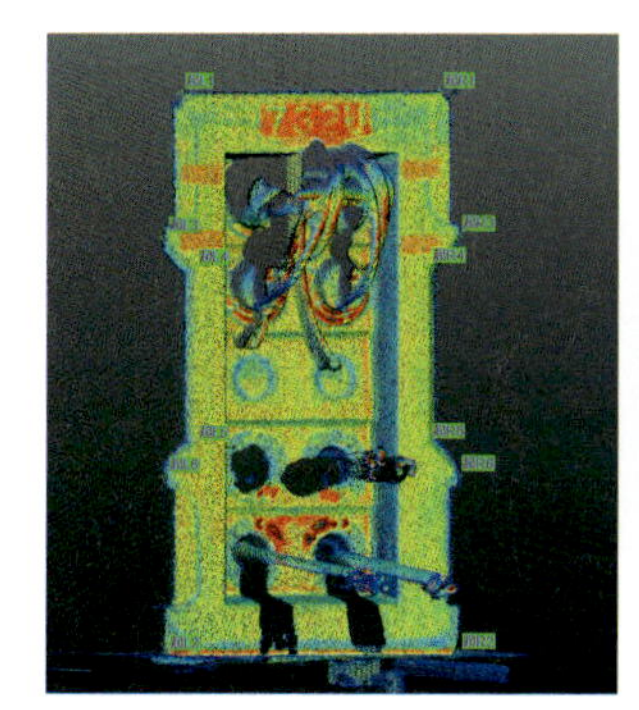

モノレールの軌道に使用するPC桁の計測結果。点密度は1mm間隔だ

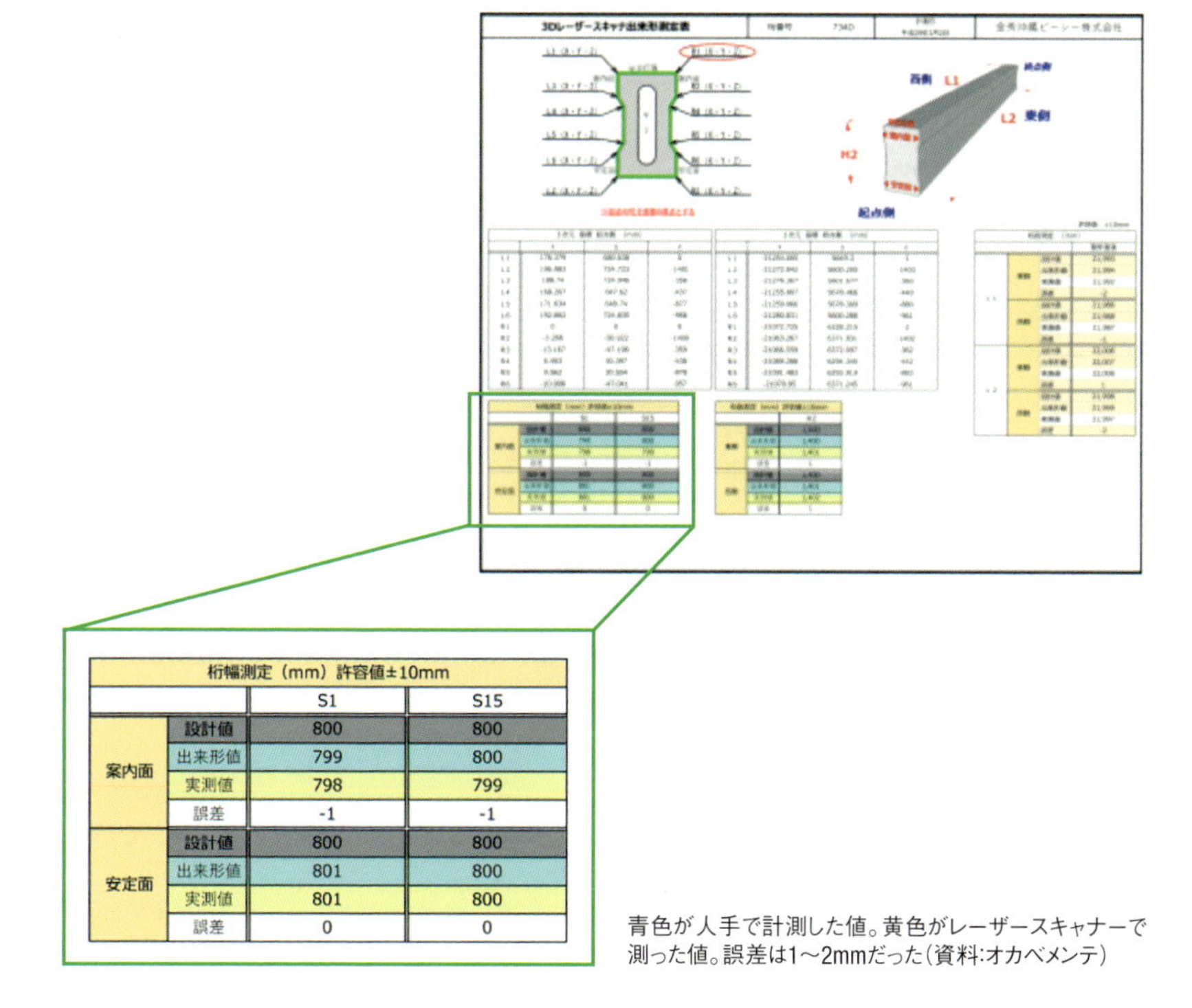

桁幅測定（mm）許容値±10mm			
		S1	S15
案内面	設計値	800	800
	出来形値	799	800
	実測値	798	799
	誤差	-1	-1
安定面	設計値	800	800
	出来形値	801	800
	実測値	801	800
	誤差	0	0

青色が人手で計測した値。黄色がレーザースキャナーで測った値。誤差は1〜2mmだった（資料:オカベメンテ）

ソフト」を開発した。レーザースキャナーなどで取得した地形の三次元点群データを利用し、ダンプトラックの通過地点を指定するだけで、切り土・盛り土の量や概算工事費を算出できる。ビィーシステム（札幌市）が販売する三次元GIS（地理情報システム）「ScanSurveyZ」のアドオン（機能拡張）ソフトウエアとして開発した。

道路やダムなどを山間部で施工する際は、重機やダンプトラックが通行する仮設道路を本体工事に先立って建設する。従来は、平面図で等高線の間隔を確認しながらルートを選定した後に、縦横断図で線形や勾配、施工量を確認しながら道路計画を立てていた。ルートの候補ごとに大量の図面を作成しなければならないので、数日間かかることもあった。

大林組生産技術本部技術第二課の望月勝紀主任は、「このソフトを使えば、若手でも複数案を簡

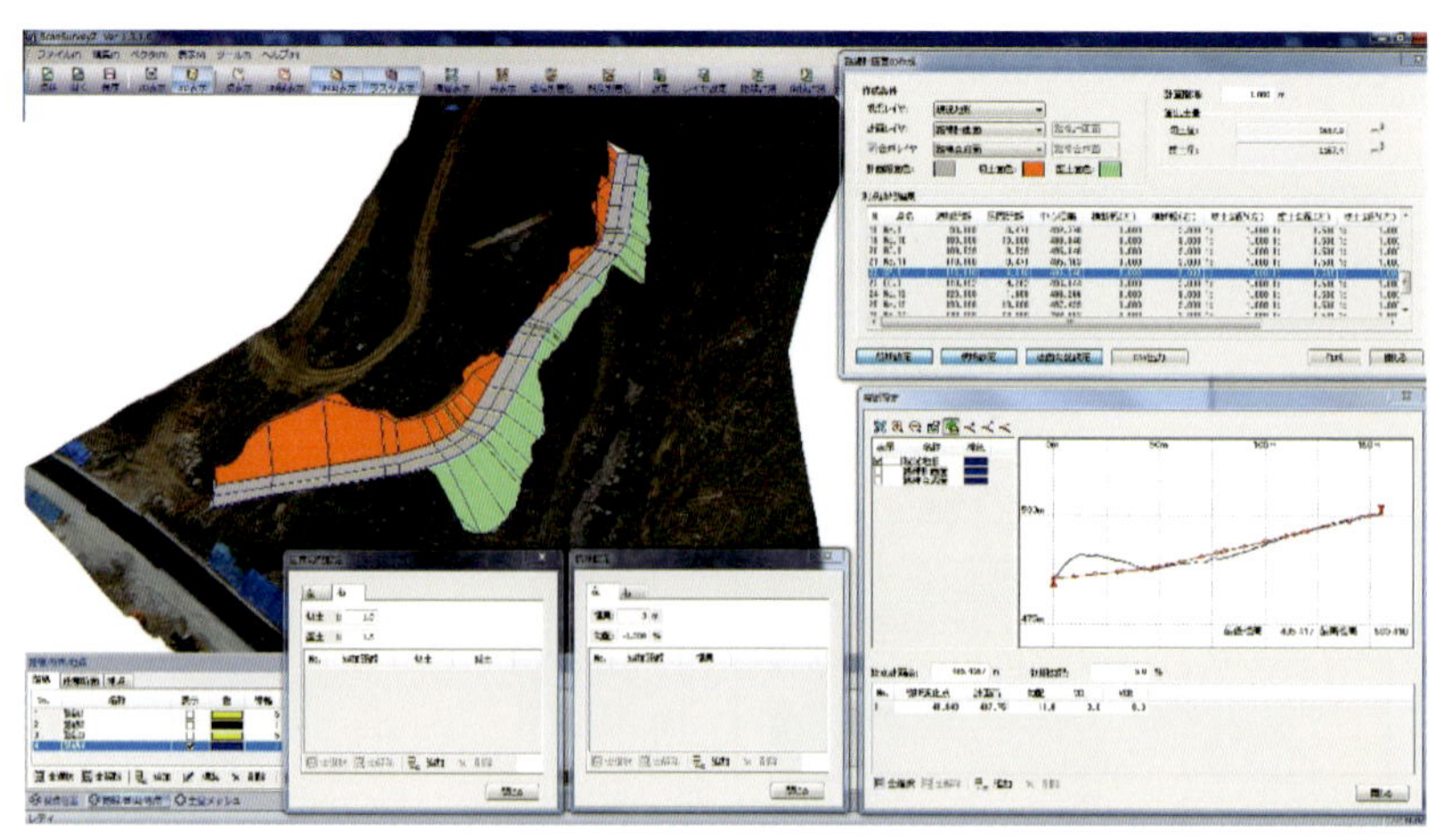

3D施工計画作成ソフトの画面イメージ（資料:大林組）

単に作成し、比較検討できる」と話す。

使い方は簡単だ。まずはノートPCなどの端末画面に地形の三次元点群データを表示し、仮設道路の始点と終点のほか、通過地点を何点か選択して大まかな道路の線形を決める。次に、縦断勾配や横断勾配、幅員、法面勾配を入力する。すると、計画した道路と地形の三次元点群データの高低差を基に、切り土や盛り土の量が自動的に算出される仕組みだ。線形や勾配、施工量に無理・無駄がない最適なルートを、複数案を比較しながら二、三時間という短時間で作成できるので、時間に余裕がない災害復旧工事などでも有用だ。

計画イメージを三次元モデルで分かりやすく表示できるほか、算出した施工量を基に工期や概算費用も簡単に示せるので、近隣住民への説明や発注者との協議などにも役立つ。ニーズに応じてその場で代替案を示すこともできる。

「図面がない現場」をスキャナーが救う

ここまで、土木の工事現場における三次元レーザースキャナーの活用方法をいくつか紹介した。では、建築分野はどうだろうか。土木と同様、様々な活用方法が生まれている。

「日本中、図面のないところがほとんどだ。仮に設計図はあっても、完成時の図面はない」。こう語るのは、測量や点検、計測機器の販売などを手掛けるクモノスコーポレーション（大阪府箕面市）の中庭和秀社長。図面が存在しない建物の改修などに、三次元レーザースキャナーをフル活用している。

例えば、二〇一八年三月に内部を復元して一般公開を始めた「太陽の塔」の改修・増築工事もその一つだ。

一九七〇年の大阪万博のシンボルとして、芸術家の岡本太郎が制作した塔の内部には、「生命の樹」と呼ぶ巨大で複雑な形状のオブジェが広がる。改修工事では、図面のないオブジェを避けて足場を組む必要があった。そこで活躍したのがレーザースキャナー。内部をくまなく計測したデータがあれば、複雑な足場も事前に正確に計画できる。

同社は巨大地震などの被災地でも、レーザースキャナーが役立つと考えている。災害の発生後に被害の状況を素早く正確に把握できれば、応急復旧や本格的な復興に向けた検討にすぐさま取り掛かれるからだ。実際に二〇一六年四月の熊本地震では、被災した熊本城の敷地内をくまなく計測した。

二〇一七年には、ライカジオシステムズが開発した「Ｐｅｇａｓｕｓ：Ｂａｃｋｐａｃｋ」をいち早く導入した。人が背負って歩き回りながら計測する方式なので、自動車などが進入できない狭い箇所も素早く計測できる。

このスキャナーを使って計測したのが、約九千人が亡くなった二〇一五年のネパール地震の被災地だ。発生から二年以上が経過した今も、復興のめどが立っていない箇所がある。そこで同社は経済産業省の「飛びだせＪａｐａｎ！」と呼ぶ補助金を受けて、被災した文化財を計測し、復興計画の作成などに生かしてもらっている。

ネパールの被災地で「Pegasus:Backpack」を背負って計測する様子（写真・資料：下もクモノスコーポレーション）

ネパール地震で被災した文化財の3次元点群データ

「レーザー搭載ロボ」で進捗管理

日本よりも三次元レーザースキャナーの活用が進む欧米では、ロボット技術やＡＩ（人工知能）などの最新テクノロジーと掛け合わせることによって、新たな使い方が次々に生まれつつある。

例えば、米国のスタートアップ企業であるドクセルは、三次元レーザースキャナーを搭載した小型のロボットでビルなどの工事現場を日々計測し、工事の進捗率を自動的に計算する技術を開発している。

ＡＩで自動判別

使用するのは、クローラー式のロボットだ。このロボットは現場を巡回しながら、ミリ単位の精度で周囲の三次元点群データをくまなく取得する。取得したデータをアップロードすると、ＡＩが施工済みの部材や設備を自動で判別するという。さらには、設計との差異や工程の遅れの有無をチェックし、異常があれば現場の管理者に知らせる。前日までのデータとの比較から工事の進捗率を算出し、工事の種類別やエリア別に表示する機能も備えている。

ドクセルは二〇一八年一月に、オフィスビルの新築工事でこのロボットを試験的に導入した。作業員の配置などを含む現場のマネジメント業務を効率化したことで、施工コストを十一パーセント削減し、生産性を三十八パーセントも高めたと発表している。

スキャナーを載せたロボット。床の凹凸や階段を難なく乗り越える（写真・資料：下もドクセル）

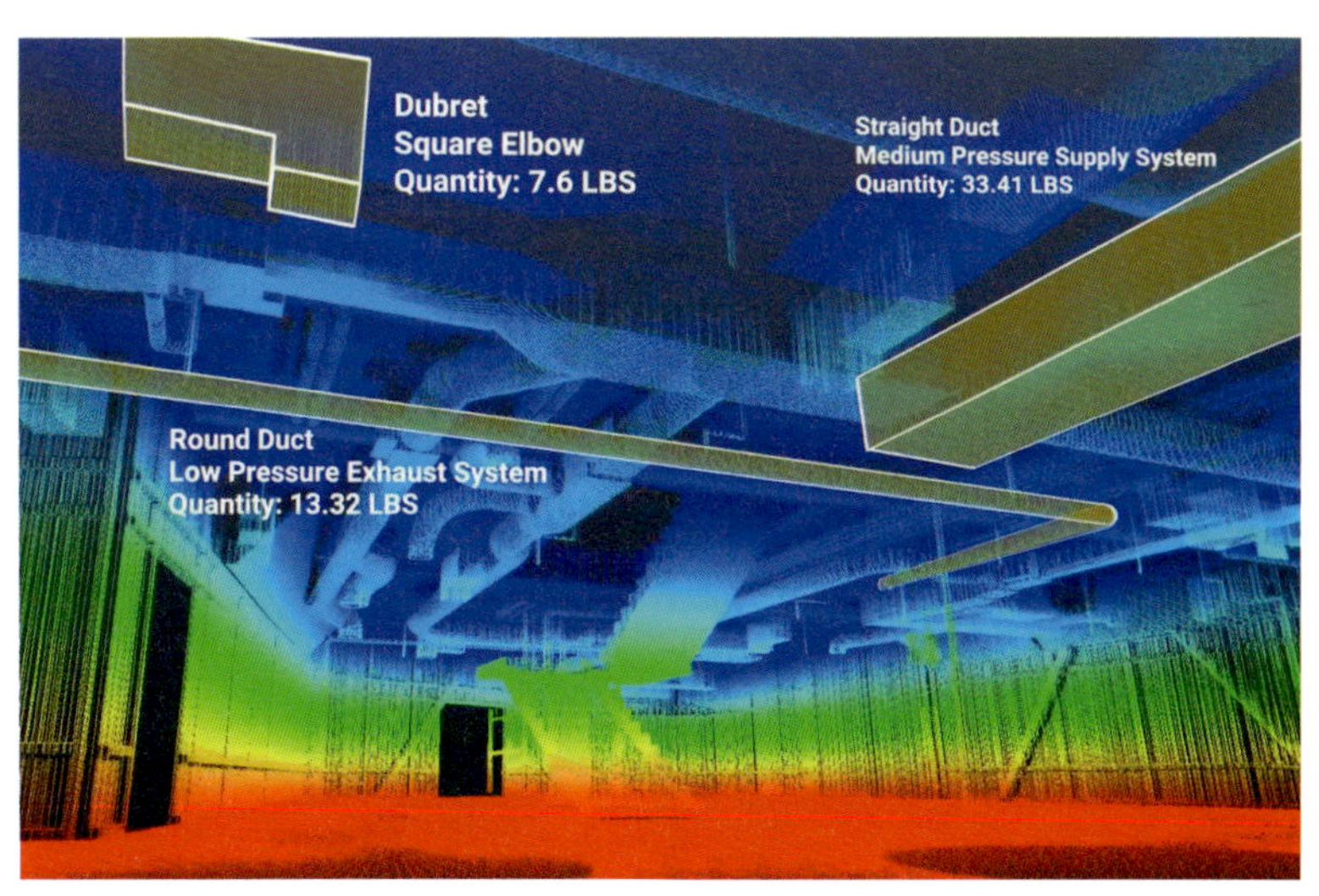

高精度な3次元点群データから、配管などを自動で判別する様子（イメージ図）

首都高をコンピューター上に再現

三次元レーザースキャナーで取得した点群データは、工事現場だけでなく、維持管理の現場でも大いに活用されている。

首都高速道路会社（以下、首都高）が二〇一六年十月に構想を明らかにしたスマートインフラ管理システム「ｉ－ＤＲＥＡＭｓ（アイドリームス）」はその代表的な事例だ。高速道路の設計から施工、維持管理に至る全ての事業プロセスで様々なデータを統合管理する。点検や補修工事などを効率良く進めるために、順次導入を進めている。

アイドリームスには、高度なＡＩエンジンを搭載する予定だ。開発を担当する首都高保全企画課の永田佳文課長は、「点検結果や交通量といった様々なデータから橋などの損傷状況と進行を推定し、補修時期や工法の決定を支援できるようにする」と構想を明かす。首都高によると、開発には一億数千万円を投じた。しかし、「投資は数年で回収できるだろう」と、システム導入による維持管理業務の効率化に期待をかける。

システムの中核を成すのが、首都高グループで道路の点検などを担う首都高技術（東京都港区）と、データの変換技術に強みを持つエリジオン（浜松市）、大手航空測量会社の朝日航洋（東京都江東区）が二〇一四年末にベータ版を発表した「インフラドクター」。ＧＩＳ（地理情報システム）に道路管理台帳の情報や点検結果のほか、首都高が管理する高速道路の全線（三百二十キロメートル）の三次元点群データを蓄積し、維持管理に活用する。

三次元点群データの取得には、一秒間に百万回もレーザーを照射する三次元レーザースキャナーを車上に載せ、走行しながら計測できるＭＭＳ（モービル・マッピング・システム）を利用している。

机上で測量、図面は自動生成

この三次元点群データをインフラドクターに読み込めば、わざわざ現地に行かずとも橋などの構造物の寸法を測ったり、周囲の建物などとの位置関係を把握したりできる。三次元点群データからは、二次元や三次元の図面のほか、ＦＥＭ（有限要素法）解析モデルさえも半自動で生成可能だ。

インフラドクターの考え方は、製造業の設計・開発や生産管理などで話題になっている「デジタルツイン」という概念と似ている。デジタルツインとは、現実の空間や物体をコンピューター上に精緻に再現し、仮想空間内でシミュレーションをして、結果を現実にフィードバックすることで生産性を高めるというものだ。

例えば、インフラドクターを使えば、補修工事に着手するまでの時間や手戻りを大幅に減らせる。これまでは鉄道との立体交差部で工事を計画する際に、夜中の機電停止時間にＴＳ（トータルステーション）で測量し、図面を一から作成していた。測量や図面作成などの手間を省くこ

インフラドクターで首都高の3次元点群データを呼び出した様子(資料:首都高速道路会社)

とで、八日も掛かっていた作業がわずか一日半で済んだケースさえあるという。

交通規制のシミュレーションも、点群を使えば容易にできる。運転者の目線で、看板などの配置を確認可能だ。警察などとの協議に必要な図面も半自動で作成できる。

橋などの補修や補強の設計にも有効だ。高架橋の補修・補強では、狭い空間に小さな部材を設置することが多い。古い図面をもとに設計すると、現況との食い違いが生じて工事ができない場合があるのだ。設計者に点群データを提供し、三次元モデルと重ね合わせて部材が納まるかどうかを事前に確認すれば、工事がストップする事態を避けられる。

損傷状況の推定にＡＩ

点群から構造物の変状を自動検出すること

も可能だ。同社は二〇一九年度の本格運用を目指して「舗装」の評価機能を開発している。

具体的にはMMSにラインセンサーカメラを追加して、路面の三次元点群データと精細な画像を取得。わだち掘れ（道路の走行方向に生じた連続的な凹凸）の量や平たん性、ポットホール（路面に生じた穴）の位置・サイズ、ひび割れ率（調査対象とした道路の面積に占めるひび割れ面積の割合）をそれぞれ自動で検出し、損傷ランクを判定して、補修に要する工事費用を算出する。

わだち掘れ量や平たん性は、取得した点群から舗装の凹凸を算出して評価する。点群の精度や密度は十分に高く、厚さ二、三ミリメートル程度しかない路面標示でさえもくっきりと判別できるほどだ。

ポットホールの自動検出には、東京大学と首都高技術が開発中のアルゴリズム（処理手順）を使う。東京大学生産技術研究所の水谷司特任講師が考案したアルゴリズムは、道路の走行方向の断面形状を「波形」と見なし、フーリエ変換と呼ぶ手法でポットホールに相当する周波数成分を分析。成分の強さが一定以上の場合にポットホールがあると判断する。路面の細かな凹凸と、ポットホールのように大きな凹凸では、走行方向のスケールが異なるという特徴に着目した。

首都高点検推進課の長田隆信担当課長は、「三号渋谷線などで検証したところ、直線区間では精度よく検出できていた」と話す。舗装に勾配がある曲線区間でも検証を進める。

このほか、ひび割れはラインセンサーカメラの画像からＡＩで自動的に抽出する。従来はこの作業を人手で一年を掛けて実施していたから、大幅な時間短縮を見込める。

これまで舗装の状態を評価するには、路面性状測定車と呼ぶ車両を用いてひび割れ率やわだち掘れ量、平たん性を調査し、ＭＣＩ（メンテナンス・コントロール・インデックス）という指標を算出していた。

ＭＣＩは舗装の区間ごとの劣化度を評価するのに適している半面、ポットホールのように局所的な損傷を評価しにくい。そこで、ポットホールについては人が目視で確認し、その状態を加味したうえで損傷の程度を判定しなければならなかった。

新たに開発するシステムなら、計測車を走らせるだけでポットホールも含めた評価が可能。損傷の検出だけでなく補修計画の作成まで自動化できれば作業時間は九十五パーセント減少し、費用は半減する見込みだ。首都高の永田課長は「路面性状測定車を超える技術だ」と期待を込める。

これまで三次元データの活用と言えば、建設生産プロセスの「川上」に当たる設計や施工の段階での取り組みが中心だった。しかし、施工者が精緻な三次元モデルを作成し、データを維持管理の段階に引き継ごうと提案しても、うまくいかないことが多い。維持管理に必要な情報は何か、絞りきれていないインフラ管理者が多いからだ。「工期短縮の方が重要だとあしらわれた」。ＢＩＭ／ＣＩＭに取り組む建設会社などからは不満の声が上がる。

首都高のアプローチは、「川下」の維持管理を起点に三次元データを活用し、設計や施工に広げるのが特徴。管理者である首都高が必要なデータの仕様などを主体的に決めることで、一気通貫の三次元データ活用を無理なく実現できる可能性がある。

首都高は開発した技術の普及にも意欲的だ。インフラドクターについては、国内外の道路管理者にも売り込んでいる。グループ会社の首都高技術はその一環として、大手建設コンサルタント

ポットホールを考慮して舗装の損傷ランクを自動評価

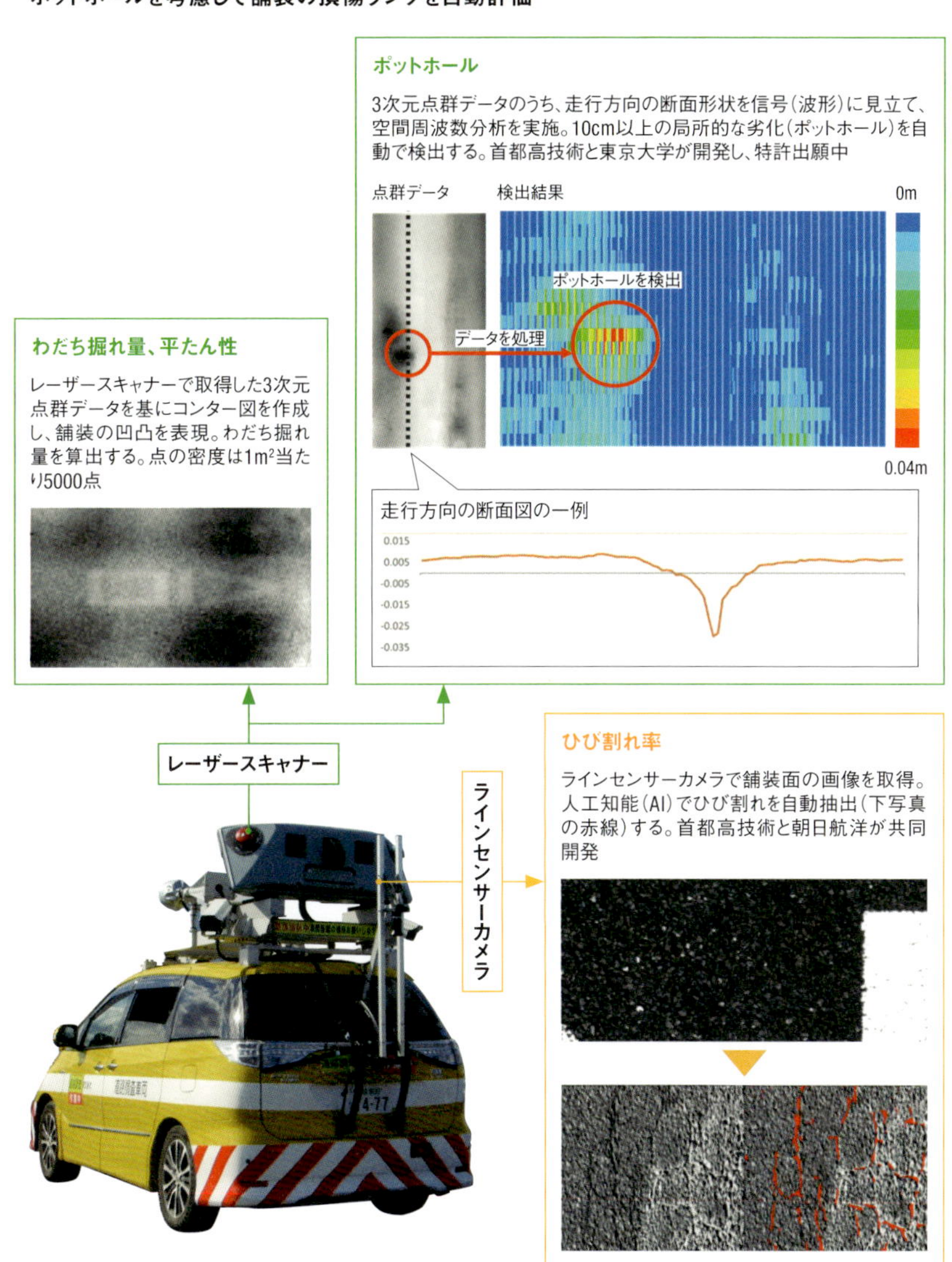

首都高速道路会社の資料を基に日経コンストラクションが作成。計測頻度は決まっていないが、現状と同様に2年に1回を基本とし、豪雨や降雪などの際に追加で測る方法などが考えられる

会社のオリエンタルコンサルタンツ（東京都渋谷区）が福岡北九州高速道路公社から受注した業務に協力。三次元点群データの計測や分析を手掛けた。

二〇一六年末には、タイの首都バンコクで高速道路の三次元点群データを計測した。対象は、タイ高速道路公社（ＥＸＡＴ）が管理する道路のうち十八・五キロメートル分だ。

タイの高速道路は首都高に比べると新しいので、維持管理への関心はまだ薄い。それでも、首都高側は将来を見越して布石を打っている。タイのプロジェクトを担当する首都高技術コンサルティング部国際企画課の川田成彦課長は、「維持管理のニーズが出てくるのは早くとも十年後だろう」と話す。「しかし、構造物の老朽化は必ず進んでいく。ニーズが高まってから動き出すのでは遅い。今から効率的な構造物メンテナンスの重要性を訴えていく」（川田課長）。

「自動運転」向けの地図作りに協力

首都高のターゲットは、高速道路の建設・維持管理の領域以外にも広がっている。同社は二〇一七年三月、道路構造物の三次元点群データを自動車の自動運転支援システムに活用すると発表した。自動運転用の地図データを開発するダイナミックマップ基盤企画（ＤＭＰ）と連携して活用を進める意向だ。

ＤＭＰは、三菱電機と地図関連会社五社、国内自動車メーカー九社の計十五社が共同で二〇一六年六月に立ち上げた合弁会社。自動運転支援システムに必要な高精度三次元地図データを提供する。総延長約三万キロメートルに上る国内の高速道路全線を対象に、二〇一八年度の製品化を目指している。

自動運転用の三次元地図データは、道路の縁石や区画線、信号、標識などの詳細な情報を持つ必要がある。DMPは、ミリ単位の精度を持つ首都高の点群データからこうした情報を抜き出し、開発中の地図データに反映する。DMPは自動運転用地図の製品化に当たり、道路の更新区間や新設の開通区間の情報を素早く反映させる仕組みも構築している。首都高との連携によって、システムの信頼性向上につなげる。

除草のついでに「モグラ穴」を把握

道路と並ぶインフラの代表格が、堤防などの河川管理施設だ。河川の維持管理においても、三次元データの活用が始まりつつある。

内閣府の戦略的イノベーション創造プログラム（SIP）の下、朝日航洋が開発している「CalSok（刈測、読み方はカルソック）」。国交省が全国に配備している遠隔操作式の大型除草機の後部に三次元レーザースキャナーやGPSなどを取り付け、草刈りをするついでに河川堤防の形状を計測してしまうユニークなシステムだ。

除草機の前方で草刈りをし、その直後に後部で計測するので、植生の影響を受けず、河川堤防の三次元形状を正確に取得できる。「一年に一、二回は必ず実施する除草のついでに計測するの

遠隔操作式の大型除草機の後部に「CalSok」を取り付けて河川堤防を計測する様子（写真：朝日航洋）

で、費用や手間も抑えられる」（同社商品化推進室の伊藤優美アシスタントプロデューサー）。地表の近くで計測するので、取得できる点群データは極めて高密度。航空レーザー測量の百倍以上だ。

開発当初、MMS用のスキャナーを除草機に取り付けてみたところ、炎天下では熱がこもってしまい、ものの十分程度で使い物にならなくなった。自動車と違って草刈り機は大きく揺れるので、振動対策も不可欠。耐久性が高いスキャナーを選定し直し、実用化にこぎつけた。

国交省近畿地方整備局豊岡河川国道事務所が管理する円山川で二〇一七年に実施した実証実験では、堤防の点検時にチェックしなければならないモグラなどの小動物の穴を正確に抽出できた。モグラの穴が数多くあると、堤防が弱体化してしまうので侮れない。

また、同年六月と十月の計測結果を比較して、堤防のはらみ出し（膨らむように変形すること）が進行していないことも確認できた。

点検員の支援アプリも

河川堤防の点検では通常、三～四人がチームを組んで、歩きながら目視で変状を確認する。手間がかかるうえ、点検員の熟練度に依存することが課題だった。

カルソックで取得した三次元点群データを使えば、堤防のはらみ出しのように目視では確認しづらい変状を自動で抽出したり、その進展を定量的にモニタリングしたりできる。計測結果を事前に確認してから点検員が現地に赴けば、見落としをせず効率的に見て回れる。

今後は、計測したデータをクラウド上にアップロードすると、点群の処理や変状の抽出を自動で済ませて、一週間以内の短期間で成果を納品できるようにする。除草の直後に実施する目視点検の際にデータを活用してもらうためだ。

点検員を支援するスマートフォン向けアプリも開発する。現地で確認が必要な変状を事前に登録しておくと、地図上に位置が表示され、該当箇所を簡単に見つけられる。国の「河川維持管理データベースシステム（ＲＭＤＩＳ）」との連携も目指す。

レーザースキャナーを搭載したドローンやＭＭＳでは測れない箇所を、低コストかつ精緻に測れるカルソックは、数ある計測システムのなかでも異色の技術と言えるだろう。

CalSokは除草機の後方に取り付ける

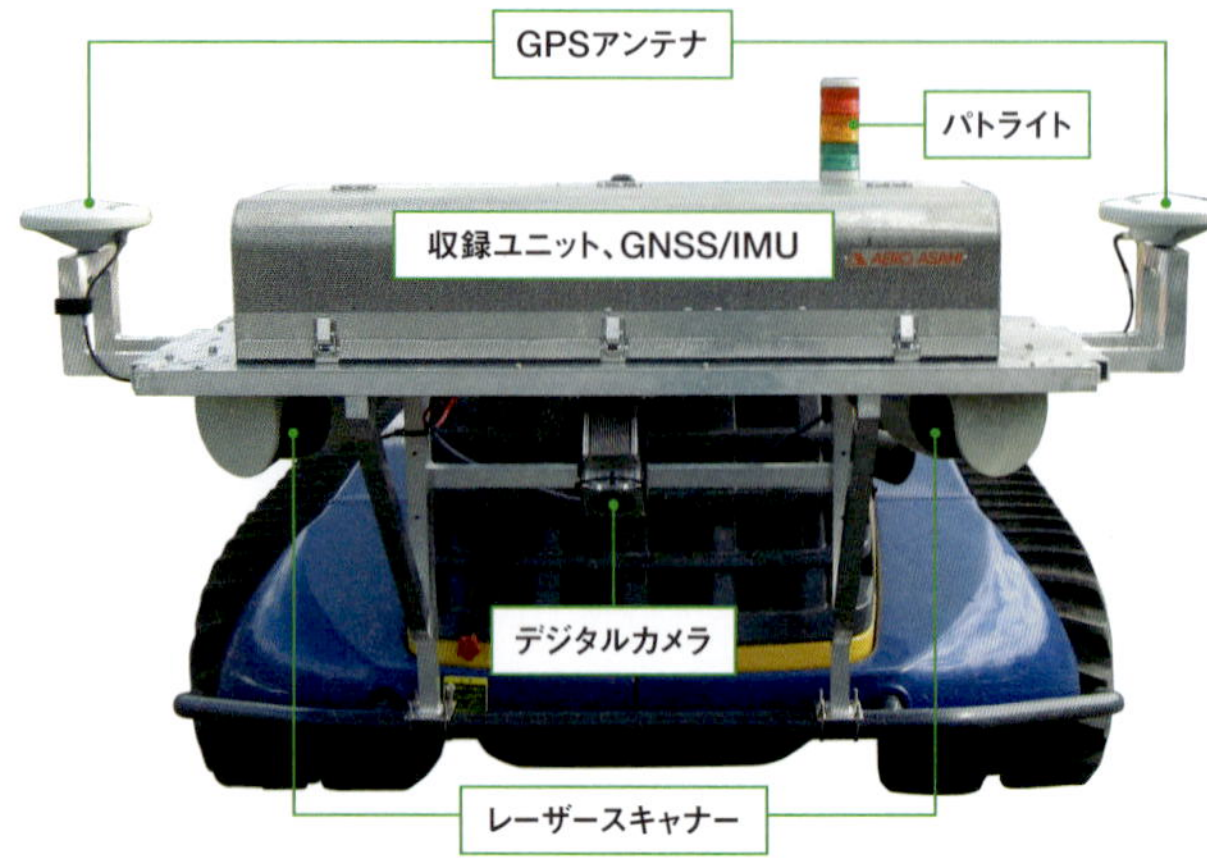

重量は45kg。時速3.1kmで走行しながら1m²当たり1万5000点の高密度で計測できる。スキャナーは独ジック社の製品(写真・資料:このページは朝日航洋)

モグラなどの穴を発見

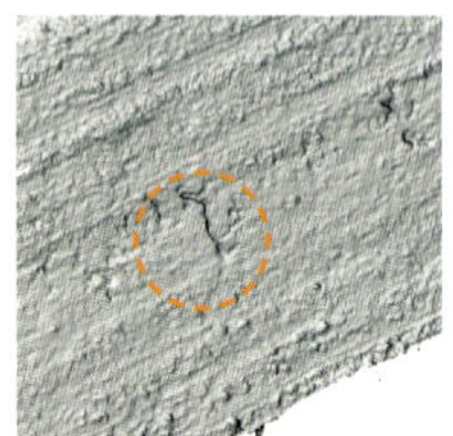

点群データから作成した陰影図と小動物の穴

堤防のはらみ出しを監視

[堤防展開図(変状の抽出)]

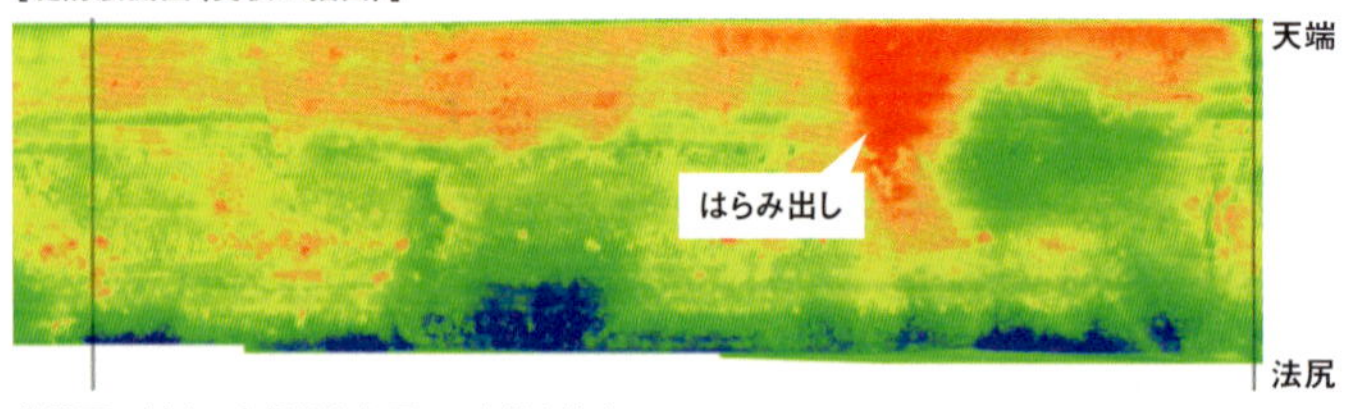

基準面に対する高低差を表示して変状を抽出

[堤防差分図(経年変化を可視化)]

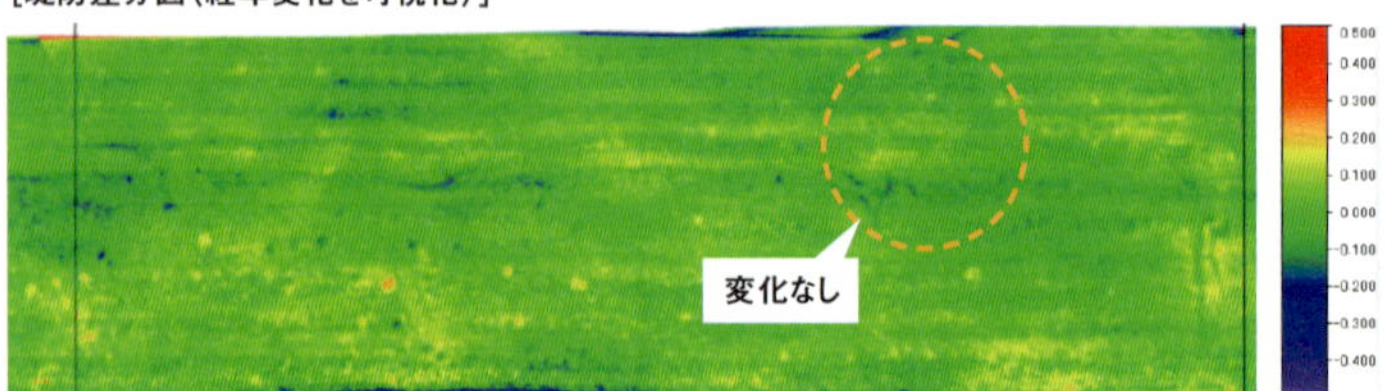

2時期(上図とその後の計測結果)の差分から、はらみ出しの進行がないか確認

河川法の改正が市場拡大の契機に

二〇一三年の河川法改正で、ダムや堤防などの河川管理施設を一年に一回以上の頻度で点検することが義務付けられた。こうした変化を商機と捉えた大手航空測量会社などは、こぞって河川管理に三次元計測技術を持ち込み、効率化や高度化を図ろうとしている。

もちろん、国交省が管理する直轄区間だけで八千八百キロメートルもの長さがある河川の管理を、カルソックだけでこなすことはできない。朝日航洋では、様々な技術を組み合わせることで、河川管理の三次元化を進めようとしている。

同社が今後の「主役」と位置づけるのが、近赤外レーザーよりも波長の短いグリーンレーザーで水中の地形も計測できるＡＬＢ（航空レーザー測深機）だ。「ヘリコプターに搭載すれば、線状の河川を効率よく高密度にスキャンできる」（同社商品企画部の村田直樹部長）。ＡＬＢは数十キログラムもあるので、より小型化したグリーンレーザースキャナーをドローンに搭載する計画もある（52ページ参照）。

ＡＬＢには水の濁度が高いと計測できないといった欠点もある。これを補う目的で、音響測深機（レーザーではなく音波で深さを計測する機器）を搭載した無人ボートを開発済みだ。ＡＬＢと無人ボート、そして堤防の点検に特化したカルソック。河川管理の三次元化に必要な要素技術はそろいつつある。

レーザースキャナーの「カンブリア爆発」

今から五億年以上も前に、生物が劇的に多様化した現象を指す「カンブリア爆発」。これまで見てきたように、ユニークな用途が次々に生まれつつある三次元レーザースキャナーの世界も、今まさにカンブリア爆発を迎えようとしている。これまでに無い、斬新なコンセプトの製品が次々に出てきているのだ。誰もが三次元点群データを、用途に応じて手軽に扱える日がすぐそこまで来ている。

二〇一六年のリリース後、世界中で話題をさらった三次元レーザースキャナーが、二〇一八年四月、ついに日本に上陸した。ライカジオシステムズの「ＢＬＫ３６０」だ。価格は二百六十万円（税別）からと破格の安さで、スキャナーのさらなる価格競争に火を付けた異色の製品だ。ＢＬＫ３６０の特徴は価格だけではない。丸みを帯びた筐体は重量が一キログラムの超小型。一回のスキャンに要する時間は、わずか三分程度だ。

測定可能距離が半径六十メートルと短いのが弱みだが、軽量で測定時間が短いので、労なく何度も盛り替える（位置を変える）ことができる。測定距離が半径数百メートルと長い半面、重量は十キログラム前後もあり、一回のスキャンに二十～三十分ほどの時間がかかる従来のスキャナーとは一線を画する。

操作や点群データの作成には米オートデスクの「ＲｅＣａｐ Ｐｒｏ」を使う。計測対象が重

レーザースキャナー市場に衝撃を与えた「BLK360」が上陸

BLK360の外観。500mlのペットボトルを太くしたようなサイズだ。本体側面にはカメラが仕込んである。Wi-FiでiPad Proなどと接続して使う。駆動時間はバッテリー1つで2時間。海外ではドローンに搭載する事例も出てきた
（写真：下も日経コンストラクション）

- 2018年から国内販売開始
- 直径10cm、高さ16.5cm、重量1kgの小型・軽量品
- 価格は260万円（税別）

［主な仕様］

スキャンスピード	36万点/秒
スキャン密度	10×10mm@10m
スキャンレンジ	0.6～60m
スキャン範囲	水平:360度　垂直:300度
測距精度	4mm@10m
座標精度	6mm@10m

石垣の計測例。図中の黒丸がスキャナーの設置箇所。頻繁に盛り替えて計測していることが分かる。データはスキャン後にその場で合成できる（資料：神戸清光システムインスツルメント）

複するようにスキャンしておけば、ソフトウエアが自動的に形状を認識し、その場でデータを合成してくれる。従来は、スキャンしたデータをつなぎ合わせるために複数のターゲットを設置・計測する手間を要していた。

ＢＬＫ３６０の販売を手掛ける神戸清光システムインスツルメント（神戸市）の走出高充社長は「上位機種に比べると精度は劣るが、これで十分という現場も多いはず」と語る。建築分野、主に室内での利用を想定した製品だが、土木でも使える場面は多そうだ。

精密モーター大手が参入

小型化や低価格化と並び、レーザースキャナーのトレンドを物語るキーワードが「多様化」。現状では各メーカーが似たような用途の製品を出しているが、今後は用途を絞ったスキャナーが増える可能性がある。二〇一八年に創業百周年を迎えた精密モーター大手のシナノケンシ（長野県上田市）が国交省の助成を受けて、二〇一七年度から二年間の予定で開発に取り組んでいる新型スキャナーは多様化の象徴的な例だ。

特徴は大きく三つある。一つ目が「リアルタイムモニター機能」。施工中の現場を常にスキャンし、データをＷｉ－Ｆｉでパソコンなどに送信。設計図との差分をリアルタイムに表示する。データを事務所に持ち帰って加工する手間が要らないので、図面通りに施工できているか工事を止めずに確認できる。発注者が遠隔地から出来形を確認することも可能だ。

精密モーター大手が開発中の新型スキャナー

- モーターメーカーの異色スキャナー
- ターゲットは舗装工事など
- 価格は数百万円
- サイズは13×10×19cm、重量2kg

［主な目標スペック］

スキャンスピード	100万点/秒
スキャンレンジ	0.5〜100m
精度	2mm@100m
防じん・防水性能	IP54
使用温度範囲	-10〜50°C

シナノケンシの資料を基に日経コンストラクションが作成。図中の数値は目標値

新型スキャナーの試作品。シナノケンシの主力製品である精密モーターの技術、過去にCD/DVDドライブ事業で培ったレーザー制御技術、ハイスピードカメラに用いる画像処理技術を組み合わせて開発している（写真：日経コンストラクション）

同社新商品開発部の杉原裕明部長は、「重機のオペレーターにタブレット端末を渡しておけば、その場で出来形を確認できる」と話す。マシンガイダンス（施工状況と設計値の差分の情報をオペレーターに提供して操作を支援する機能）などを搭載していない普通の重機を、まるで最新のＩＣＴ建機のように使える。

二つ目が「平面均等密度／平面可変精度測定」と呼ぶ機能。舗装の出来形計測を念頭に置いている。一般的なレーザースキャナーでは、反射鏡を一定速度で回転させて、レーザーを放射状に照射する。このため、スキャナーから遠ざかるほど点の密度は粗くなる。遠くにある対象物を密に計測したい場合は、スキャナー周辺のデータ量が膨れ上がって処理が大変だった。

そこで同社はモーターの回転速度や測距

シナノケンシのレーザースキャナーの特徴

[近くも遠くも同じ密度で点群を取得]

従来のレーザースキャナー

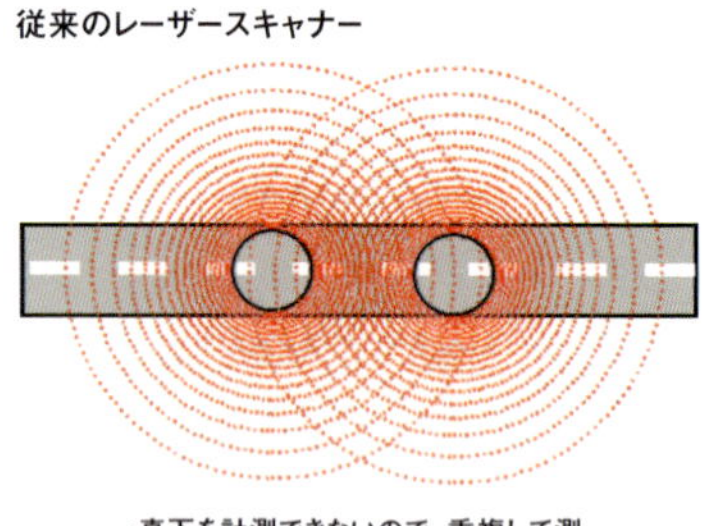

・真下を計測できないので、重複して測定する必要がある

・密度が不均一

・地表面の計測距離が短い

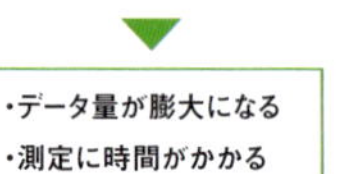

・データ量が膨大になる

・測定に時間がかかる

新たに開発するレーザースキャナー

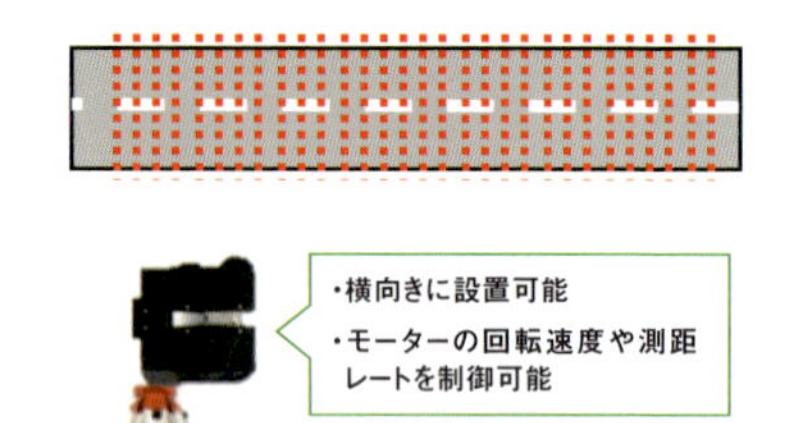

・横向きに設置可能

・モーターの回転速度や測距レートを制御可能

・測定時間が大幅短縮

・不要な点群データを取得せずに済む

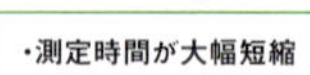

[プリスキャンで簡単に計測]

プリスキャンで現況を粗く測定し、大まかな形状と器械位置を把握

計測範囲、計測密度を設定

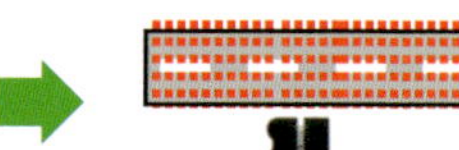

距離に合わせ、回転角度、測定時間を逐次制御し、一定密度の点群を素早く測定

[リアルタイムモニター機能]

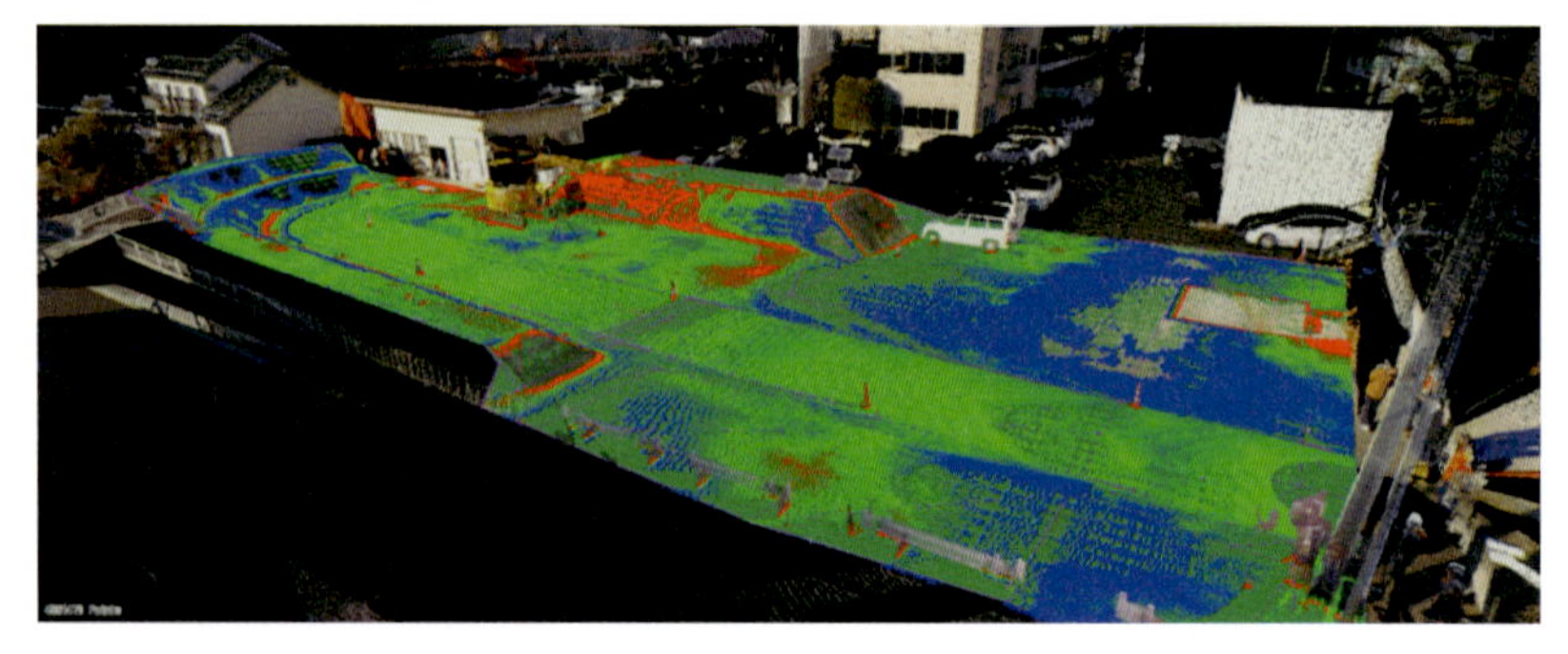

設計図と出来形の差分を色分けしてリアルタイムに表示できる。シナノケンシの資料を基に日経コンストラクションが作成

レートを制御し、近くも遠くも均等な密度で計測できるようにした。さらにスキャナーを横向きに設置し、真下も計測できるようにした。延長四十メートル、幅十メートルの路面を点間隔二センチメートルで計測する場合、測定時間を従来方式の十分の一、点群数を五百六十分の一まで減らせる。

三つ目が「プリスキャン」だ。計測前に数秒程度の高速スキャンで対象の形状や反射強度などを大まかに把握。範囲・密度を指定するとスキャナーが最適な設定で計測してくれる。

杉原部長は「起工測量や出来形計測だけでなく施工中にも手軽に使ってもらいたい。そのため、重量は二キログラム程度を目指している」と説明する。

第2章のまとめ

- 建設業界では、三次元データへの関心が高まっている
- BIM／CIMは三次元モデルをフル活用して生産性を高める取り組みだ
- 国土交通省は二〇二五年までにBIM／CIMの活用を原則化する
- BIM／CIMの普及に伴い、三次元計測技術や計測機器の進化も始まった
- インフラ管理者や建設会社は点群データを仕事に生かし始めている

第3章

自動運転・ロボットで建設現場が「工場」に

AUTONOMOUS VEHICLES AND ROBOTS
BUILD FUTURE OF CONSTRUCTION

今から約三十年前、一九八〇年代後半から一九九〇年代前半までのバブル景気の時代に、建設ロボットの開発、つまり工事の自動化がブームになったことがあった。

建設ラッシュに沸いた当時、課題となっていたのが「人手不足」。好況を謳歌していた大手建設会社はこぞって、建設ロボットの開発などに豊富な資金を投入した。土木学会の建設用ロボット委員会で委員長を務める立命館大学の建山和由教授は、「当時の日本は建設ロボットの開発で世界の最先端を走っていた」と証言する。

ところがバブルが崩壊して建設需要が減り始めると情勢は一変。人手不足の解消が進み、投資余力を失った建設会社は潮が引くようにロボット開発から遠ざかっていった。二〇〇〇年代に入ると、建設会社の経営が悪化。倒産に追い込まれる企業も続出した。その後、公共事業の削減が進むなか、各社は文字通り生き残りをかけた競争に身を投じ、疲弊していった。

転機が訪れたのは二〇一一年三月十一日に起こった東日本大震災。建設業界は復興需要で息を吹き返した。公共事業費の削減は下げ止まり、東京五輪の開催決定やその後の景気拡大を背景に、大手建設会社はバブル期以来の好決算をたたき出している。

そんな今、再び自動化ブームはやってきた。原動力は当時と同じ「人手不足」への対応だ。人口減少社会を迎えた日本で、人手不足がより深刻化するのは間違いない。自動化は建設産業の存続を左右する、当時よりも切実な課題なのだ。建設現場を最先端の工場へ――。これは、国土交通省の「i－Construction（アイ・コンストラクション）」の理念でもある。

自動化の実現には、技術的に解決しなければならない問題が多い。また、制度面や費用面などの課題も少なくない。機械と人が一緒に働く場合に、安全対策をどうするか、費用対効果を考えると、そもそもどこまで自動化するのが理にかなっているのか。それでも今、工事の自動化に取り組まなければ、目前に迫った深刻な人手不足の時代を乗り越え、さらなる成長を遂げることは難しいと考える建設会社が増えている。

重機の「自動運転」で鹿島とコマツがタッグ

ＡＩ（人工知能）やＩｏＴ（モノのインターネット）といった革新的なテクノロジーを取り入れて、建設現場は工場にどこまで近づけるか。第三章では、工事の自動化という壮大な試みをめぐる大手建設会社や建機メーカー、彼らを取り巻く様々な企業の動き、巻

建設投資と建設業就業者数の推移

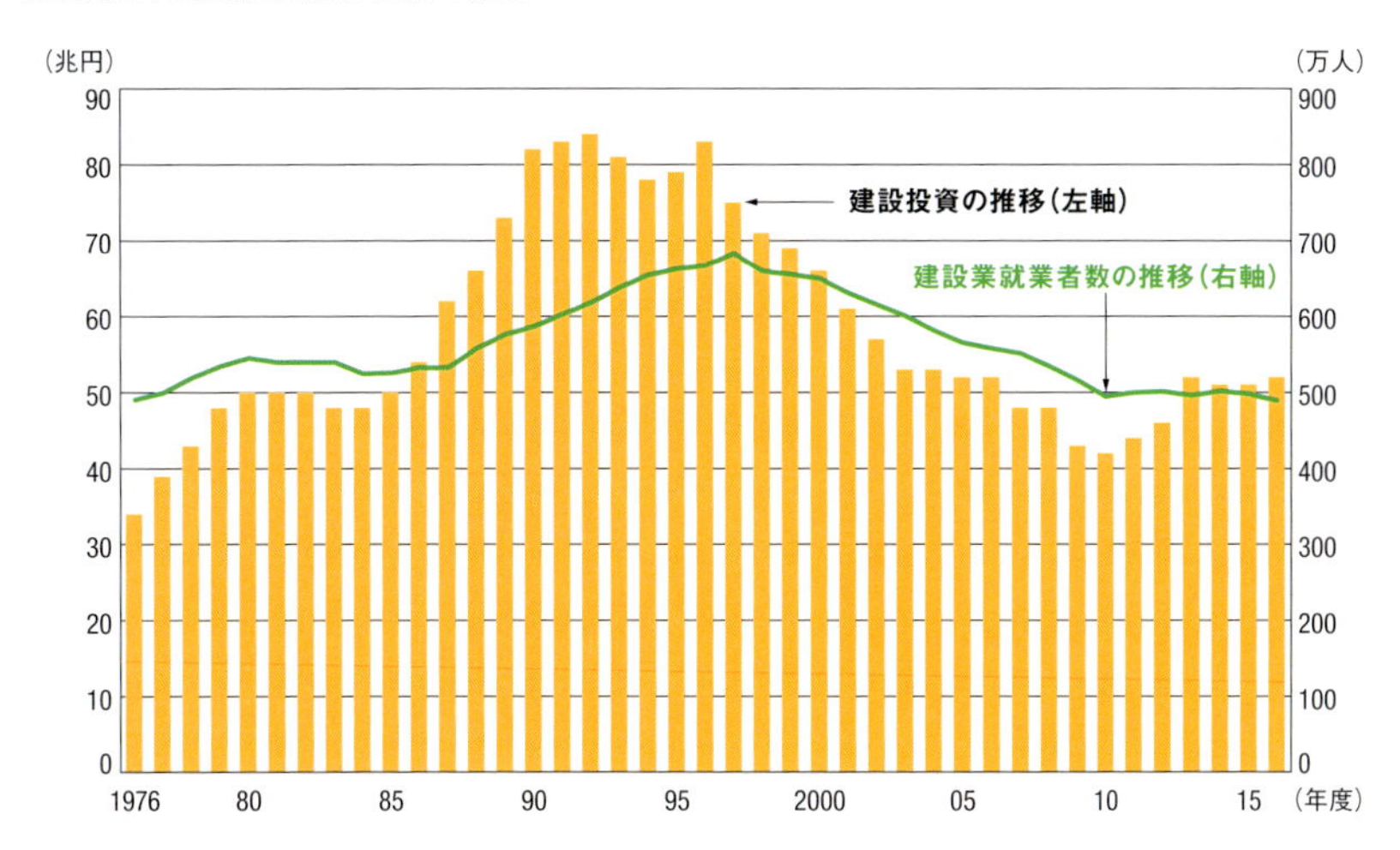

建設業就業者数は年平均(資料:国土交通省)

で話題の最新技術との関係を掘り下げよう。

スーパーゼネコンの鹿島が二〇一五年にぶちあげた「Ａ^{4}ＣＳＥＬ（クワッドアクセル）」は、重機の自動運転によって人手不足の克服を目指す、次世代の建設生産システムだ。工事現場の「工場化」を前面に打ち出した、極めて意欲的な構想と言える。

これまでも、重機のオペレーター（操作者）を支援する技術はあった。重機の位置情報や設計データを基に、施工状況と設計値の差分をオペレーターに提供して操作を支援する「マシンガイダンス（ＭＧ）」や、設計データをもとに重機の動きの一部を自動制御する「マシンコントロール（ＭＣ）」がそれだ。

こうした機能を搭載した重機で工事を進めることを「情報化施工」と呼び、国交省は二〇〇八年に「情報化施工推進戦略」を取りまとめて普及を促してきた。その結果、コマツの「ＩＣＴ建機」を代表に、今では多くの建機メーカーが情報化施工に対応した重機を取り扱っている。

一方、クワッドアクセルで鹿島が目指すのは、情報化施工のさらに先。タブレット型端末で指示を与えると、独自に開発したアルゴリズム（処理手順）に従って重機が自ら動き、作業する。将来は一人で二十台ほどの重機を操れるようにするという。

これまでに自動化に取り組んできた重機は振動ローラー、ブルドーザー、重ダンプトラックの三種類だ。振動ローラーとは、車体の前方に備えた鉄輪で地面を締め固める重機。ブルドーザーは、前面に可動式の排土板を装着し、土砂を押し広げるのに使う。重ダンプトラックは、公道を走行する一般的なダンプトラックよりも積載量が大きく、大量の土砂を搬送しなければならないダムの工事現場などで活躍する。

いずれについても汎用の車体に、周囲の状況を把握するためのレーザースキャナーや、車体の姿勢・位置を取得するためのIMU（慣性計測装置）、GPS（全地球測位システム）、車体を制御するPCを取り付けて自動化した。

重ダンプで運搬した土砂をブルドーザーで撒（ま）き出し（所定の範囲に押し広げること）、振動ローラーで締め固める。そんな一連の作業を重機の自動運転でこなせるか――。二〇一六年に国交省の大分川ダムの堤体盛り立て工事で実験し、一定の成果を得た。翌年には、国土技術開発賞最優秀賞など、幾つもの賞を受賞している。

開発を指揮する鹿島機械部自動化施工推進室の三浦悟室長がクワッドアクセルの概念を練り上げたのは二〇〇九年のこと。一

搬送から転圧（締め固め）までの一連の作業を自動化

（写真：鹿島）

から自動重機を開発してくれるメーカーはなく、仮に造るとしても一台で何億円もの費用を要することが分かり、汎用の重機を改造して自動運転に取り組む方針を打ち出した。

前例のないことに取り組む際に大変なのが、社内の説得。「できそうだ」と思ってもらわないと支援を得られない。そこで、まずは振動ローラーの自動化に取り組むことにした。時速一・五～二キロメートルで直進し、切り返して一・八メートル横にずれ、再び直進するという単純な動きを繰り返すだけなので、ほかの重機に比べると操作が簡単そうだったからだ。

振動ローラーはハンドル操作が肝

操作が比較的簡単とはいえ、実際の工事ではオペレーター（操作者）の腕によって生産

自動振動ローラーによる施工状況

締め固めたい施工エリアの四隅の座標を与えると自動で走行経路を決めて作業する。施工エリアの近辺に置いておけば自分で開始地点に移動できる。ただし、振動ローラーは方向転換が不得意なので、置く向きに配慮が必要だ。写真は大分川ダムでの施工状況。レーザースキャナーで障害物を検知する（写真:鹿島）

性に大きな違いが出る。なぜ、そのような違いが生じるのか。まずは腕の良いオペレーターにお願いし、ある広さのエリアを実際に締め固めてもらって、上手に操作する秘訣を探ることにした。

計測データを基に調べるうちに、どうやらハンドルさばきがカギになると分かってきた。「路盤の材料によってハンドルを回す速度が異なる」（三浦室長）。滑りやすい材料であればハンドルをゆっくり回し、そうでなければ早く回す、といった具合だ。

さらに熟練オペレーターは、車体を極端に蛇行させないように操作していた。目標とする走行経路に合わせようとハンドルを急に切り、くねくねと蛇行しながら締め固めると効率が悪いからだ。こうして、上手なオペレーターの操作方法を走行制御アルゴリズムに取り入れ、酒井重工業製の土工用振動ローラーを改造して自動運転をしてみたところ、誤差は目標とする十センチメートル以内に収まった。

経路を作るのが難しいブルドーザー

振動ローラーの次はブルドーザー。こちらはコマツと共同で、同社のＩＣＴブルドーザーをベースに盛り土の撒き出しの自動化を目指した。

ブルドーザーはその場で回転できるほど機動力が高いので、振動ローラーのように走行の制御が難しいわけではない。「その代わりに、土砂の山をどのように押したら所定のマウンド（土台、盛り土）を作れるかという『イマジネーション』が必要。それこそがオペレーターのノウハウだ」

（鹿島の三浦室長）。

振動ローラーと同じく、まずは熟練オペレーターの操作データを取ることにしたが、撒き出し作業の計測には時間がかかり、一日に三回ほどしかデータを取ることができない。そのための費用もばかにならない。

解決策として、芝浦工業大学と共同で、最適な運転モデルを見つけ出すためのシミュレーターを開発。なんとか十回ほど実測して得られたデータを基に、基本となる運転モデルを作り、あとはコンピューター上でそれを何度も動かしながら改善を施していった。

例えば、運転モデルAは指示した範囲の七十パーセントしか撒き出せていないが、運転モデルBだと九十五パーセント撒き出せたので、Bを改善しよう、といった具合だ。さらにはAIの一種である「遺伝的アルゴリズム」（生物の進化の仕組みを模倣し、たくさんの候補の中から最適なやり方を見つけ出す計算手法）も活用した。

こうして作成した運転モデルを使って、ロックフィルダム（岩や土砂を積み上げて造るダム）のフィルター材（砂利）を幅十メートルにわたって撒き出してみたところ、目標とした範囲とほぼ同じ形状に施工できた。

現場の変化に対応するダンプ

ダンプもコマツと共同で自動化した。特徴は、走行経路の自動生成機能だ。

自動ブルドーザー開発用シミュレーターと施工結果

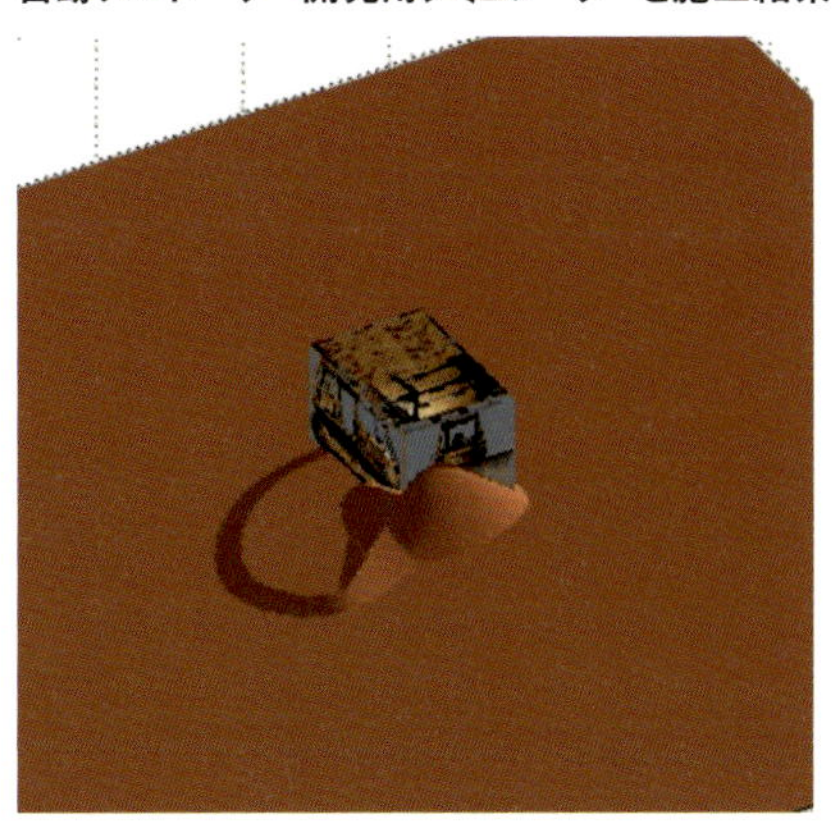

撒き出し予測シミュレーター。材料の種類による広がり方の違いは、安息角（斜面が崩れず安定するときの最大角度）で表現した

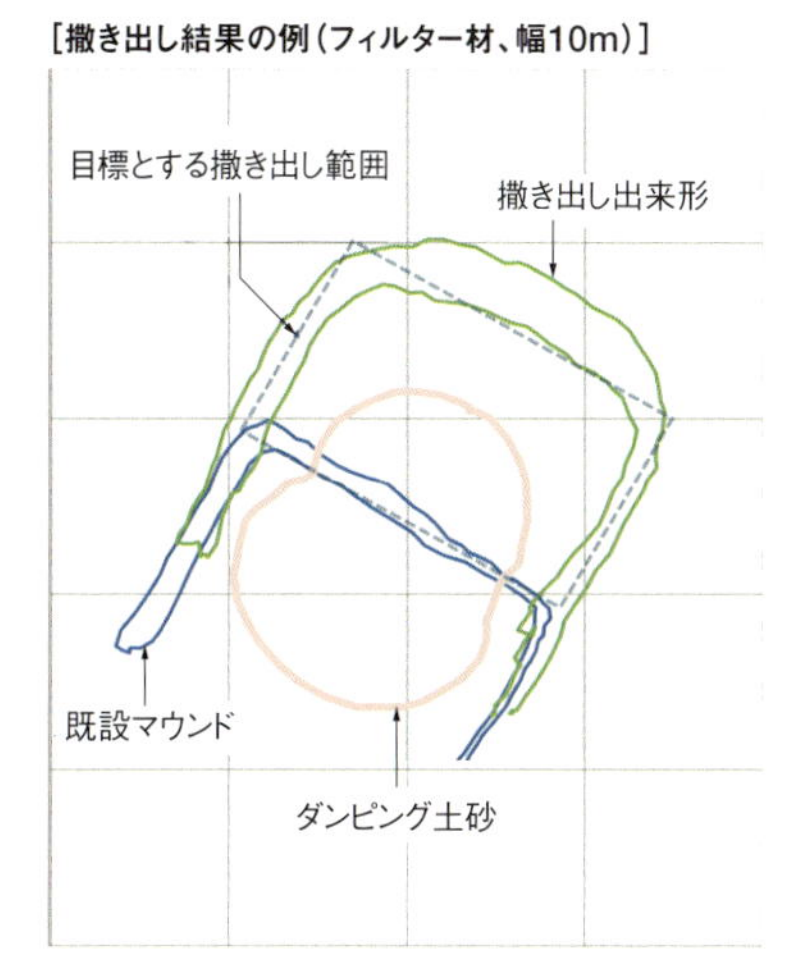

自動ブルドーザーは、自身の位置と荷下ろしした土砂の位置、施工したいマウンドの仕様を基に、自動で撒き出し作業をこなす。荷下ろしした土砂の位置が想定よりも大幅にずれると対応できない（資料：下も鹿島）

自動ダンプが自動生成した経路と走行結果の例

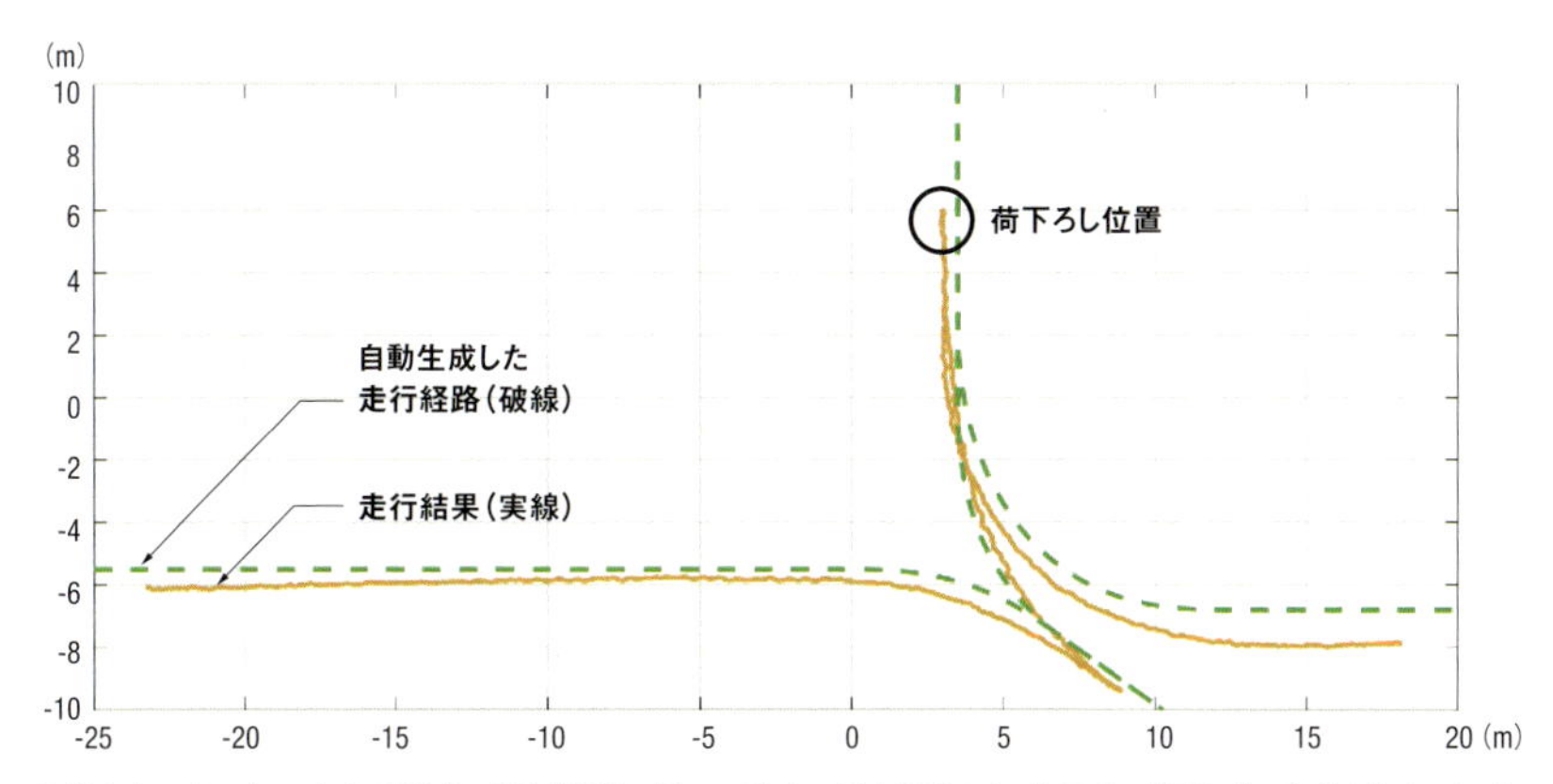

公道を走るダンプではなく、現場内の資材搬送に用いる重ダンプを対象とした。荷下ろし位置などの条件を与えると、走行経路を自動生成する。切り返しの位置なども自分で決められる

工事現場では、通行できる場所が日々変化する。そこで、土砂の積み込み・荷下ろし位置のほか、走行可能なエリアを指定すると、ダンプが自分で経路を決められるようにした。

走行の制御には、振動ローラーのアルゴリズムを応用した。難しかったのは、「悪路」への対応だ。現場内の仮設道路は、公道にはないような急勾配があったり、未舗装なのでわだちができやすかったりと、条件が厳しいのだ。「前日に雨が降ると、人間なら滑らないように急ハンドルを避ける。このように、運転手が普通にこなしていることを機械にやらせるのは結構難しかった」（三浦室長）。

苦労して自動化した重機を組み合わせ、なんとか一連の作業が可能になったとはいえ、できることはまだ限られている。例えば、ダンプが土砂を荷下ろしする位置が一メートルほどずれると、ブルドーザーが対応できなくなってしまうのが実情だ。今後は各重機の自律性を高め、予想外の事態に対応できるようにしていく必要がある。

三浦室長は言う。「日本の産業用ロボットが初めて登場したのは一九七〇年代。最初は少し位置がずれた部品もつかめない代物だったが、それでも製造業では使いながら機械を賢くしていった。我々も、使いながら育てていかなければならない」。

鹿島は二〇一七年九月に開設した二ヘクタールの実験場「西湘実験フィールド」で開発を進め、実現場への導入を加速させる。二〇一八年度は水資源機構が鹿島ＪＶ（共同企業体）に発注した福岡県朝倉市の小石原川ダムで本格導入する。同年三月十三日にはコマツ、理化学研究所と共同で、ＡＩを活用してクワッドアクセルの高度化を進めると発表。構想の実現へ二の矢、三の矢を放つ。

三浦室長は目を輝かせながら語る。「施工状況をデータで可視化して蓄積し、ＡＩで解析した結果を次の作業にフィードバックする。まさに現場の工場化だ」。

制御アルゴリズムも安全もＡＩで

鹿島が力を注ぐ重機の自動運転。ほかの大手建設会社も黙ってはいない。

「鹿島さんにそれほど後れを取っているとは思わない」。こう話すのは、大成建設技術センターの今石尚生産技術開発部長だ。「当社はこれまでも振動ローラーやブレーカー（割岩機）を自動化してきた。今は油圧ショベルとブルドーザーの自動化に取り組んでいる。複数の重機を統合して作業を管理するシステムの開発も進めている」（今石生産技術開発部長）。二〇二〇年までに各重機の自動運転を実現し、近い将来には一人のオペレーターが複数の重機を動かせるようにするつもりだ。

大成建設では一九九四年から、災害時の応急復旧などに用いる重機の自動化に取り組んできた。二〇一二年からは振動ローラーの自動化を進め、走行誤差二十センチメートル程度で土を締め固める技術を確立している。

一定の成果を収めた半面、限界も見えてきた。「機械の制御アルゴリズムの開発に年単位の時間がかかるため、走行誤差のさらなる改善が難しい」（大成建設技術センター建設技術開発室ロボティクスチームの青木浩章課長）。

現状では、アルゴリズムが完成するまでに次の手順を踏む。まずは機械の動きを徹底的に分析。適切なセンサーを選定し、アルゴリズムを開発する。次に模型を使ってアルゴリズムの良しあしを検証。改善を施してようやく実機での試験に移る。

開発期間を短縮するため、同社は模型による検証をコンピューターシミュレーションに置き換える考えだ。シミュレーター上で「強化学習」を実施して、制御アルゴリズムを磨き上げる。強化学習とは、コンピューターが取った行動の結果を評価して報酬（得点）を与え、より高い報酬を得られる方法を自ら学ばせるＡＩ技術だ。「重複幅を小さくし、効率

強化学習に用いるシミュレーター

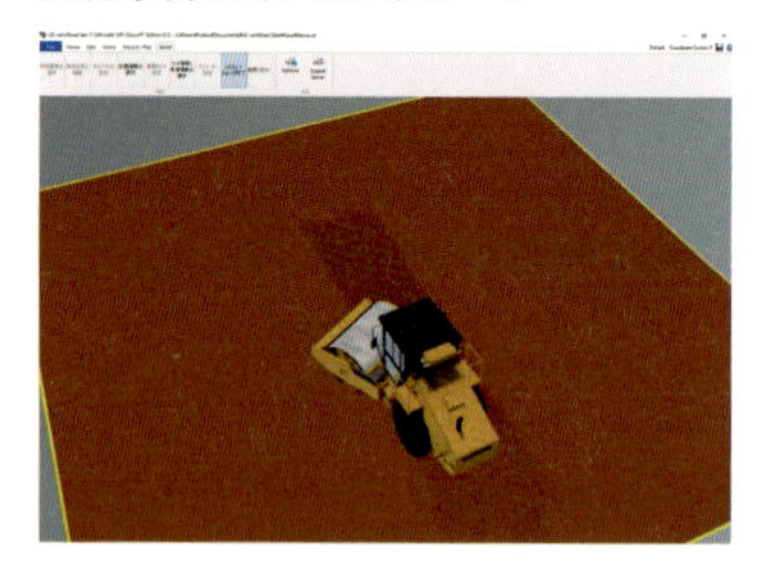

自動車向けソフトウエアを基に開発。土質などを考慮できる（写真・資料：このページは大成建設）

2012年に開発を始めた11t級振動ローラー。締め固め範囲・回数などを入力すると、機械が自分の位置や姿勢、速度、周辺状況をセンサーで把握しながら、決められた範囲を転圧する

AIの活用で振動ローラーを自動化

大成建設は人と重機の接触を防止する検知システムにAIを活用する

的に締め固めるほど高い報酬が得られるようにすれば、人が設計するよりも良いアルゴリズムを効率的に作れるのでは」（青木課長）。

安全対策にもＡＩを活用する。カメラの映像を基に、重機の前を横切ろうとする人を検知し、自動停止する仕組みだ。「人が動く方向まで予測している」（同社の今石生産技術開発部長）。現状では、天候などの条件が良ければ、八十パーセントほどの精度で検出できる。同社はさらに開発を進めて二〇一九年度に実証試験を実施し、システムを完成させる予定だ。

かように重機の自動化に前向きな大成建設だが、やみくもに理想を追っているわけでもない。今石生産技術開発部長は、次のように説明する。「完全自動化は理想だが、一方で、どこまで自動化すべきかをいつも考えている。技術にはまだまだ限界があるし、開発した技術を現場で活用するための制度も整っていないからだ」。

例えばＡＩによる人の検知技術は一定の水準に達しているものの、安全を百パーセント担保できるかというと、まだまだ心もとない。では、製造業のように人が働くエリアと機械が動くエリアを明確に区切れば良いかというと、工事の進捗に応じて現場の状態が変化する建設業ではそれもなかなか難しい。

制度面での課題としては、労働安全衛生法に、重機の自動運転に関する項目がないことが挙げられる。自動化を工事に取り入れたければ、工事現場ごとに所轄の労働基準監督署へ届け出をして、その都度承認を得る必要がある。「投下できるヒト・モノ・カネは限られているので、市場の状況に応じて、地に足のついた技術開発をしていく」（今石生産技術開発部長）。

不整地運搬車2台を自動化

阿蘇大橋地区での走行実験の様子。不整地運搬車には、POS LVと呼ぶGNSS/IMUを利用した。自動走行技術は、カトウ・ハイコム（2018年3月に親会社の加藤製作所と合併）、JMUディフェンスシステムズと共同で開発した（写真：熊谷組）

「無人化施工」の発展形

ぬかるんだ急な坂道を、「1号機」と書かれた無人の不整地運搬車（足元の悪い場所で土砂などを運搬するための重機）が登る――。待機場所にたどり着くと切り返して、無人の油圧ショベルの前まで移動。すると今度は、出発地点から「2号機」と書かれた無人の不整地運搬車が走り出した。2号機が待機場所を目指して坂を登る間に、無人の油圧ショベルが1号機の荷台に土砂を積み込む。2号機が待機場所に到着したら、土砂を積み終えた1号機が搬出場所を目指して坂を下り始めた。すかさず2号機が油圧ショベルの前に移動して…。

これは、二〇一六年の熊本地震で大規

模な斜面崩壊を起こした阿蘇大橋地区の斜面防災工事の現場を利用して、準大手ゼネコンの熊谷組が二〇一七年十一月に行った実験の様子だ。

一連の作業のうち、待機場所から油圧ショベルまでの移動、油圧ショベルの操作、ダンプアップ（荷下ろし）以外は、不整地運搬車が自動で走行する。「オペレーターはスタートを指示するだけだ」（熊谷組土木事業本部機材部担当の小林勝部長）。

自動運転の準備は簡単だ。産業用ロボットに動作を覚え込ませる「ティーチング（教示）」のように、まずは走行させたいルートをオペレーターが遠隔操作して走らせる。

すると、操作情報とＧＮＳＳ（衛星を用いた測位システムの総称）やＩＭＵで計測した車体の位置情報を基に、車載コンピューターが走行経路（教示経路）を自動で作成する。作成した経路を、オペレーターが待機する遠隔操作室のコンピューターに保存しておけば、いつでも同じ経路を自動走行させることが可能。走行速度は、遠隔操作とそん色ない。

同社土木事業本部機材部担当の坂西孝仁部長は、「この実験の場合、通常だとオペレーターが三人要る作業を一人でこなせる」と話す。熟練オペレーターの不足に対応できるほか、手の空いたオペレーターが別の作業をできるので、生産性の向上につながる。土砂の運搬のように、単調な繰り返し作業を自動化すれば、運転手の集中力低下による事故も防げる。

自動運転技術は、不整地運搬車の開発・製造を手掛けるカトウ・ハイコム（二〇一八年三月一日に親会社の加藤製作所と合併）、防衛装備品の専門メーカーであるＪＭＵディフェンスシステムズ（京都府舞鶴市）と共同で開発した。

熊谷組がこの実験に先立って二〇一七年九月に実施した走行精度の検証実験では、わざと出発地点からずらした位置に不整地運搬車を置いて走行を始め、教えたルートに戻ることができるか調べた。その結果、最初こそずれの影響で大きく蛇行するものの、徐々に位置を修正して同じようなルートを走れることを確かめた。蛇行量は平均三十センチメートル。出発地点を一メートルずらしたケースでも、蛇行量は七十センチメートルに収まった。

待機場所から油圧ショベルへの移動、ダンプアップなど、遠隔操作で実施した作業の自動化もできなくはない。ただし、その分だけ多くの走行パターンを機械に覚え込ませる必要がある。積み込みと搬出の位置は、作業の進捗に応じてどんどん変わっていくから、全ての作業を自動化するには、何度も走行ルートを教え直さなければならない。熊谷組ＩＣＴ推進室の北原成郎室長は、「自動化する部分と、手動でやる部分を分けるのが現実的で、効率的だ」と説明する。

初めにオペレーターが遠隔操作して、機械に走行ルートを教える「ひと手間」も、実際の工事現場に適用するうえで重要な意味を持つ。

例えば、今回の実験に使った現場のようにぬかるんだ斜面の場合、オペレーターなら自ずと危険な箇所を避けながら運転できる。カーブでは速度を落とし、直線部分では加速するなど、スピードにも強弱を付ける。ところが、何も「お手本」がない状態で、機械にこうした細やかな動きをさせるのは難しい。省人化を図るどころか、制御アルゴリズムを作るために地形を計測する余計な手間などが生じかねない。

これまでの説明で分かるように、熊谷組のアプローチは、重機の自動制御アルゴリズムの開発に取り組む鹿島や大成建設とはやや異なる。熊谷組が得意としている「無人化施工」を応用しているのだ。無人化施工とは、カメラの映像を頼りに重機をラジコンのように遠隔操作して、安全な位置から作業を進める技術を指す。土砂災害の現場など、人が近づくと危険な場所で作業をする際の切り札ともいえる。一九九〇年代に、雲仙普賢岳の噴火に伴う除石工事を舞台に開発が進み、熊本地震の復旧工事でも活躍した。

遠隔操作室を核に現場を集中管理

不整地運搬車の自動運転を支えるのは、まさに熊谷組が幾多の災害現場で磨いてきた無人化施工のネットワーク技術だ。遠隔操作室と重機の間でやり取りする操作や映像、ＩＣＴ施工データなどを一括してＩＰ（インターネット・プロトコル）化し、光ファイバーケーブルや無線ＬＡＮで通信する。従来の無人化施工では、操作や映像などのデータを、それぞれの特性に応じて別々の無線機で送受信する必要があったので、コストが割高になるほか、現場の立ち上げに時間がかかるなどの課題があった。データのＩＰ化によって遠隔操作室の配置の自由度が増したうえ、現場との距離の制限も少なくできている。

データのＩＰ化と併せて、遠隔操作に必要な機能一式をあらかじめユニットハウスに装備し、現場に持ち込むだけで簡単に工事を始められる「高機能遠隔操作室」も開発済みだ。同社の北原室長は、「操作室を中心に現場の様々なデータを集中管理する仕組みを目指す」と意気込む。

不整地運搬車の自動走行システムの概要

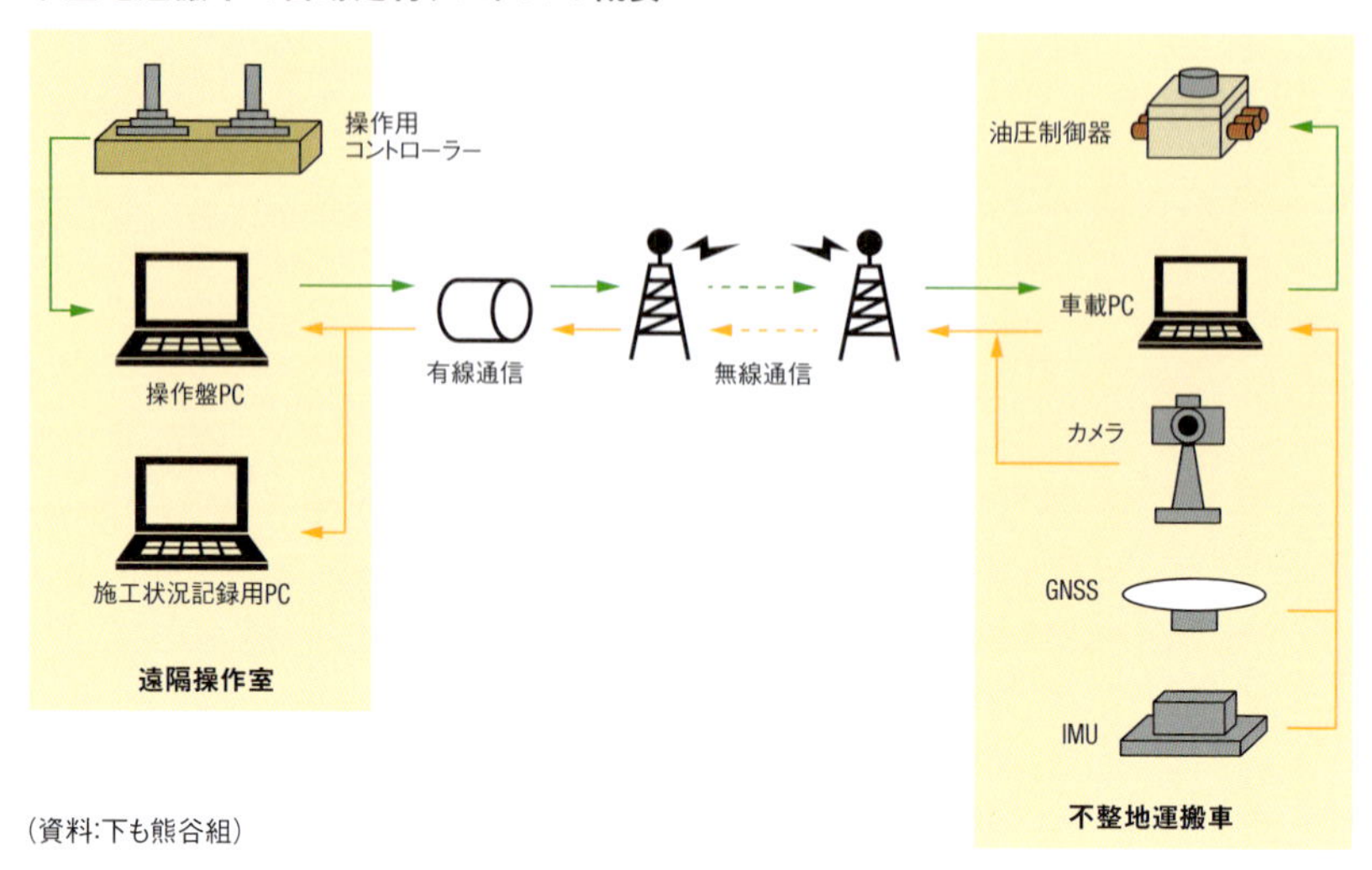

（資料：下も熊谷組）

自動走行の精度の検証結果（教示経路と自動走行経路の軌跡）

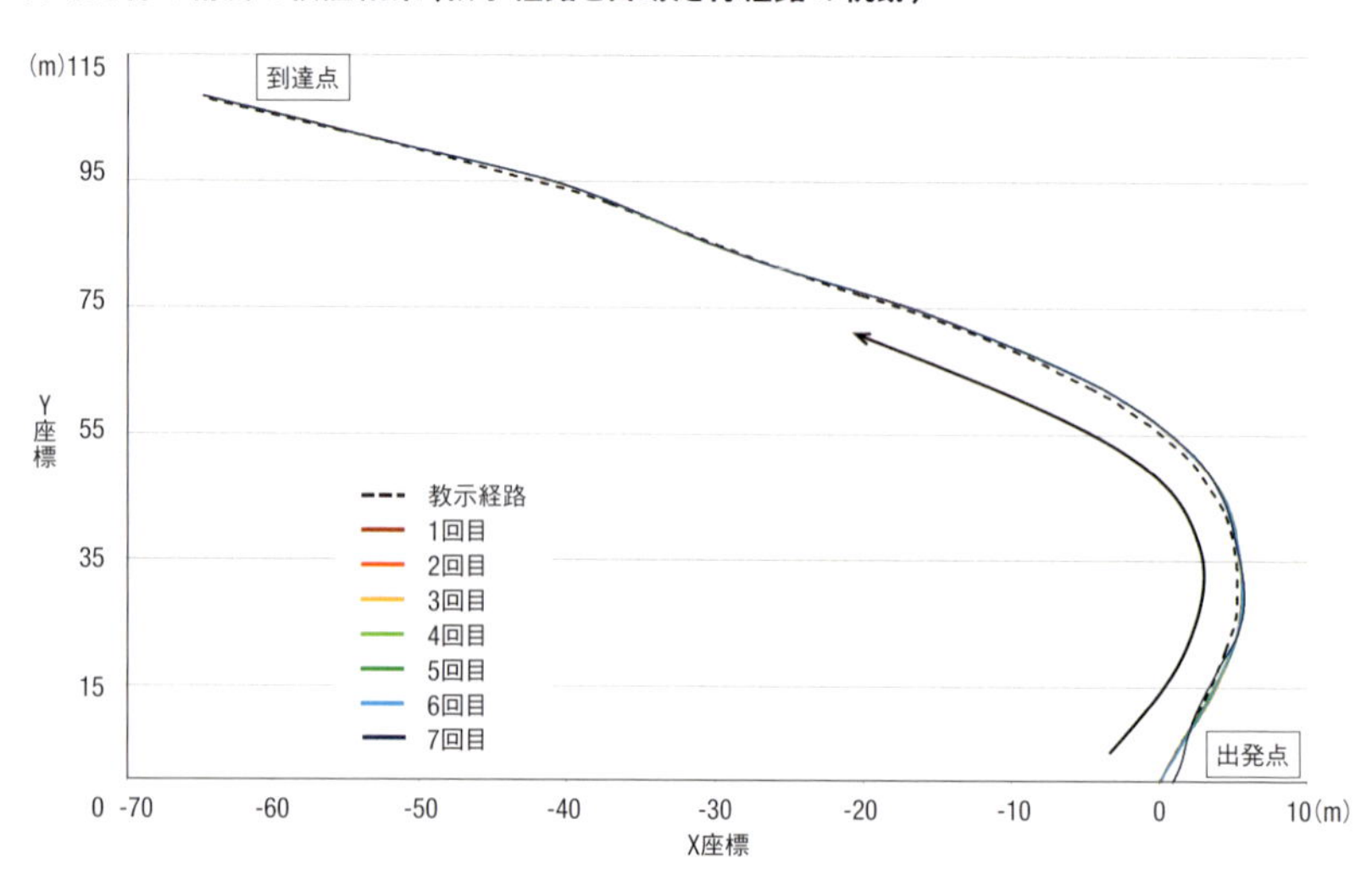

建設機械メーカーの戦略は？

主に建設会社の取り組みを見てきたが、建設機械メーカーは工事の自動化にどのように取り組んでいるのか。建設業のＩＣＴ活用をけん引するコマツは詳細を明かさないものの、鹿島との共同開発だけでなく、自動運転ベンチャーのＺＭＰ（東京都文京区）に出資するなど、重機の自動化に強い関心を持っているとみられる。

コマツの注目すべき動きとしては、二〇一七年十二月に発表した米ＮＶＩＤＩＡ（エヌビディア）との協業がある。エヌビディアは、ＡＩ向け半導体であるＧＰＵに強みを持つ。協業の第一弾として、同社のＪｅｔｓｏｎと呼ぶ製品を生かし、ドローンで測量した地形データを高速処理するサービスなどを始めている。今後はＪｅｔｓｏｎを重機にも搭載し、周囲の人や機械を検知して事故を防ぐ取り組みを進める。重機の制御にも生かすようだ。

コマツスマートコンストラクション推進本部の四家千佳史本部長は、「当然ながら、将来的には重機のさらなる自動化、無人化を念頭に置いている」と話す。「ただ、完全に無人の工事現場まではあまり想定していない。一定の時間、ある単純な作業を自動化し、その間にオペレーターが別の作業をするようなイメージではないか」（四家本部長）。

コマツ以外でも、建設用クレーン世界最大手のタダノが二〇一八年三月、京都大学と包括連携契約を結んだと発表した。クレーンの自動化を視野に入れている模様だ。

column

クルマの自動運転との違いは？

自動運転ベンチャーのZMPでプラットフォーム事業部長を務める龍健太郎氏は、「自動車と違って、人手不足や労働環境の改善といった喫緊の課題がある分、重機の自動化や無人化への期待は非常に高い」と指摘する。技術的な難易度は別として、公道を走るクルマの自動運転と比べると、重機の自動化は比較的取り組みやすい分野だとみられている。工事現場は基本的に、一般の人や車が入ってこられない閉鎖空間なので、安全を確保しやすいからだ。道路交通法などの規制に抵触する心配はないし、労働安全衛生法に関しても、自動化した重機に関する規定はない（労基署への届け出は必要になる）。

一方で、自動車業界ほど市場が大きくないために投資額が小さく、メーカー側の技術開発のスピードは遅い。明確に自動化に取り組むと打ち出す建設機械メーカーは、今のところ少数派だ。このため建設会社は、市販の重機を自ら調達・改造し、実際の現場を使いながら少しずつ開発を進めている。鹿島のように自前の実験場を設け、メーカーと共同で技術開発をするケー

クルマの自動運転のレベル

レベル	概要
0	自動運転機能がない車。人間（運転手）が全てを担う
1	自動ブレーキなどの運転支援機能がついた車
2	部分的な自動運転。人が常に監視する必要がある
3	条件付きの自動運転。緊急時は人が対応する
4	高度な自動運転（エリアや交通状況などは限定される）。人間の対応は不要
5	完全な自動運転

米自動車技術会の定義を基に日経コンストラクションが作成

スは珍しいと言える。

クルマの自動運転と関係する取り組みもある。東日本高速道路会社が目指すのは、重機ではなく「除雪車」の自動運転だ。背景には、熟練オペレーターの高齢化による人材不足がある。公道を走る除雪車の自動運転は、一般乗用車の自動運転と似た部分が多い。

現在、同社は日本の衛星測位システム「みちびき」を活用した運転支援システムの開発を進めている。みちびきとは、八の字形の軌道を描きながら日本上空とオセアニアを周回する準天頂衛星だ。米国のGPSをみちびきの信号で補完して、センチメートル単位の誤差で現在地を把握できる。道央自動車道の約二十一キロメートルの区間で二〇一八年一月から試行を始めた。

対象とする除雪機は、路肩の雪を取り除く「ロータリー除雪車」。みちびきからの信号と地図情報を組み合わせ、除雪車の走行位置やガードレールからの距離、走行車線へのはみ出しなどを運転席のモニターに表示し、オペレーターを支援する。同社では、二〇二一年度をめどにロータリー除雪車の操作や運転の一部を自動化し、クルマの自動運転の動向を見ながら、オペレーターなしで除雪する「完全自動化」を目指している。

ロータリー除雪車（写真:東日本高速道路会社）

山岳トンネル工事の自動化は可能か?

ここまでは主に、土を扱う「土工事」の自動化について見てきた。では、他の工事はどうだろうか。機械化や自動化が期待されている工種の一つが、山岳トンネル工事だ。

山岳トンネルとはその名の通り、山を貫通するトンネルのこと。その昔は、木製の矢板を人力で打ち込み、トンネルが崩れるのを防ぎながら掘削を進める「矢板工法」が主流だったが、一九八〇年代以降はからはオーストリアのトンネル技術者が開発したNATM(New Austrian Tunneling Methodの略、読み方はナトム)が標準工法となり、矢板工法の時代と比べて飛躍的に生産性が向上した。

NATMでは、発破などでアーチ状に掘削した直後に地山(自然の地盤)にコンクリートを吹き付け、ロックボルトを打ち込んで一体化し、地山自体の保持力を生かしてトンネルを掘る。一メートルの掘削に必要な作業員数は、一九六四年に開業した東海道新幹線で五十七・六人だったが、NATMの普及によって一九九七年の長野新幹線では八・一人まで激減。さらに最近では、六・三人まで減少している。

このように、急激に省人化が進んできた山岳トンネル工事だが、今後はより一層、機械化や自動化が盛んになりそうだ。一つ目の理由は、熟練作業員の不足が深刻化していること。トンネルを得意とする建設会社からは、「まるで素人のような職人が増えてきた」と危惧する声が聞こえ

2016年11月に起こったJR博多駅前の陥没事故。NATMでトンネルを掘っていた（写真:日経コンストラクション）

てくる。

もう一つの理由が、切り羽（トンネルの掘削面）での「肌落ち災害」が後を絶たないこと。肌落ちとは、土砂や岩石の崩落を指す土木分野の専門用語だ。厚生労働省によると、二〇〇〇年から二〇一〇年までの肌落ちによる被災者は四十七人を数え、そのうち三人が死亡。休業一カ月以上のけがをした人も全体の四割近くに上る。このように、事故が起こると深刻な被害をもたらすのが肌落ち災害の特徴である。

業を煮やした同省は二〇一八年一月に、「山岳トンネル工事の切羽における肌落ち災害防止対策に係るガイドライン」を改正。切り羽での作業をこれまで以上に機械化するよう促した。ガイドラインでは、人が切り羽に近づいてやらなければならない発破時の装薬作業の遠隔化や、トンネルを支える支保工の建て込みなどの機械化を推し進めるよう求めている。ガイドラインの改正を受けて、建設会社はこれまで以上に技術開発を加速させるとみられる。

地山評価の自動化がカギ

山岳トンネル工事の機械化、自動化を進めるには、何がカギになるだろうか。

「何よりも重要なのが地山（自然の地盤）の評価だ」。準大手ゼネコン、安藤ハザマで先端技術開発室の担当部長を務める宇津木慎司氏はこう指摘する。山岳トンネル工事では、掘削を進めながら切り羽の状態をその都度観察し、地質の良しあしを見ながら補強方法を変更していく。地質を見誤ると、トンネルが崩れて大きな事故を招くこともあるから、地山の評価は非常に重要だ。

地山がもろい場合は、念入りな補強で安全性を確保しなければならないが、事はそう簡単ではない。補強を手厚くし過ぎれば、その分だけコストが高くつく。限られた予算で安全に工事を進めなければならない現場の技術者は常に難しい判断を迫られる。

ところが、地質の専門技術者は慢性的に不足している。地山判定（岩判定）と呼ぶ評価会議の全てに、こうした専門技術者が立ち会うのは不可能に近い。現状では、切り羽の観察を現場の土木技術者が実施している。手間がかかるうえ、個人の経験が頼りなので、判断にばらつきが生じやすい。

優れた地質技術者の頭脳を、全ての山岳トンネル工事の現場に行き渡らせることはできないものか――。安藤ハザマと日本システムウエア（東京都渋谷区）は二〇一六年に、ＡＩで切り羽の地山を自動評価するシステムを開発した。地山を評価する際は、岩の割れ目の間隔や風化の程度といった「見た目」の観察を踏まえて等級を付ける。この点に着目し、切り羽の写真から地質の良しあしを推定できないかと考えたのだ。

両社は、機械学習の一種であるディィープラーニング（深層学習）で、切り羽の地質を自動評価するシステムを開発することにした。ディィープラーニングでは、脳の神経回路を模した情報処理システムとして知られる「ニューラルネットワーク」を幾層にも構築し、大量のデータを学習させると、システムが自らデータの特徴を学び取り、未知のデータを精度よく認識・分類できるようになる（207ページ参照）。

ディィープラーニングで土木技術者並に

切り羽の地山の自動評価に関するディィープラーニングの流れは次の通りだ。

まずは、「問題」と「正解」をセットにしたデータ（教師データ）を大量に用意する。問題に当たるのは切り羽の写真、正解に当たるのは撮影地点で計測した弾性波速度（岩盤の中を伝わる弾性波の速度）だ。地山の等級と弾性波速度には相関関係がある。

とりあえず、花こう岩を地山とする二本のトンネルを対象とした。切り羽の写真は施工中に撮りためたもの。弾性波速度は、発破で生じた弾性波を坑壁に設置した地震計で計測する「ＴＦＴ

切り羽の写真から地山を評価

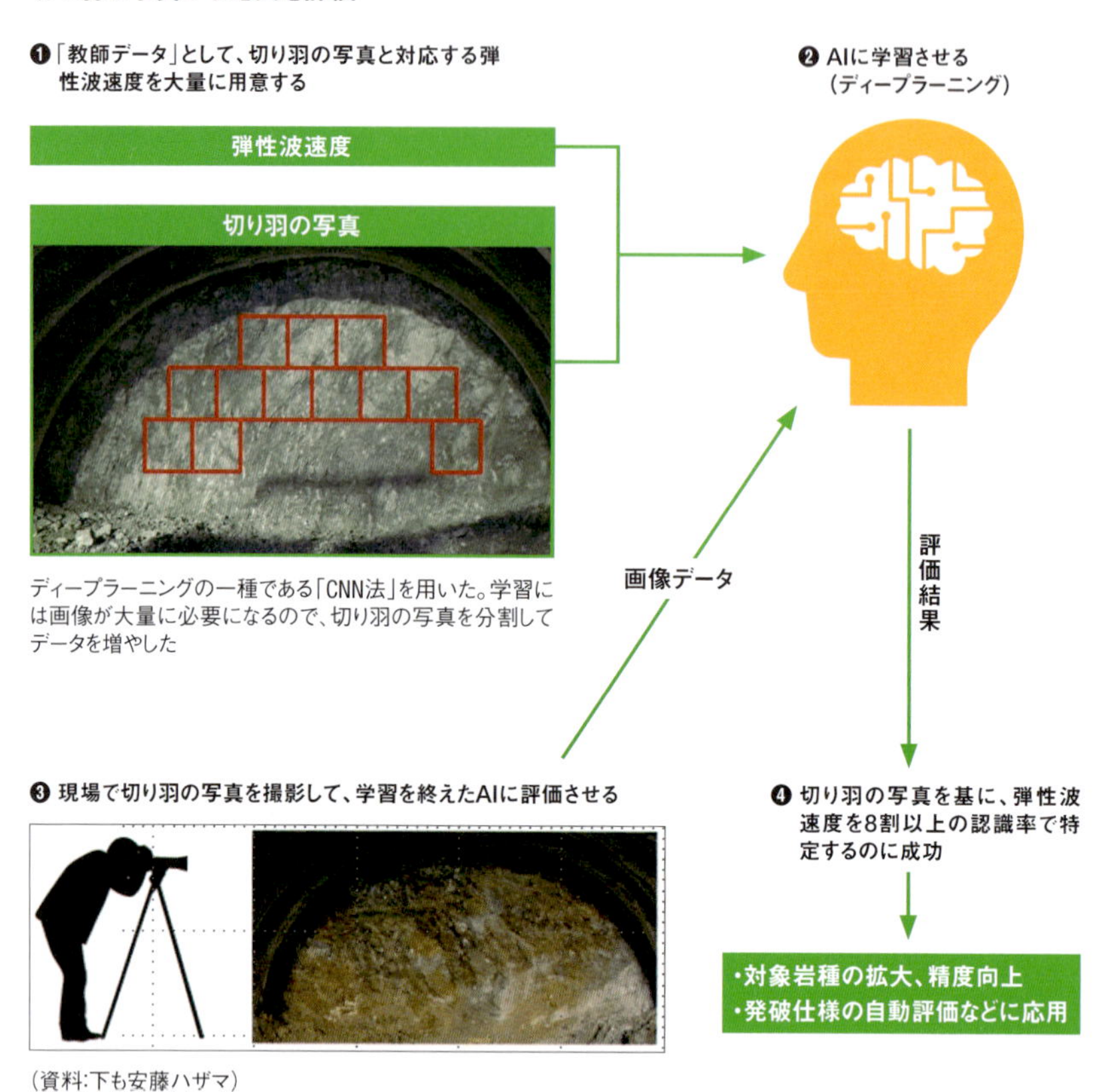

ディープラーニングの一種である「CNN法」を用いた。学習には画像が大量に必要になるので、切り羽の写真を分割してデータを増やした

(資料:下も安藤ハザマ)

AIで岩種や風化の程度などを自動判定

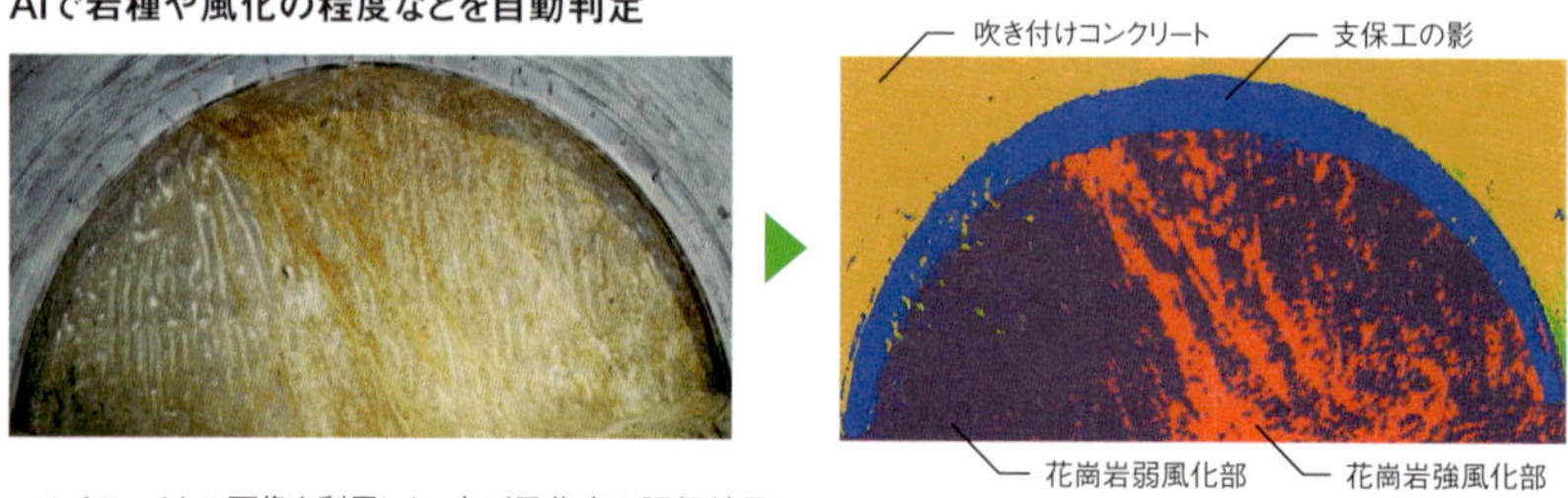

マルチスペクトル画像を利用した。右が風化度の評価結果

探査」と呼ぶ技術で掘削時に計測しておいたものだ。

次に、これらのデータをＡＩに学習させる。学習を終えたＡＩに切り羽の写真を示すと、自動的に弾性波速度を推定する。正答率は八十六・七パーセントに達した。「地質技術者にはまだ劣る。それでも、現場の土木技術者が判断するよりも優れている」（宇津木担当部長）。

さらに安藤ハザマは二〇一八年二月、秋田大学や筑波大学と共同で、マルチスペクトル画像（可視光線の波長帯だけでなく、複数の波長帯の電磁波を記録した画像）を用いて、岩種や風化の程度などを自動的に判定するシステムを開発したと発表した。岩種の自動判定の正答率は九十パーセント以上だ。

日本では難しい完全自動化

ＡＩで地山の評価を高度化・自動化し、過去の実績などから効率が良い発破のパターンを求め、データに基づいて掘削用の機械を自動制御する——。ＡＩなどで自動化の「頭脳」を実現できたとして、「手足」である機械側はどうか。

トンネル掘削機メーカーの古河ロックドリル（東京都中央区）は現在、モニターに従ってトンネルジャンボ（発破のために火薬の装填孔を開ける重機）を操作するだけで、正確に削孔できて、余掘り（所定の寸法以上に掘削してしまうこと）も減らせる「ドリルＮＡＶＩ」を展開している。同社特機部の長谷部健司部長は、「将来は全自動化を目指している」と話す。

ただし、全自動化には課題も多い。既に全自動化を実現している海外では、削孔や支保工の建て込みなど、各作業に専用の機械を使い、専任のオペレーターを置く。オペレーターは機械の管理も担当する。

一方、日本の職人は多能工で、一人が複数の作業を受け持つ。このため、トンネルジャンボにも様々な機能を求める。モルタルの注入などに使い、残骸がこびりついた機械を精度よく制御するのは困難だ。現場の体制や積算基準、発注システムそのものを変えなければ、全自動化の実現は難しそうだ。

現場の体制をあまり変えず、無理なく省人化や安全性の向上を進められるという点で、完全自動化よりも地に足のついたアプローチが「遠隔操作による無人

トンネルジャンボの自動化の流れ

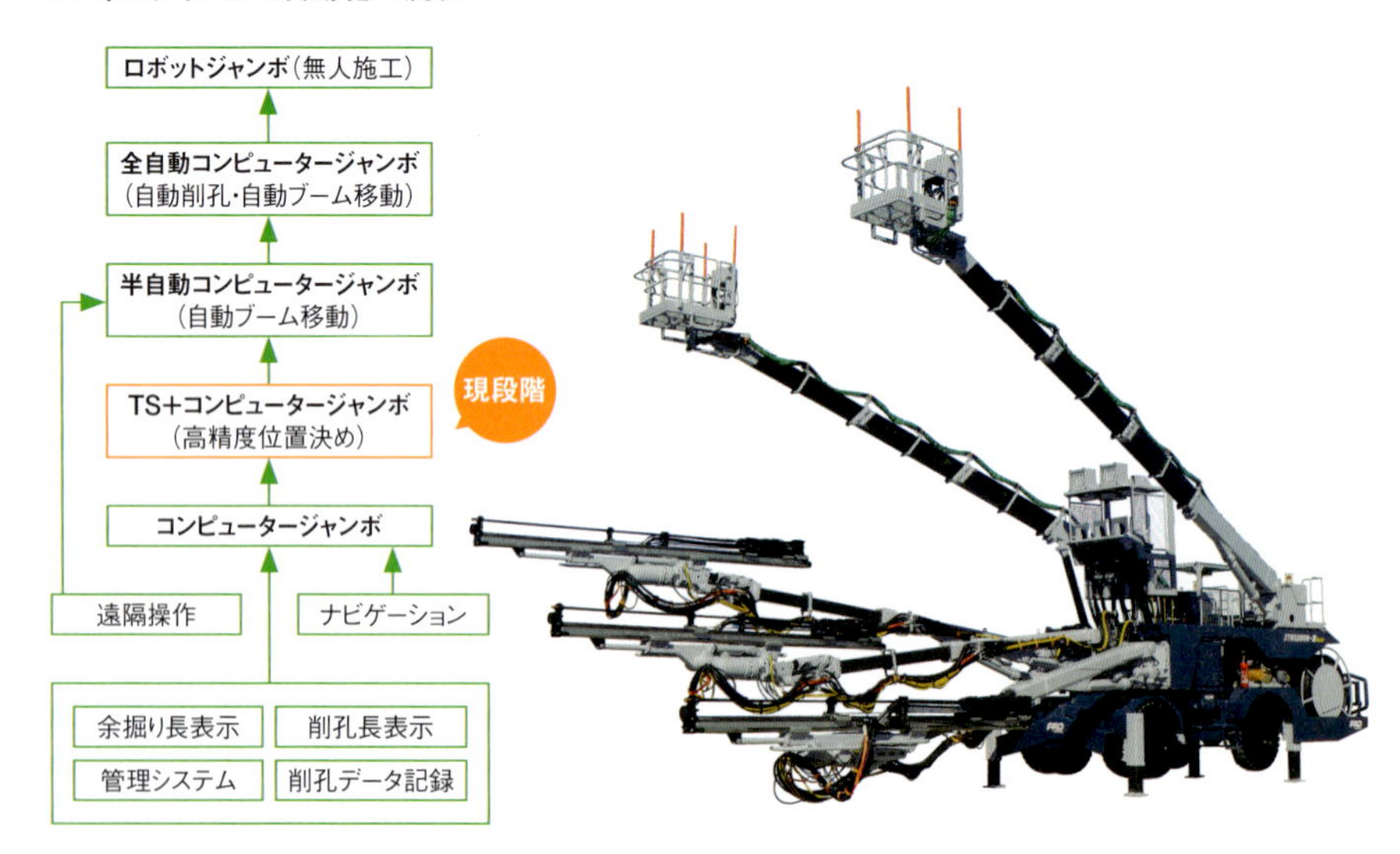

古河ロックドリルの資料を基に日経コンストラクションが作成

5Gは自動化を加速させるか？

二〇二〇年のサービス開始が見込まれる第五世代移動通信システム（5G）は、「高速・大容量」、「同時多数接続」、「低遅延」が特徴だ。通信速度は現在の4Gの二十倍に当たる毎秒二十ギガビットに向上する。大成建設技術センターの今石尚生産技術開発部長は、「重機の自動化やロボットの活用には無線が不可欠だが、免許なしで容量の大きい映像を送れる周波数帯が不足気味。5Gには期待している」と話す。同社は二〇一八年三月、ソフトバンクと共同で、5Gを利用して重機の遠隔操作に関する実験を行った。高精細な映像と重機の制御信号を、円滑に送信できるか確かめるのが目的だ。

このように、携帯電話会社は5Gの市場開拓に当たって建設業界のニーズに注目している。KDDI技術統括本部モバイル技術本部の松永彰シニアディレクターは、「5Gを生かした映像伝送に土木を組み合わせると、付加価値を高められるのでは」と期待を示す。同社も二〇一八年二月、大林組やNECと共同で5Gによる重機の遠隔操作実験を実施した。高精細な4Kカメラ二台を含む合計五台のカメラから七十メートル離れた操作室に映像を伝送し、3Dモニターの映像を見ながら重機を遠隔操作する様子を報道陣に公開。高精細な映像を使うことで、作業効率が従来の十五～二十五パーセント改善したと発表している。

このほか、コマツとNTTドコモも二〇一七年から、コマツのICT建機が持つ自動制御機能を生かし、遠隔地からも円滑に施工ができるか検証している。

化」かもしれない。

　熊谷組ICT推進室の北原成郎室長は、「トンネルの切り羽に、人がいなくて済む仕組みをつくろうとしている」と話す。なかでも現場で具体的に進めているのが、切り羽への吹き付け作業の無人化だ。吹き付けは、切り羽の近くで長時間にわたって粉じんを浴びながらこなす過酷な作業だ。これを遠隔操作室でできるようになれば、安全性や作業環境は大幅に改善する。

　すぐに実現できるかはともかく、切り羽に人がいなければ、トンネル内の換気も要らない。換気に要する電気料金はばかにならないので、無人化を前提とした工法のメリットは大きい。

　ここまで様々な重機の自動運転技術を見てきた。自動化した重機はロボットの一種ともいえるが、続いて、より純粋な意味で

大成建設が開発した鉄筋結束ロボット

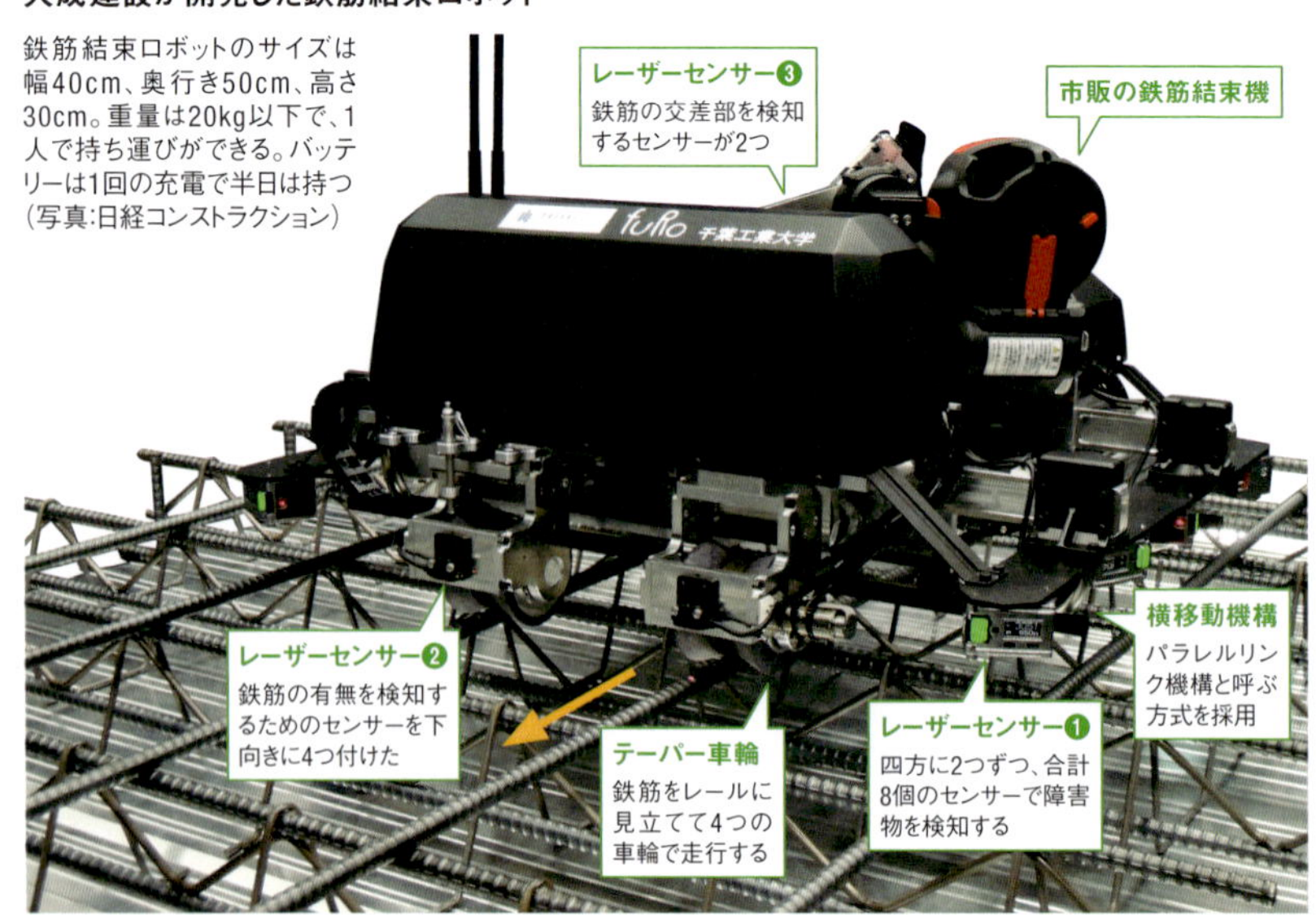

鉄筋結束ロボットのサイズは幅40cm、奥行き50cm、高さ30cm。重量は20kg以下で、1人で持ち運びができる。バッテリーは1回の充電で半日は持つ（写真:日経コンストラクション）

の「建設ロボット」の開発状況について見ていこう。

単純・苦渋作業はロボットにお任せ

第三章の冒頭で触れたように、バブル崩壊以降は下火になっていた建設ロボットが、再び脚光を浴びている。大手建設会社を中心に、主にコンクリート工などの躯体工事を対象として、単純作業や苦渋作業を職人に代わってこなすロボットを現場に導入しようとしているのだ。

例えば、鉄筋コンクリート構造物の施工時に、中腰で大量の鉄筋を結束するのは、単調でつらい作業だ。大成建設と千葉工業大学が二〇一七年に共同開発した「T－iROBO Rebar」（ティー・アイ・ロ

「T-iROBO」シリーズの一部

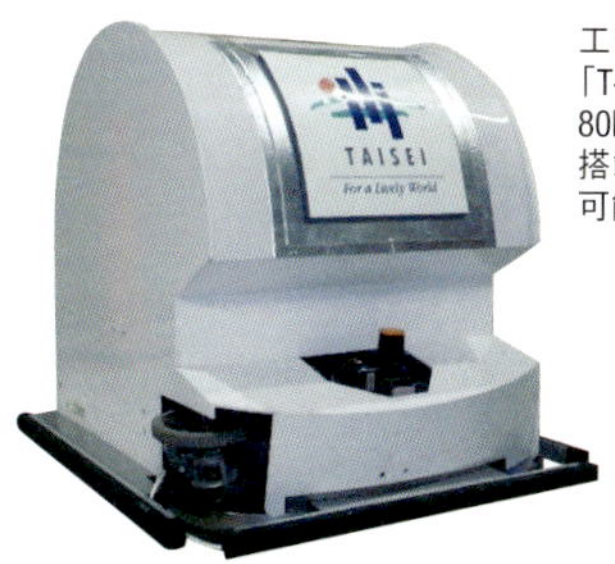

工事現場の清掃を自動化する「T-iROBO Cleaner」。総重量は約80kg。大型のリチウムバッテリーを搭載し9時間以上の連続運転が可能（写真:下2点も大成建設）

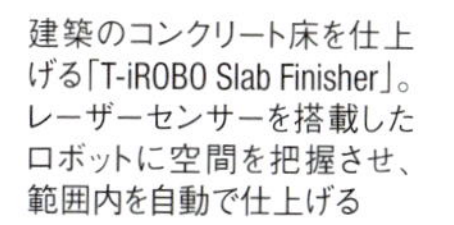
建築のコンクリート床を仕上げる「T-iROBO Slab Finisher」。レーザーセンサーを搭載したロボットに空間を把握させ、範囲内を自動で仕上げる

建築の鉄骨柱の現場溶接を自動化する「T-iROBO Welding」。シールド機の組み立てに使えないか検討中

ボ・リバー）は、鉄筋を「レール」に見立てて走行しながら、自動で結束作業をこなす。二〇一八年度から現場に本格的に導入する。

このロボットは、レーザーセンサーで鉄筋の交差部を検出し、本体に搭載した市販の結束機を作動させて鉄筋を結ぶ。鉄筋の端部や障害物もレーザーセンサーで検知。自動で横に移動して回避し、結束作業を続ける。

開発を担当した千葉工業大学未来ロボット技術研究センターの西村健志研究員は、「センサーは特殊なものではなく、簡素な製品を選んだ」と話す。大成建設建設技術開発室ロボティクスチームの高橋要課長は、「現場は使用環境が厳しいので、高価ですぐ壊れる『ハイテク』なロボットは使えない」と説明する。

床面積が大きい建物の現場などで、特に効果を発揮する。土木分野でもこれまでに道路橋の工事現場で、鉄筋コンクリート床版（自動車などの荷重を支える床のような部材）の両端部の施工に試験的に使用したことがある。

大成建設の調査では、鉄筋結束作業は鉄筋工事全体の約二割を占める。これをロボットに置き換えることができれば、省人化の効果は大きい。

ロボットに結束させながら、鉄筋工が別の作業を並行して進められるので、鉄筋工事全体では一～二割ほど作業効率が上がる。今後も現場で検証を重ね、「結束漏れ」を減らしつつ、スピードを高める。「当初は毎秒三十ミリメートルだったが今は毎秒百ミリメートルに向上した。最終的に毎秒百五十ミリメートルを目指す」（大成建設の高橋課長）。

同社は鉄筋結束ロボットのほかにも掃除や溶接などの作業を担う九つの建設ロボットを「Ｔ－ｉＲＯＢＯ」シリーズとして開発済み。単純で苦痛を伴う作業の自動化を進めている。

最大二百五十キログラムの重量鉄筋も三人で運べる

直径五センチメートル、長さ十メートル、重さ百六十キログラムもある重量鉄筋が、まるで竹竿のように軽々と持ち上がる。周囲に注意を促す電子音が響きわたるなか、鉄筋は報道陣の目前をふわりと舞い、五メートルほど離れた位置に据え付けられた。この間、わずか八十秒。これは、清水建設が二〇一六年に開催した「配筋アシストロボ」のお披露目会で

重い鉄筋などを簡単に運べる清水建設の「配筋アシストロボ」

6軸センサーで操作者の微妙な手の動きを感知し、モーターを自動制御して吊り荷を移動させる（写真：日経コンストラクション）

人間の「右腕」のようなロボットで200kg超の重量物も自由自在

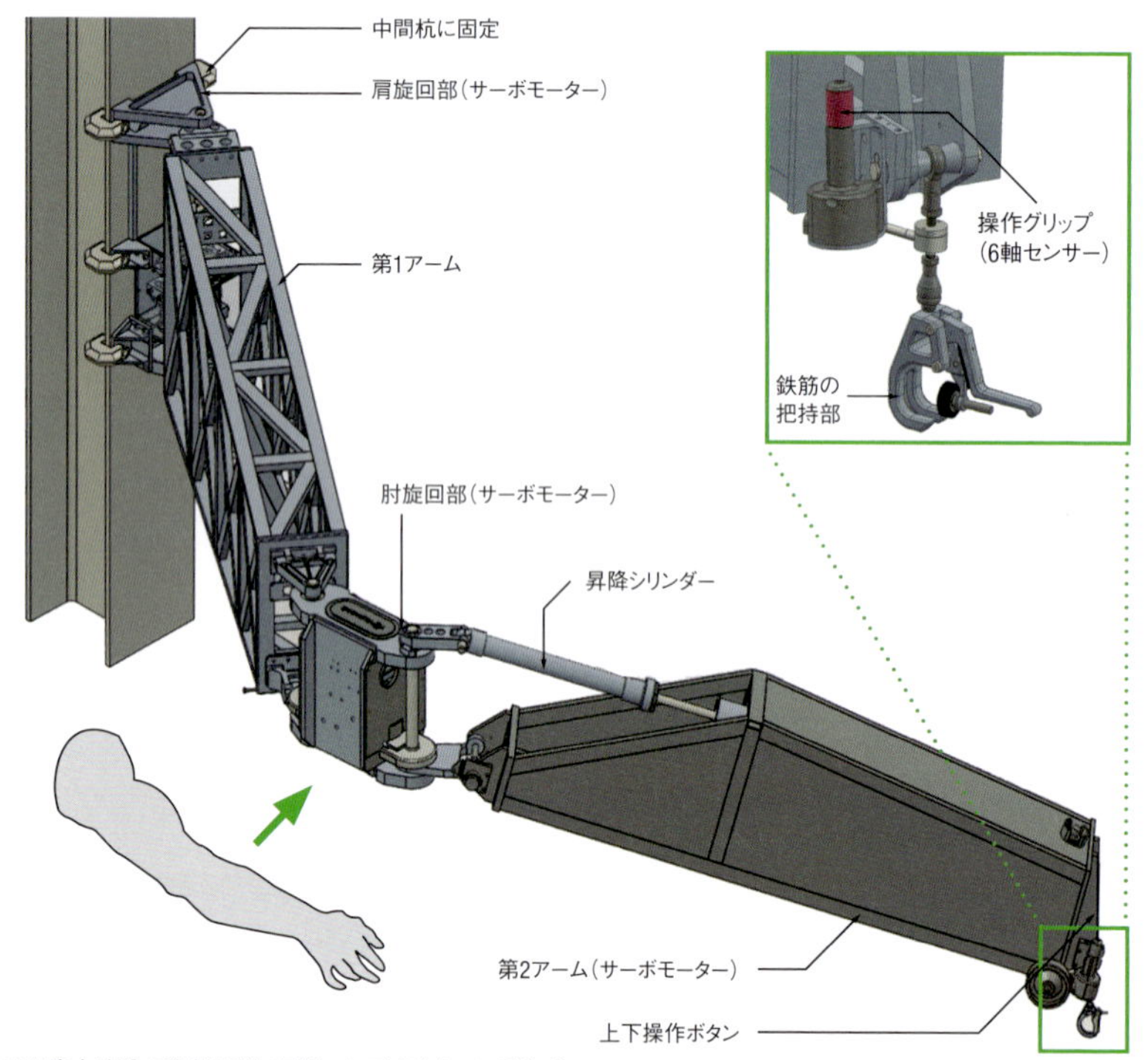

下も清水建設の資料を基に日経コンストラクションが作成

道路トンネル（ボックスカルバート）における実証実験の結果

［D51を4t組み立てた結果（長さ10m、6.5mを各15本）］

比較項目	従来（人力）	配筋アシストロボ	効果
鉄筋組み立て時間	150分	120分	従来の8割に短縮
鉄筋工数	6人	4人	従来の7割に省人化
物的労働生産性	4.4kg/人・分	8.3kg/人・分	従来の1.9倍に向上
1人当たりの重量負担	28kg/人・本	なし	苦渋作業がなくなる

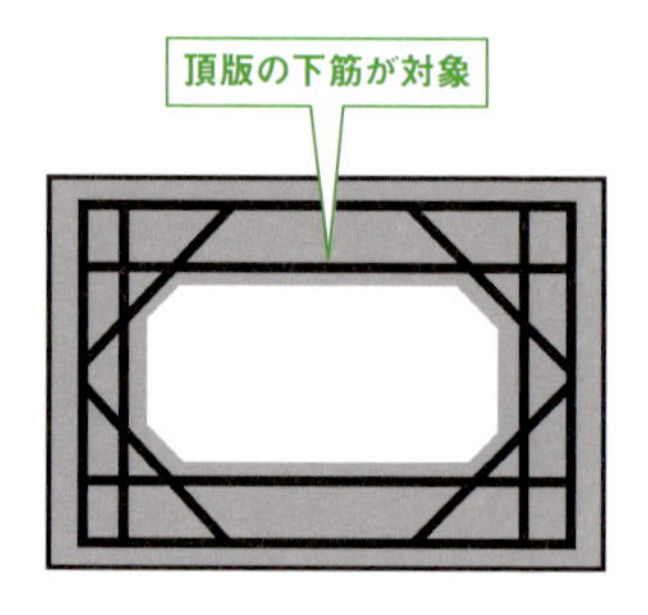

D51は鉄筋の規格。物的労働生産性とは、工数（人）に時間（分）を乗じた値で施工量（kg）を除して計算する

の一コマだ。

このロボットは、同社がパワーアシストスーツの開発で知られるＡＴＯＵＮ（奈良市）、エスシー・マシーナリ（横浜市）と共同開発したもの。クレーンを使用できない地下構造物のコンクリート工事などで、重量鉄筋の配筋作業を支援する。人の腕のように肩、上腕、肘、下腕、手に相当する五パーツから成る。

肩のパーツを中間杭（土留めに使う杭のこと）に固定し、手に当たる把持部で鉄筋の重心をつかんで持ち上げる。操作グリップを握り、動かしたい方向へわずかに力を込めるだけで最大二百五十キログラムの鉄筋を半径五メートルの範囲で軽々と運搬できる。

直感的な操作が可能なうえ、力もほとんど要らないので、女性でも扱える。グリップの六軸センサーが操作者の意思を察知し、「肩」と「肘」の旋回部に仕込んだモーターを自動で制御して吊り荷を移動させる。

高速道路トンネルなどの大型コンクリート構造物に使用する鉄筋は、耐震基準の強化に応じて「太く」、継ぎ手の数を減らして施工コストを下げるために「長く」なる宿命だ。鉄筋の太径化と長尺化、熟練技能者の不足や高齢化が相まって、鉄筋組み立ての生産性はなかなか高まらない。

清水建設が配筋アシストロボで移動させてみせた鉄筋にしても、通常だと五、六人がかりで「えいや」と持ち上げ、置いたらゴロゴロと転がして所定の位置に合わせるようなあんばいだ。配筋アシストロボを使えば、一連の作業を三人でこなせる。一人がロボットを操作し、残り二人は鉄筋の両端に手を添えて位置を調整するだけだ。

腕が届く範囲の配筋作業が終われば、次のエリアにロボットを移動させる。手作業で移動できるように、五つのパーツに分解できるようにした。各パーツの重量は六十キログラム以下に抑えている。清水建設開発機械部技術開発グループの大木智明課長は、「まず、肩に当たるパーツを中間杭に設置し、先端に向かって組み立ててから、最後に電子機器を取り付ける」と説明する。解体から再設置までに要する時間は三人で約二十分だ。

工事現場では人とロボットが混然一体となって働くことになるので、安全対策には念を入れた。操作中に注意喚起用の電子音を流すようにしたのはほんの一例だ。

特に工夫したのが、ロボットの腕で人を挟み込まないようにするための「クラッチ機構」。ロボットの腕に負荷が掛かると、モーターが空回りして挟み込み事故を防ぐ。当初はセンサーで危険を感知して停止する仕組みを考えたが、死角をなくしたり、センサーの故障に備えたりするには過剰な装置が必要になるため、機械の構造面で解決を図ることにした。

清水建設は二〇一六年の発表以降、道路トンネルなど三つの現場で実験してみて、組み立て時間の短縮や省人化に効果があることを確認した。現場での使い勝手を考慮して、可動範囲を増やす改良なども施している。

清水建設開発機械部の金丸清人部長は、「H形鋼や配管など鉄筋以外の長くて重い物も取り扱える」と話す。シールドトンネル工事でレールを撤去する際などに使えないか検討中だ。こうしたロボットが現場に入り込めば、近い将来、施工計画自体に大きな影響を及ぼすようになるかもしれない。

とはいえ、建設ロボットの普及にはさらなる低コスト化が不可欠だ。清水建設の金丸部長は言う。「現状では配筋アシストロボを一台つくるのに千五百万円ほどかかるが、数が出ればコストは下がる。従来は自社現場を対象に技術提案型の開発をしてきたが、こうしたロボットは業界で広く使われなければ意味がない。他社にも使ってほしい」。

建設会社が協力して開発する手も

大成建設は「T－iROBO」シリーズの一部を外販するつもりだ。「鉄筋結束ロボットは高くても四百万円から五百万円、できれば二百万円台を目指したい」（同社の高橋課長）。普及に向けて、リース会社やメーカーなどと連携していく。

さらには、開発段階から同業他社と組むことも考えている。同社技術センターの名合牧人建設技術開発室長は、「具体的には言えないが、共同開発の話はある。各社がそれぞれ費用を投じて同じようなものを開発しても、無駄が多い

キャリロは5年リースで提供。料金は1台当たり月額2万8000円だ。自律走行ができる新型機も発表した（写真:ZMP）

からだ」と明かす。

全体の工程のある作業だけを機械に置き換えたいのであれば、一から開発するのではなく、汎用のロボットを活用するのも手だろう。

自動運転ベンチャーのZMPが開発した「CarriRo（キャリロ）」は、倉庫や物流施設の搬送作業を省人化する台車型ロボット。同社の笠置泰孝キャリロ事業部長は「台車型にすることで違和感なく取り入れられるようにした」と話す。工事現場に導入する建設会社も出てきた。

キャリロを使えば、ハンドルのジョイスティックを指先で操作するだけで百五十キログラムの荷物を運べる。一～二センチメートル程度の段差や三～五度ほどの傾斜にも対応可能だ。さらにクルマの自動運転技術を応用し、一人で複数台のキャリロを操れる。作業者がビーコン（発信機）を腰に付けておくと、ステレオカメラで検知して距離を一定に保ちながら、まるでカルガモの親子のように勝手に後を追ってくる。

ZMPはキャリロを五年リースで提供している。料金は一台当たり月額二万八千円と割安だ。導入企業は二〇一八年三月時点で、五十社程度。二〇一八年中に二百社を目指す。自律走行ができる新型機も発表した。

高層ビルをロボットが造る

よりトータルに、工事の一連の流れを自動化するにはどうすればいいか。建築分野で動きが出

様々な自律型ロボットを活用する「シミズスマートサイト」のイメージ

全天候カバーは、仮設足場の外周部と軽量鉄骨トラスの屋根から成る簡易で軽量な構造物。ブームを水平に伸縮可能な定格荷重12tのクレーン「Exter」と組み合わせて使う

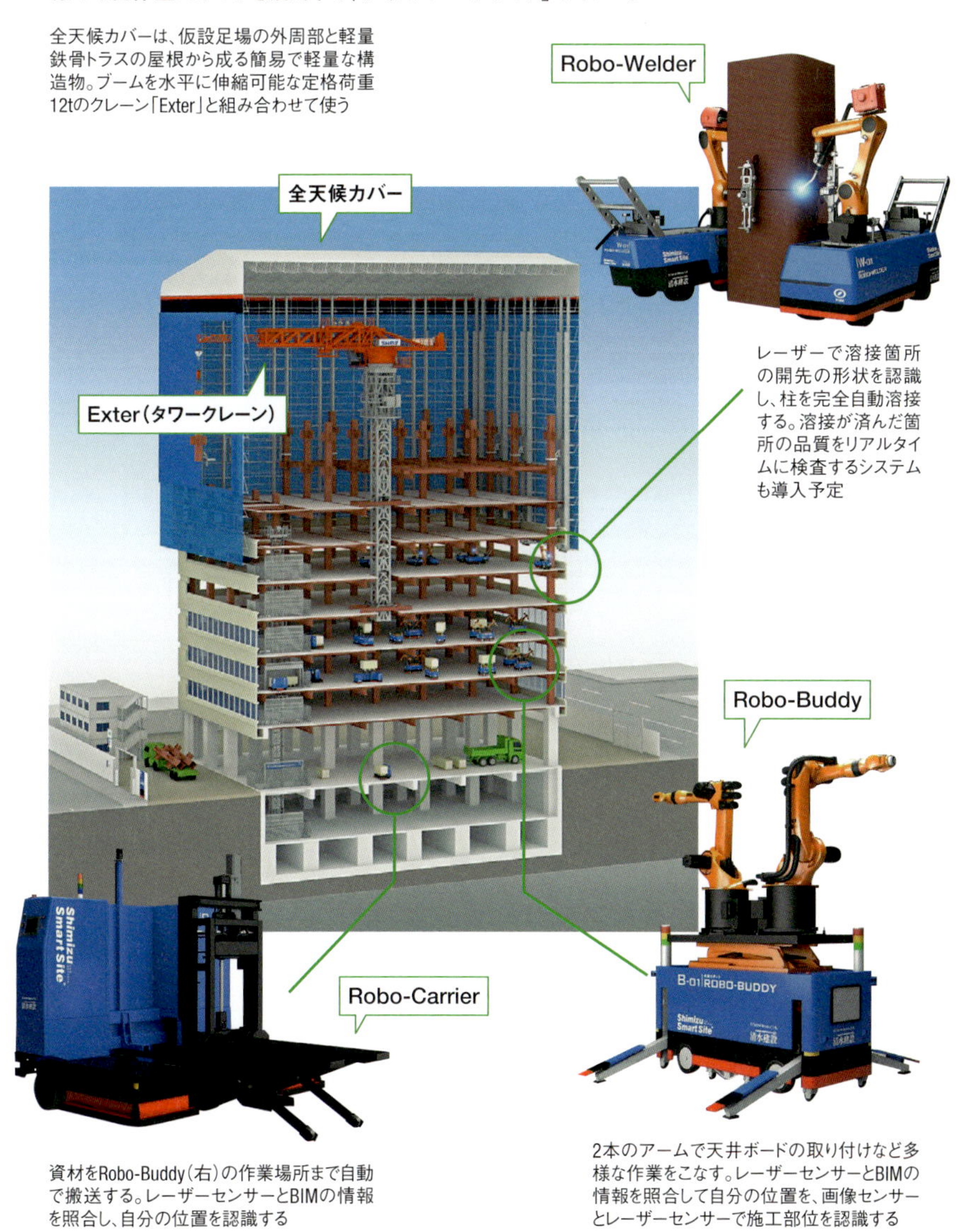

レーザーで溶接箇所の開先の形状を認識し、柱を完全自動溶接する。溶接が済んだ箇所の品質をリアルタイムに検査するシステムも導入予定

資材をRobo-Buddy（右）の作業場所まで自動で搬送する。レーザーセンサーとBIMの情報を照合し、自分の位置を認識する

2本のアームで天井ボードの取り付けなど多様な作業をこなす。レーザーセンサーとBIMの情報を照合して自分の位置を、画像センサーとレーザーセンサーで施工部位を認識する

（資料:清水建設）

天井ボードを取り付ける「Robo-Buddy」(写真:日経コンストラクション)

てきた。清水建設が二〇一八年六月から大阪市内の高層ホテル建設現場に適用し始めた「シミズスマートサイト」は、まさに現場を「工場」に変えることを目指した次世代の建築生産システムと言える。開発費は約二十億円だ。

シミズスマートサイトでは、基礎工事が終わった段階で現場を「全天候カバー」と呼ぶ覆いですっぽりと包み、工作機械大手、独クーカの産業用ロボットアームを応用した自律型ロボットや、新開発のクレーンを駆使し、人と機械が協働しながら躯体工事を進める。

開発したのは、ブーム(腕)を水平方向に伸縮できるタワークレーン、柱の自動溶接ロボット、天井や床の組み立てに使う多能工ロボット、資材搬送ロボットの四種類だ。

現場の担当者がタブレット型端末を操作すると、「ロボット統合管理システム」から各ロボットに作業指示を送信。レーザーセンサーとＢＩＭ（ビルディング・インフォメーション・モデリング）の情報を照合してロボットが自分の位置を認識し、自律的に作業をこなす。ＢＩＭとは、建物の三次元モデルにコストや品質などの属性データを付与したものだ。

同社はシミズスマートサイトを三十階建て、基準床面積三千平方メートルの高層ビルに適用したときの省人化の効果を、揚重・搬送で七十五パーセント（二千五百人・日）、天井・床施工で七十五パーセント（二千百人・日）、柱の溶接で七十パーセント（一千百五十人・日）と試算した。同社はクレーンやロボットを二、三の現場で転用すれば、減価償却できるとみる。

二〇一八年四月には、技術研究所内に設けた「ロボット実験棟」の様子を報道陣に公開した。天井板の組み立てに使う多能工ロボットが、天井ボードを留めるビスを何度か打ち損なうなど、まだまだ課題は多い印象。建築は土木に比べると高い施工精度を要求されるので無理もない。また、建築工事は分業化が進んでいるため、先ほどの三つのロボットで賄えるのは、全工程で必要な技能労働者の約一・一パーセントにすぎない。

実は一九八〇～九〇年代にも、建築の工事現場にカバーをかけて内部環境を一定に保ち、効率的にビルを建てる工法を、清水建設や大成建設などの大手建設会社が競って発表したことがあった。しかし、技術やコストの面で課題が多く、定着することはなかった。

ＡＩなどの革新的な技術を背景に、清水建設がぶち上げたシミズスマートサイトが、新たな生産システムの確立に成功するか。あるいはかつての夢の「焼き直し」に終わるか。今後の動向から目が離せない。

コマツがＩｏＴプラットフォーマーに

工事現場の効率化、自動化を進めるうえで欠かせないテクノロジーが、あらゆるモノがネットにつながるＩｏＴ。カメラや様々なセンサーで吸い上げた大量のデータを解析し、結果を現場にフィードバックして生産性の向上に生かす。さらには、得られたデータを活用して新たなビジネスの立ち上げを目指す動きも出てきた。

二〇一八年二月二十日、東京・大手町の会議スペースで、ある企業が開いた説明会。地方の中小建設会社や東京に本社を置く大手建設会社のほか、ＩＴ企業、インターネット通販事業者、さらには保険会社まで、普段はあまり顔を合わせることがないような業種の人々が、新たなビジネスチャンスを求めて一堂に会していた。

この説明会を開催したのは、ＬＡＮＤＬＯＧ（ランドログ）という企業だ。コマツとＮＴＴドコモ、ＳＡＰジャパン、オプティム（東京都港区）の四社が二〇一七年十月に共同で設立した。社名と同名の土木向けＩｏＴプラットフォーム「ランドログ」を運営している。

ランドログでは、ドローンやセンサーなどのＩｏＴ機器で取得した現場の地形データや、重機の稼働データなどをクラウド上に集約し、第三者が使いやすいように加工したうえで、アプリケーション開発企業に提供する。

アプリの開発は、登録をすれば誰でも可能。開発者はランドログを利用することで、ユーザー

ＩＤの管理や課金管理といったサービスをワンストップで受けられる。

アプリは順次リリースしていく。直近ではスマートフォンを利用したトラックの運行管理アプリ「ＴＲＵＣＫ　ＶＩＳＩＯＮ」などを公開する。コマツが二〇一五年から展開している「スマートコンストラクション」は、ランドログ上で動くアプリに移行する。ランドログ上で開発したアプリは建設会社に使ってもらい、現場の生産性向上を促す。

プラットフォームに吸い上げる現場のデータを増やすために、ランドログはデータを収集する仕組み自体も自ら開発している。ドローンによる写真測量を毎日手軽に行い、土工事の進捗管理に生かす「日々ドローン」や、現場に設置したカメラの映像をＡＩで解析して機械の稼働状況や作業内容などを記録する「日々カメラ」がそれだ（190ページ参照）。

大手保険会社も名乗り

ランドログの立ち上げを主導したのはコマツ。工事現場の可視化や効率化を進めるには、同社の重機以外の稼働データなどが幅広く必要になる。そこでランドログを設立し、企業を問わず参加できるオープンなプラットフォームの構築を目指した。

ランドログではアプリ開発企業にデータを提供するだけでなく、様々な分野の企業と連携して新たなビジネスの創出も目指す。冒頭の説明会は、パートナーを募るのが目的だ。パートナーになればランドログを利用する際に技術サポートを受けたり、新たなビジネスを考えるコミュニ

IoTプラットフォームを核に生まれる新たなエコシステム

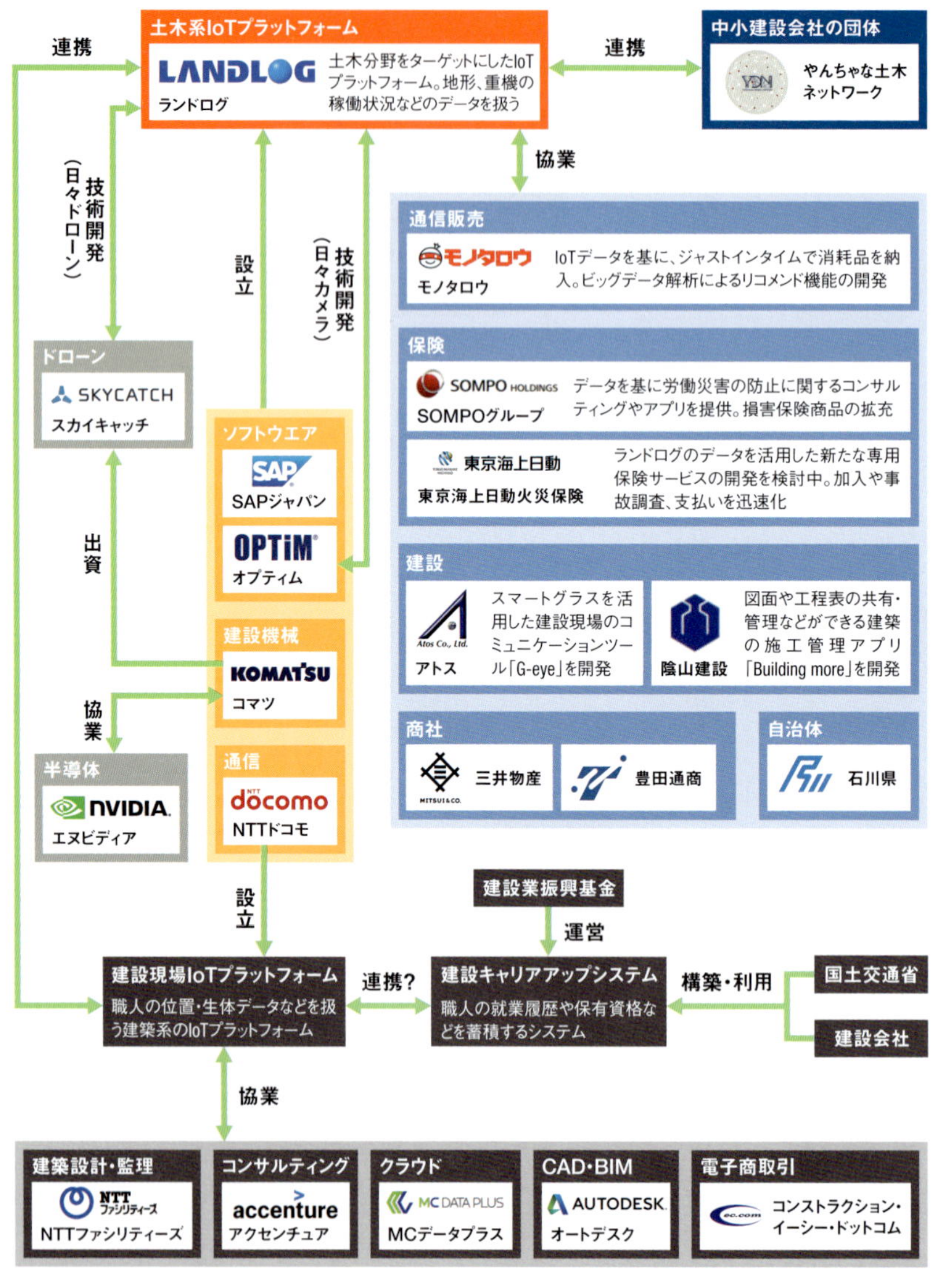

取材を基に日経コンストラクションが作成

ティーに参加できたりする。有望なビジネスモデルができれば最大一千万円を支援する。パートナーの年会費は十万円だ。ランドログの井川甲作社長は「一般にＩｏＴプラットフォームの利用料は月額数十万円から。建設分野で使ってもらうために、低く設定した。会費で短期的な収益を上げるつもりはない」と言い切る。同社の木村宇伯ＣＭＯ（最高マーケティング責任者）は、「パートナー制度には既に百社程度が興味を持ってくれている。今、乗らなければ損だ」と、強気の姿勢で参加を呼びかけていた。

既にパートナーに名乗りを上げているのが、ＩＣＴ活用に積極的ないくつかの中小建設会社のほか、東京海上日動火災保険や、工具の通信販売を手掛けるモノタロウなど。

例えば東京海上日動火災保険は、ランドログのアプリを通じて簡単に加入手続きができる建設会社向け専用保険の開発に取り組む。ランドログのデータを生かして、保険金を迅速に支払う仕組みも検討する。

センサーが事故を検知すると自動的に報告したり、事故直後の状況確認にドローンなどを使ったりして、調査の効率化を図る。事故内容や損傷範囲の図面、復旧工事の計画など、現状ではユーザーである建設会社が自ら作成している紙の書類を、ランドログから抜き出したデータで代替できないか検討する。

東京海上日動火災保険の木村実本店営業第一部長は、「事故の予防や予測にも使いたい。社内に蓄積している大量の事故データとランドログのデータを組み合わせれば、より高度な事故予測・予防ができるのでは」と期待を込める。

column

「エッジコンピューティング」と自動化の関係は？

自動化を進めるには、センサーで取得したデータを即座に処理することが欠かせない。現場の近くにサーバーを分散配置し、データを遅延なく処理する仕組みが「エッジコンピューティング」（以下、エッジ）だ。インターネットを通じてデータを集約・処理する「クラウドコンピューティング」と対を成す概念といえる。

ランドログがコマツや米スカイキャッチと開発した「日々ドローン」と呼ぶサービスにもエッジを活用している。米エヌビディア製の半導体を積んだ「エッジボックス」と呼ぶ装置を使えば、ドローンによる写真測量の成果を、三十分ほどの短時間で得られる。建設会社は毎日のように現場の三次元点群データを取得し、進捗管理に使える。

エッジは重機の自動運転にも役立つ。データをエッジでリアルタイムに処理すれば、突発的な出来事に対応して作業の手順や計画を変更したり、作業が終わった瞬間に次の作業を決めたりできるようになるかもしれない。あるいは、「あっちの作業が遅れているから、こっちの機械で応援しよう」といった全体の調整が、即座にできるようになる可能性もある。

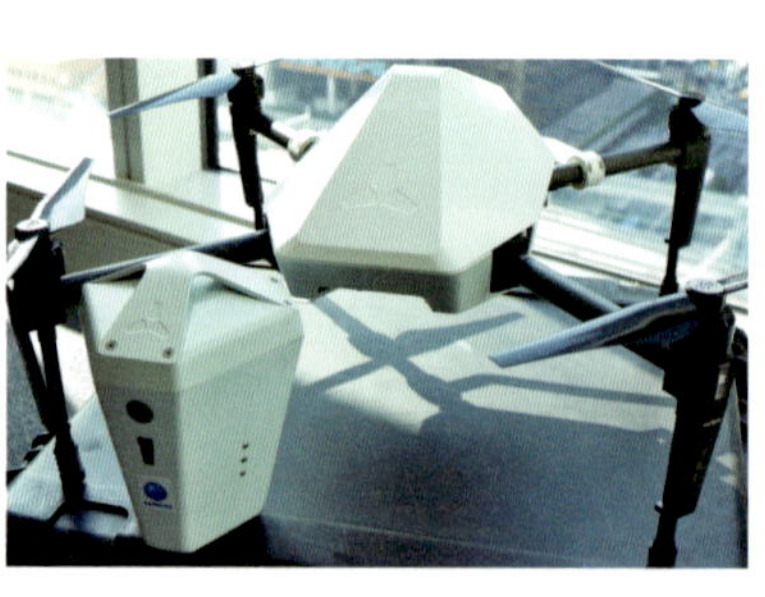

ランドログの「日々ドローン」。左がエッジボックスだ。GNSSのアンテナを搭載しているので、エッジボックスを現場に置いておくと、標定点を設置しなくても±10cm程度の精度で測量できる（写真：ランドログ）

プラットフォーム間の連携が進む

二〇一七年あたりから、製造業や農業など、様々な分野でＩｏＴプラットフォームの立ち上げが盛んになっている。二〇一八年以降は建設分野でも、新たなＩｏＴプラットフォームの立ち上げや、プラットフォーム間の連携が進みそうだ。

ランドログにも出資するＮＴＴドコモは二〇一八年三月、建設会社向けに「建設現場ＩｏＴプラットフォーム」のベータ版の提供を始めた。主に建築分野を対象として、人や資機材の位置、職人の生体データなどを現場から吸い上げ、ＡＩで解析して作業の進捗を予測したり、体調不良の予兆を検知したりする。

ランドログと連携するほか、国交省や建設業界団体が構築し、二〇一九年四月に運用を始める「建設キャリアアップシステム」との連携も視野に入れている。同システムは、建設技能者の就業履歴や保有資格などを、技能者に配布するＩＣカードを通じて蓄積し、技能者の処遇改善や技能者を抱える専門工事会社の能力を評価するのに使われる予定だ。

ＩｏＴでカネの流れが変わる？

ＩｏＴが工事現場に入り込めば、建設会社の経営に大きな影響を与え得る。機械や資材の動き、出来形（出来上がった構造物の形状・寸法）など、様々な情報をリアルタイムに取得できるようになり、工事を効率化できる。それだけではない。例えば、工事をめぐるカネの流れが大きく変わるかもしれない。どういうことか。工事の進捗に応じてこまめに代金を受け取ることができるようになり、中小建設会社の経営の安定につながり得るのだ。

公共工事では、工事の着手時に請負金額の四割が、完成時に残りの六割が支払われるのが普通だ。工事を受注した建設会社は受け取った四割の前払金を資材費や外注費に充てるのだが、中小企業の資金繰りは厳しい。そこで、出来高（工事の進捗）に応じてお金を受け取れる「出来高部分払い」という制度もある。ところがこれまでは、データを取って申請したり、申請内容が正しいか検査したりする手続きが面倒で、ほとんど使われてこなかった。

現在、国交省はドローンによる測量結果や重機の稼働データなどを提出すれば代金を工事の進捗に応じて受け取れるよう、手続きの簡素化を進めている。出来高部分払いが定着すれば、発注者からの支払い回数が増えて受注者（元請け）のキャッシュフローが改善する。資金繰りに余裕ができた元請けが約束手形を用いず現金で下請けに支払いをすれば、下請けの経営も安定する。出来高部分払いや現金払いは、実は海外では当たり前。ようやく国際常識に近づく。

現場代理人の権限はどうなるか

変わるのはカネの流れだけではない。建設技術者の役割や権限も大きく変わるかもしれない。

例えば、会社の名代として大きな権限を持つ現場代理人（現場の代表者、いわゆる現場所長）の役割も揺らぎそうだ。

中小建設会社の経営再建などを手掛ける日本マルチメディア・エクイップメント（東京都千代田区）の高田守康代表取締役はこう指摘する。「日々の進捗が正確に分かるようになれば、人や資機材などのリソースを本部がマネジメントし、工事ごとではなく会社全体で最適になるような施工管理が可能。そういう企業が生き残る」。

必然、現場代理人の権限は現在よりも小さくなる。もちろん、本社で何でも管理するのが正解とは限らない。大林組の金井誠特別顧問は言う。「大胆に権限を与え、担当者の意欲を引き出し、利益を生む。お金をもうける楽しさやうれしさを奪えば、全体として利益は下がるのでは」。データと人材をどう生かすか。建設会社にしてみれば、企業全体としての戦略がますます問われる時代になりそうだ。

工事の自動化がもたらす近未来

これから重機の自動運転や建設ロボットの導入が進めば、工事現場やそこで働く技術者たちにはどのような変化が訪れるのだろうか。逆に、工事の自動化を加速させるには、何を思い切って変えていかなければならないのだろうか。以降ではいくつかの視点から、少し大胆に、かつリアルな現場の未来を考えてみたい。

【現場が変わる】

現在の工事現場は、人が作業することを前提にデザインされている。仮設の足場も、資機材置き場の配置もそうだ。今後、自動化した重機やロボットが人に代わって働くようになれば、現場は機械が働きやすいかたちに変わっていくに違いない。逆に言えば、機械をフル活用して現場の「工場化」を目指すためには、機械が働きやすいよう、現場の姿を積極的に変えていく必要があるだろう。

より具体的に考えてみよう。鹿島自動化施工推進室の三浦悟室長が例に挙げるのが、ダムの工事現場などで資機材や土砂の運搬に使う工事用の仮設道路だ。工事用の仮設道路は一般に、アスファルト舗装を施さない砂利道である。雨が降ると路面の状態は悪くなるし、舗装をしていないのでわだちができやすい。このように条件の悪い道路は自動運転には不利だ。

そこで、仮設道路を一般の道路のようにきちんと舗装してみる。すると、雨の後も路面の状態を一定に保てる。勾配や線形は地形に左右される面も大きいが、可能な範囲で配慮する。すると、自動ダンプトラックはずいぶんと走りやすくなる。

無人の、しかも舗装された道路を走らせるのであれば、ダンプの走行速度を現状の時速三十キロメートル程度から五十キロメートルほどまで上げることができそうだ。そうすれば、土砂の運搬効率を現在よりもかなり高められる。

三浦室長は、「現場への初期投資と、自動化した機械が活躍することによるコスト削減効果を比較し、後者が勝るのであればそれもアリだ」と言う。

【重機の形が変わる】

自動化が進むと、重機そのものの形も大きく変わる可能性がある。コマツスマートコンストラクション推進本部の四家千佳史本部長は、「自動化するとキャビン（運転席）は不要になる。現にコマツでは、運転席がない無人ダンプを開発済みだ」と話す。

最もポピュラーな重機である「油圧ショベル」も同じだ。ダンプと同様、自動化が進めば運転席がなくなるだろう。自動運転ベンチャーであるＺＭＰの龍健太郎プラットフォーム事業部長は、「人が乗らないなら、現在のようにクローラーと上部がそれぞれ独立して動く必要はないのでは」と話す。ブームとアームが三百六十度動けば、それで事足りるからだ。

【設計が変わる】

重機の自動化やロボットの活用とセットで考えなければいけないのが、建設する構造物の規格（部材サイズなど）の標準化だ。規格がそろっていれば、機械で施工しやすくなる。

単品受注生産が基本の土木・建築分野では、標準化が進むと「設計の面白みがなくなる」といった意見を持つ人が少なくないが、なるべく工場で製作したプレキャスト製品を使い、現場で人手を介する作業を減らさなければ、生産性は高まらない。プレキャスト製品を普及させるためには、規格を標準化して汎用性を高め、あちこちの現場で使えるようにしてコストを下げる。「アイ・コンストラクション」を掲げる国交省もプレキャスト化を後押ししており、定型部材を組み合わせてコンクリート橋梁を造ることも検討している。

そもそも土木構造物には、断面形状が複雑に変化するものが多すぎる。トンネルはその最たる例だ。力がかかる箇所はコンクリートを厚く、そうでない箇所は薄く、といった具合に経済設計を突き詰めると、確かに使用するコンクリートの量は減るかもしれないが、形状が複雑になって工事に手間がかかる。つまり、施工の自動化とは逆行する。

日本では、掘進を終えたシールド機（都市部でトンネルを掘る際に用いる大型掘削機）をそのまま埋めてしまうことも多いが、海外では別の現場に転用するのが当たり前。安く、速く施工できるのであれば、調達した中古シールド機に合わせて断面形状を変更することさえある。個別の事業の経済性を追求するあまりに、全体が不経済となっていないか、公共事業の発注者は、よくよく検証する必要がある。

入札・契約方式が変わる

日本の公共事業では原則として、設計と施工を分離して発注する決まりがある。また、発注の際には、「この通りに造りなさい」と仕様がガチガチに決まっているのが普通だ。設計図を渡されてその通りに造るほうが建設会社にとってはリスクが小さく、楽だ。しかし、自動化のように新しいことをやろうとすると、こうした契約方式は障害になりかねない。

一方、海外の大型工事では、様々な工事をパッケージ化し、要求性能を示して発注することが少なくない。極端に言えば、「このトンネルはこのぐらいの輸送量に耐え得るものを造ってほしい。駅の位置は決まっているが、条件さえ満たせば断面が大きなトンネルが一本でも、小さなトンネルが二本でも構わない」といった具合だ。建設会社が負う責任の範囲が広く、リスクも大きいが、自由な発想や前例のない新技術を盛り込みやすいし、うまくいけば大きな利益を出せる。創意工夫の余地が大きい工事、難易度が高い工事など、工事の性質によって契約方式を柔軟に選択すれば、自動運転のような新技術を育てる土壌が生まれるだろう。

【ビジネスが変わる】

人手不足が深刻化すれば、皆で広く、薄く利益を分け合う現在のような建設市場は立ち行かなくなる。品質が良いものを「効率よく」造る会社が生き残る、そんな時代がやってくるのではないだろうか。

製造業では多くの企業が、ファナックや安川電機などが提供する産業用ロボットを使い、「どのように機械を使うか」を競い合いながら、ものづくりをしている。建設業が製造業に近づくとすれば、いずれは機械をいかにうまく使いこなすかが、勝負のしどころになっていく。もちろん、合理化や生産性の向上に取り組んだ企業が相応の果実を得られるような仕組みを、公共事業にも取り入れていかなければ、建設業の競争力は高まらない。そういう意味で、ここでも発注者（国や自治体）の果たす役割は大きい。

工事の機械化、自動化が進めば、日本の建設会社が苦戦してきた海外工事にも大きな変化をもたらす可能性がある。日本の大手建設会社の海外での主戦場といえば、ＯＤＡ（政府開発援助）を利用した公共事業や、日系企業の工場建設プロジェクトが多い東南アジアの国々だ。こうした地域では総じて建設作業員の質が低く、技能はもちろん安全に対する意識にも問題が多い。ヘルメットをかぶらずに作業をしたり、現場をスリッパで闊歩したり。当然ながら、日本に比べて事故が多く発生する。

なまじ労働者の賃金が安いので、工事が遅れそうになると多くの作業員を投入して人海戦術で物事を進めようと考えがちだが、素人同然の作業員を大勢雇えば、労務管理や安全管理はさらに大変になる。管理のために日本人の技術者を多く送り込めば、人件費がかさんでその分だけ利益を圧迫するという悪循環に陥ってしまう。

工事を自動化し、関与する作業員の数を大幅に減らすことができれば、こうした問題の解決につながり得る。単純な土工事の場合、極端に言えば自動化した重機とそれを扱える技術者、通信インフラがあれば、世界中どこでも同じように工事ができるのだから。

【技術者が変わる】

工事の自動化を推進するには、ＩＣＴやエレクトロニクス、ロボティクスなどの知識が不可欠だ。現在、建設会社が抱える人材といえば、ほとんどが高等専門学校や大学で土木や建築を学んできた技術者。電気や機械の専門家もいるにはいるが、少数派だ。企業は今後、人材の多様化を進めなければならないだろう。

工事現場が「工場」になると、建設技術者にはこれまで以上に高度なマネジメント能力が求められるようになる。作業に必要な機械を選び、組み合わせ、配置や手順を詳細に考えなければならないのだ。

自動ダンプトラックと自動振動ローラーを連携させて作業をしたいなら、施工手順を踏まえて、それぞれの機械に三次元座標で指示を出す。機械は人間と違って言われたことしかできないので、これまではベテランの職人任せにしてきた部分にも、目配りが必要になってくる。鹿島の三浦室長は「こうしたことを考えるのは、実は技術者の本来の仕事だ。自動化によって仕事はもっと面白くなるのでは」と話す。

第3章のまとめ

- 三十年ほど前に盛んだった工事の自動化に再び火が付いた
- 鹿島や大成建設、コマツなどが重機の自動運転に取り組んでいる
- 清水建設はロボットの協働作業で高層ビルを造る構想を実行に移している
- 自動化を支えるＩｏＴのプラットフォームが立ち上がり始めた
- 自動化は従来の設計・施工のやり方、技術者の働き方を大きく変える可能性がある

第4章

AIが救うインフラ維持管理

AI COULD SOLVE
MAINTENANCE CRISIS

世は空前のＡＩ（人工知能）ブーム。建設業界でもＡＩ関連の研究や技術開発が盛んだ。左の図は、ＡＩ関連のニュースが多く出た二〇一七年に筆者が作成した、建設とその周辺分野におけるＡＩの開発事例マップだ（同年八月時点）。多様な企業や研究機関が手を組み、しのぎを削る様子がうかがえる。ＡＩ関連の開発は二〇一八年以降も引き続き盛り上がりを見せている。

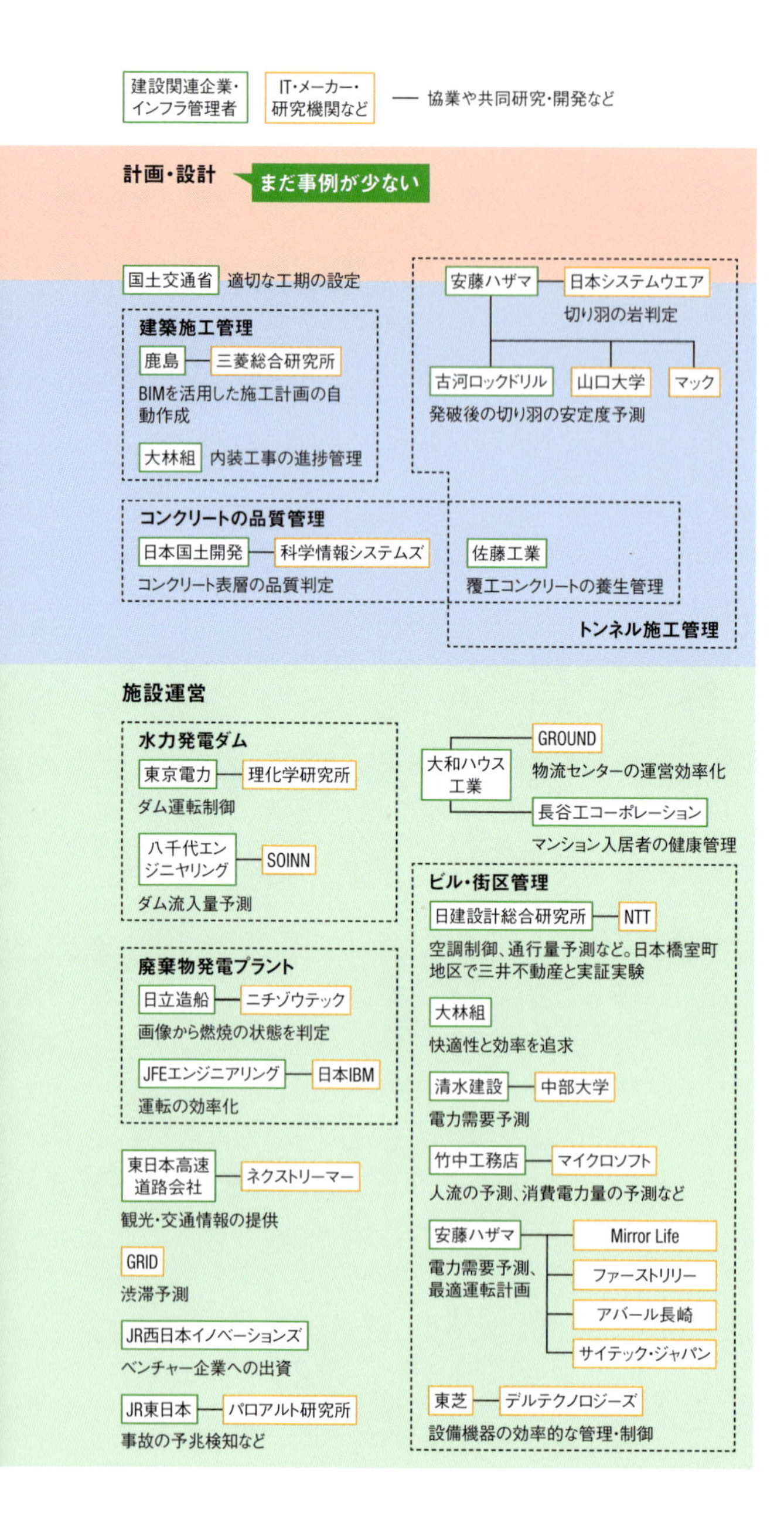

インフラ×AI事例マップ（事業フェーズ別）

各社の報道発表資料や研究論文、取材を基に、AIを用いた研究開発やサービスをまとめた（2017年8月時点）。土木・建築のほか、プラントなどの周辺分野も含めた。事業のフェーズに合わせて、調査、計画・設計、施工、維持管理、施設運営に分類している。共同研究・開発者については一部省略して示した

調査（災害調査・モニタリング含む）

土木研究所
地滑り地形の自動抽出

国土技術政策総合研究所—産業技術総合研究所
土石流の検知

NEC—茨城大学
河川の画像（色や水位）から氾濫の危険度を自動判別

施工

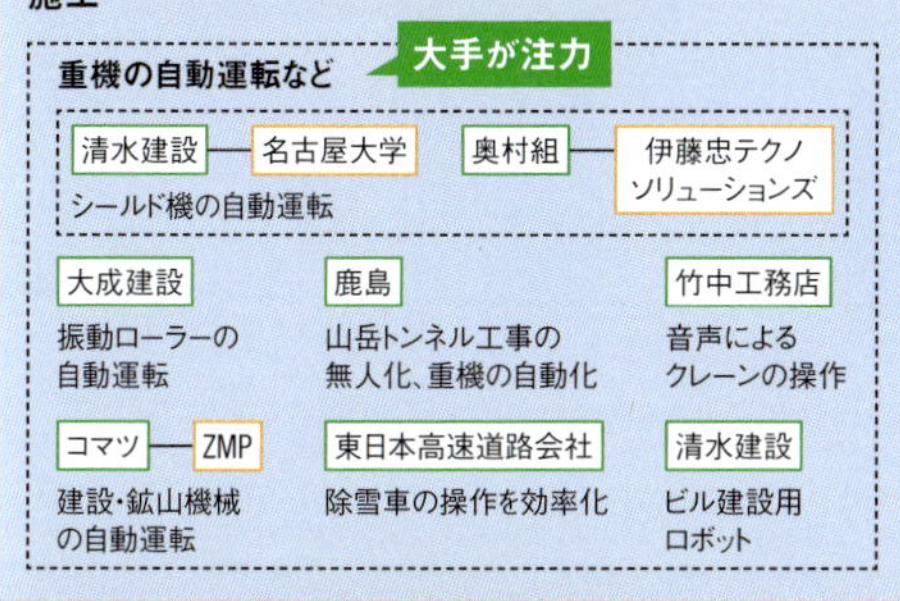

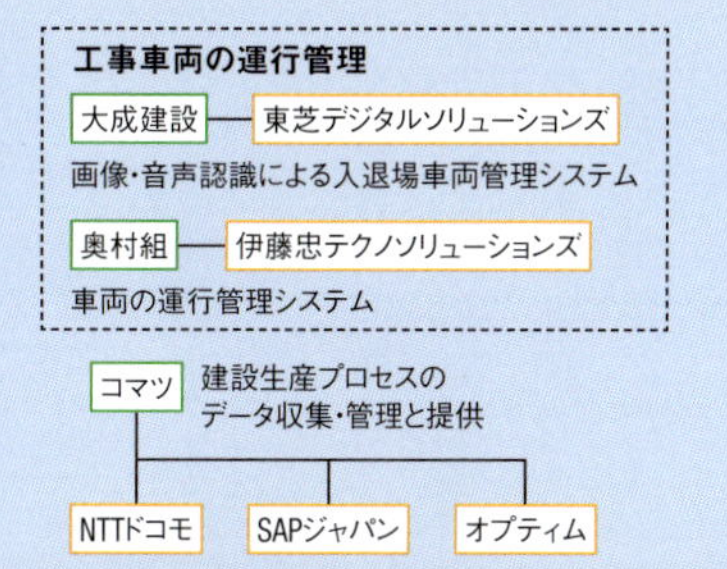

維持管理

画像認識と相性が良い

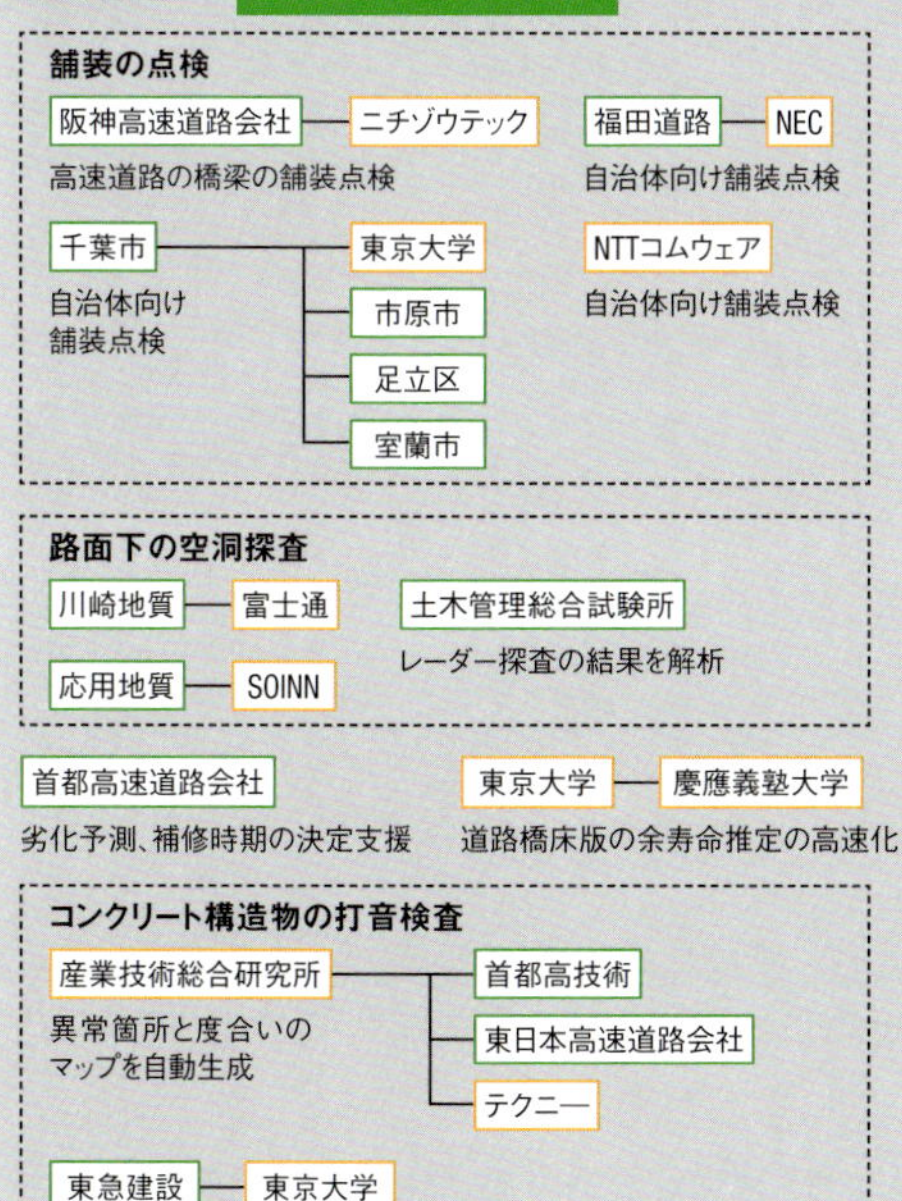

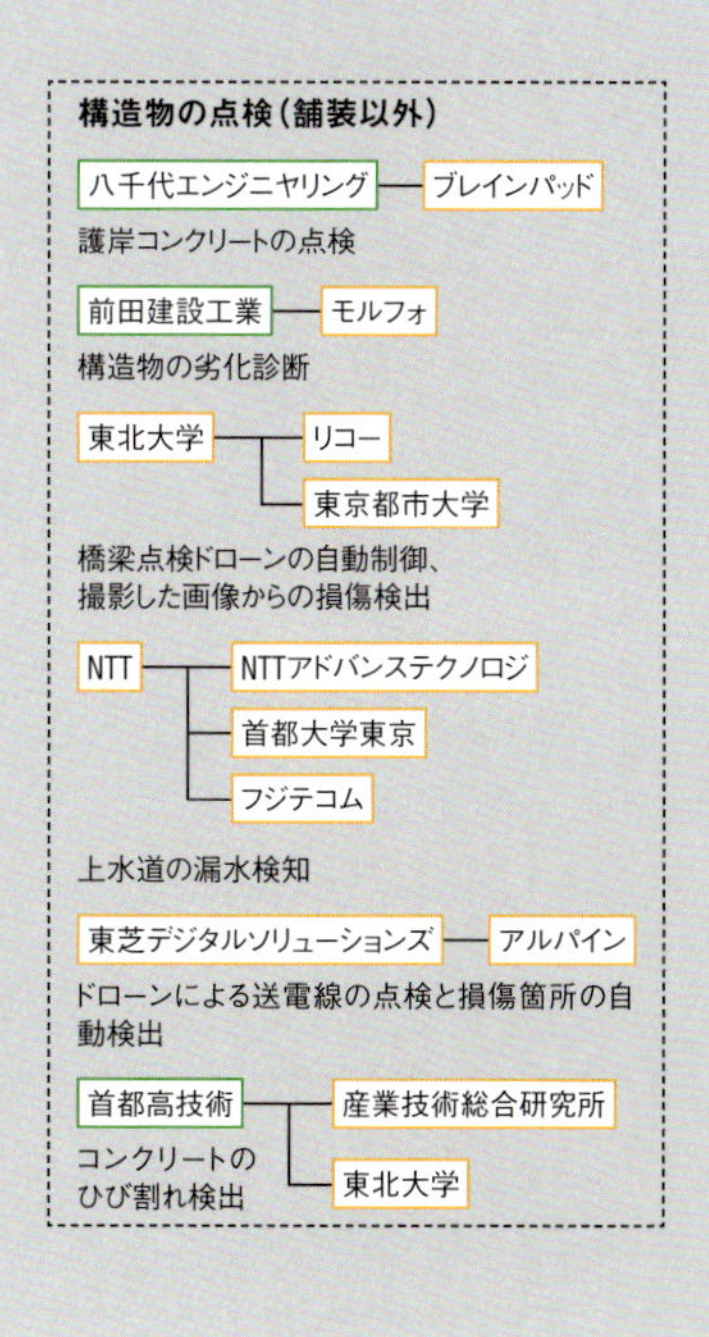

大手建設会社のほか、鉄道・高速道路などの社会インフラを運営する企業がＡＩの活用を経営戦略の柱に据え始めたのは、おおむね二〇一六年以降。例えば大成建設は、二〇一八年五月に発表した「大成建設グループ中期経営計画（二〇一八―二〇二〇）」の中で、重点施策として建設生産システムの革新を掲げ、ＩｏＴ（モノのインターネット）やビッグデータ、ＡＩなどを活用して施工の効率化や自動化の推進に力を入れるとしている。大林組は二〇一七年三月に発表した二〇二一年度までの中期経営計画で、「ＡＩを駆使した生産性の向上」を建設分野の事業戦略に位置付けた。

阪神高速道路会社は二〇一六年四月、グループの将来像を描いた「阪神高速グループビジョン二〇三〇」で、ＡＩによる交通制御の高度化を掲げた。道路の維持管理の効率化にも取り組む。ＪＲ東日本も二〇一六年十一月に作成した「技術革新中長期ビジョン」で、安全確保や維持管理にＡＩを活用する方針を示した。

二度目のＡＩブームは成果を生むか

シンクタンクのＥＹ総合研究所（二〇一七年六月に解散）が二〇一五年九月に発表したリポートでは、ＡＩ関連産業の国内市場規模が二〇三〇年に八十六兆九千六百億円に拡大すると予測した。建設分野はこのうち約六兆円を占める有望分野。技術に対する感度が高い建設会社などは、ＩＴ企業とタッグを組んで開発したＡＩを、業務や工事へ導入しようと模索し始めている。

建設会社やインフラ企業がＡＩに飛びつく背景には、本書でこれまでに述べたように、近い将来に直面する深刻な人手不足と、生産性向上への機運の高まりがある。建設分野の技能労働者（職人）の年齢構成から計算すると、二〇一五年に三百三十一万人いた職人のうち百万人以上が、今後十年間で高齢化などを理由に離職するとみられる。設計や工事を担う技術者の不足も悩みのタネだ。

これまで職人や技術者が果たしてきた役割の一部をＡＩに置き換えることで人手不足を克服し、さらには飛躍的に生産性を高めようともくろむ企業は多い。「ｉ－Ｃｏｎｓｔｒｕｃｔｉｏｎ（アイ・コンストラクション）」を掲げる国土交通省も、工事や維持管理の生産性向上にＡＩが役立つとみて、こうした動きを歓迎する。

社会生活と経済活動を縁の下で支える建設

AI関連の市場規模予測（産業別）

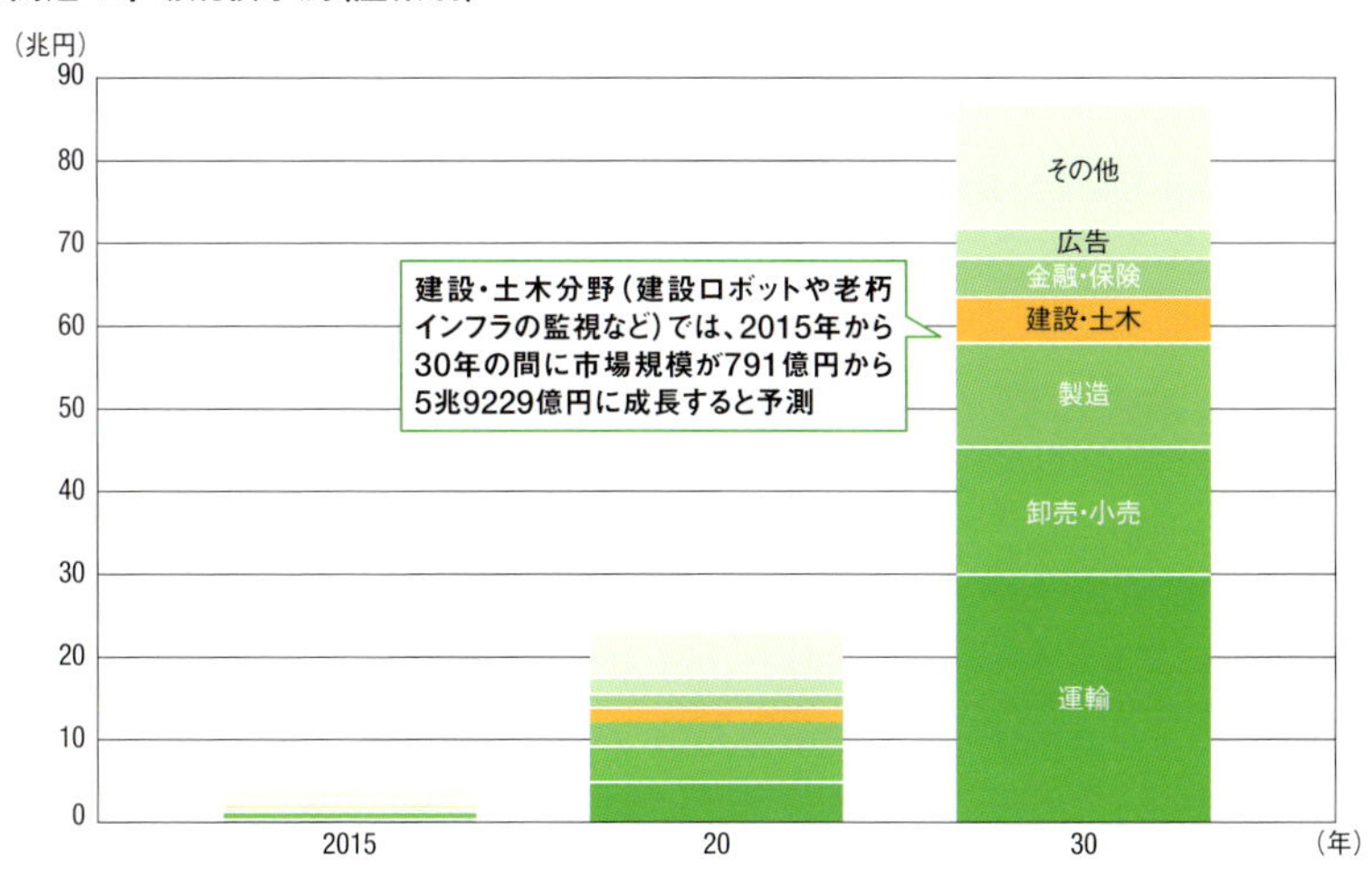

EY総合研究所の資料を基に日経コンストラクションが作成（同研究所は2017年6月30日に解散）

産業と、クルマの自動運転から医療、囲碁に至るまで話題に事欠かないＡＩ。ミスマッチなカップルのようにも見えるが、その実、両者は相思相愛なのだ。

実は一九九〇年前後にも建設分野でＡＩブームが巻き起こった。当時、土木学会は人工知能小委員会を設け、「ＡＩで描く未来─土木ＡＩ進化論─」（一九九〇年）という書籍を出版したほどだ。

その時の主役は「エキスパートシステム」と呼ぶＡＩだった。専門家の知識をデータベースに入力し、蓄えた情報を基に推論するのが特徴だ。条件に応じて最適な施工方法を選定するシステムなどが盛んに構築された。

一般に、土木工学は「経験工学」とも呼ばれる。過去の経験を重視し、その蓄積と活用、さらには世代間の技術継承によっ

土木にも再びやってきたAIブーム

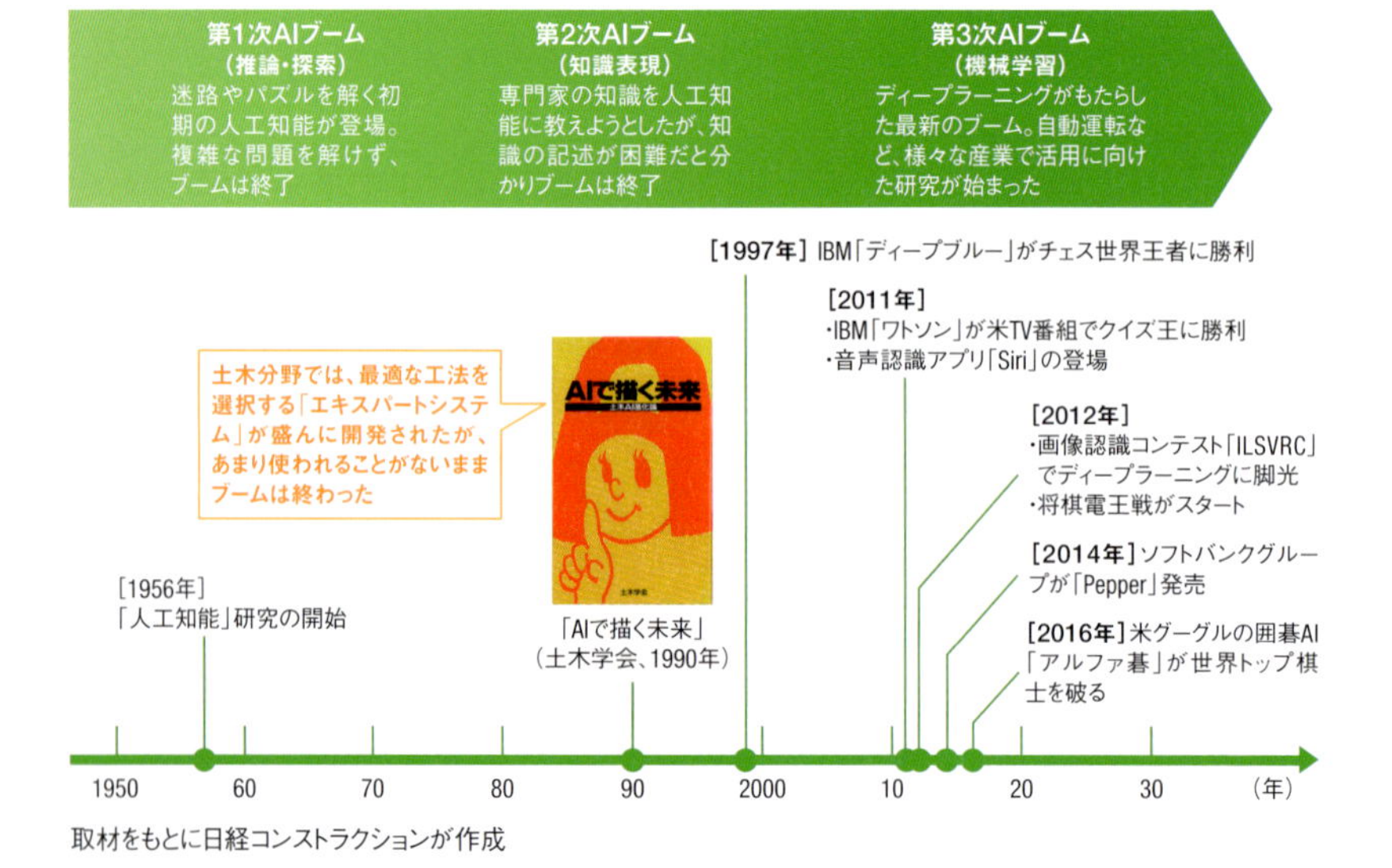

取材をもとに日経コンストラクションが作成

て、品質や安全性を高めるアプローチを採ってきた。この点で、エキスパートシステムと土木は相性が良いと考えられた。

ところが、専門家の知識をコンピューターに理解できるように表現する難しさや、適用範囲の狭さなどから、開発したシステムの多くが日の目を見ないままブームは去った。一九九六年度に土木学会の人工知能小委員会で委員長を務めた芝浦工業大学の池田將明教授は、「当時の成果で今に残っているものはほとんどないのでは」と語る。

ディープラーニングの衝撃

一方、現在のAIブームをけん引するのは、コンピューターに人間のような学習能力を持たせる「機械学習」という技術。とりわけ機械学習の一種である「ディープラーニング（深層学習）」が耳目を集めている。

ディープラーニングでは、脳の神経回路を模した情報処理システムであるニューラルネットワークをコンピューター上に幾層も構築し、大量のデータを入力する。すると、コンピューターが自らデータの特徴を学び、未知のデータを認識・分類できるようになる。エキスパートシステムと違い、専門家の知識・ノウハウを分析してコンピューターに分かるように書き下す必要がないのが強みだ。ディープラーニングによって進化したAIが巻き起こす現在のブームこそ「本物だ」とみる向きは多い。

ディープラーニングといっても様々な手法がある。このうちCNN（畳み込みニューラルネットワーク）は、画像認識などに適用される最も有名な手法だ。建設業界では、工事や維持管理の現場で「見た目」を基に材料の性状や構造物の品質、損傷状況などを判断する場面が多い。この点で、ディープラーニングによる画像認識と親和性が高いのだ。

column

AIのキホン① 機械学習、ディープラーニング

かつてのAIは、「ルールベース」と呼ぶ手法を採っていた。研究者や技術者がせっせと判断基準やルールを設定し、コンピューターはそれに従って、「もしAならばB」などとデータを分類・判断する仕組みだ。かつて流行した「エキスパートシステム」は、ルールベースのAIに当たる。

206ページで述べたように、建設分野でもルールベースによるシステムなどを盛んに構築した時期があったが、専門家の知識・ノウハウを表現するのが難しく、ほとんど普及することはなかった。

脳の神経ネットワークを再現

対する機械学習は、コンピューターにデータを入力し、分類方法を自ら学ばせるアプローチ

だ。機械学習の一種である「ニューラルネットワーク」は、人間の脳の神経細胞（ニューロン）のネットワークを単純化して、コンピューター上に再現したもの。人間が何かを学習するとニューロン間の結合が変化するように、学習の過程で結合の強さ（重み）を変化させ、入力したデータに対して正解を導き出せるようになる。

ニューラルネットワークは大きく分けて入力層、中間層（隠れ層）、出力層から成る。この中間層を幾層にも重ねたのが「ディープラーニング（深層学習）」だ。従来の機械学習に比べると高い精度で正解を導き出せることが多い。ディープラーニングが得意とする画像認識は、土木分野でインフラの点検・診断などに適用され始めている。

ニューラルネットワークの概念図

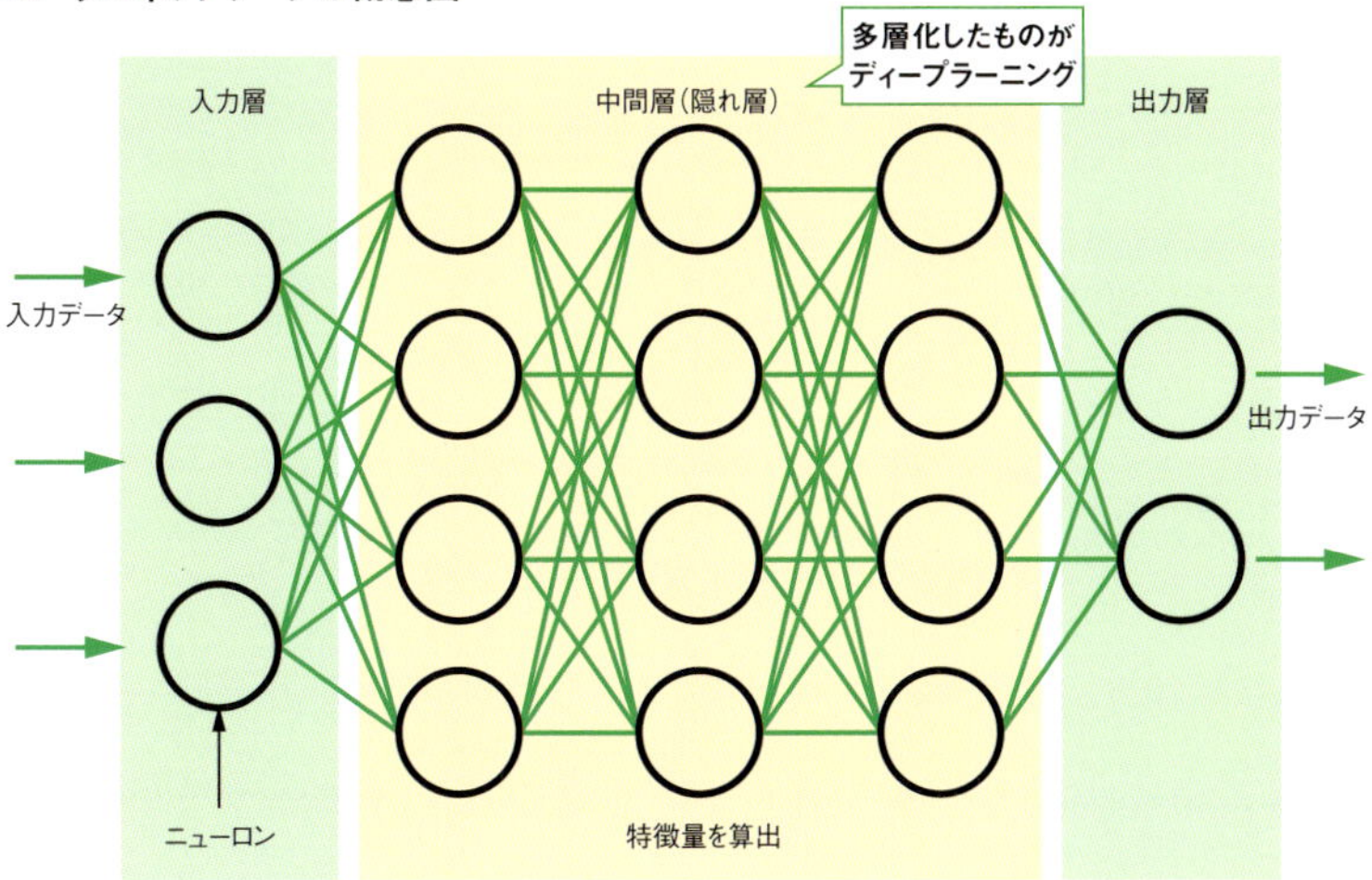

取材を基に日経コンストラクションが作成

舗装点検市場の争奪戦

建設事業は大きく分けて、調査・設計、施工、維持管理や施設運営といった段階に分かれる。このうちAIを活用した技術の開発が先行しているのは、道路を代表とする土木インフラの「維持管理」だ。なかでもホットなテーマの一つが、アスファルト舗装の点検。ひび割れやポットホール（路面に生じた穴）などを、路面を撮影した画像からAIで自動的に検出し、損傷レベルを診断する技術を武器に、複数の陣営が競争を繰り広げている。

通行車両の荷重を直に受けるアスファルト舗装は、傷みやすい部材だ。損傷を放置すると利用者からのクレームにつながるだけでなく、大きな事故を引き起こす恐れもあるので、こまめな修繕が欠かせない。限られた予算で維持・修繕や更新を計画的に進めるには、舗装の状態を適切に把握する必要がある。

あまり知られていないが、国内の道路延長は合計で百二十万キロメートルを超える。地球を三十周できる距離だ。おびただしい面積に膨れ上がった道路の舗装の大半を管理するのが市町村。AIを用いた舗装の点検技術は、予算や技術力の不足に悩む市町村の強力な助っ人になるかもしれないと期待されているのだ。

現在、高速道路や国道のように比較的、管理が行き届いた道路では、路面性状測定車と呼ぶ特殊な車両を用いて舗装の「ひび割れ」と「わだち掘れ」（道路の走行方向に生じた連続的な凹凸）、

「平たん性」を調査し、ＭＣＩ（メンテナンス・コントロール・インデックス）と呼ぶ指標を算出。修繕や打ち換えの必要性を判断する際の根拠としている。

しかし、路面性状測定車による調査は費用がかさむうえ、時間もかかる。また、高速道路や国道ほど高度な管理が求められない市町村の生活道路などでは目視による点検が普通。なるべく人手をかけずに安く点検したいというニーズが強い。そこで脚光を浴びているのが、ＡＩを用いた舗装の点検システムというわけだ。

例えば、舗装会社の福田道路（新潟市）とＮＥＣは二〇一七年一月、車載のＧＰＳ（全地球測位システム）機能付きビデオカメラで撮影した路面の映像からひび割れとわだち掘れを検出し、損傷レベルを自動で診断する「舗装損傷診断システム」を開発した。開発には、ＮＥＣのディープラーニング技術である「ＲＡＰＩＤ機械学習」を利用している。

手順はこうだ。まず、路面を撮影した画像を大量に用意する。次に、これらの画像と専門家による診断結果をセットにしたデータ（教師データ）をＡＩに学ばせる。こうして「問題」と「正解」を大量に学習したＡＩは、土木の専門家並みの判断力を身に付ける。

国交省の点検要領に対応

二〇一七年十二月には、開発したシステムを基にしたサービス「マルチファインアイ」を始めた。ひび割れ、わだち掘れともに、損傷レベルを三段階で診断できる。例えばひび割れの場合、「ひび割れ率」（調査対象とした道路の面積に占めるひび割れ面積の割合）が二十パーセントまでを損傷レベル小、二十から四十パーセントを中、四十パーセント以上を大とみなす。一般に、舗装のひび割れ率が四十パーセント以上になると修繕が必要だ。こうした診断結果は専用の閲覧アプリケーションを利用し、電子地図上で簡単に確認できる。

診断区分は、国交省が二〇一六年十月に作成した「舗装点検要領」にならった。この点検要領では、大型車の通行量が多く損傷の進行が早い道路の場合、点検頻度の目安を五年に一回以上とすることを初めて示した。点検要領ではアスファルト舗装の健全性を診断する際に、ひび割れ率、わだち掘れ量、平たん性などを基準とし、「健全」、「表層機能保持段階」、「修繕段階」の三段階で診断を下すこととしている。

道路を管理する自治体は、舗装点検の「定期化」への対応に悩んでいる。既に述べたように、予算や人手に限りがあるからだ。逆に、これまで舗装の新設や修繕などの「工事」を主に担ってきた福田道路のような舗装会社にとっては、「点検」という新たなビジネスチャンスが生まれたともいえる。うまくすれ

左はAIでひび割れがある箇所を検出する様子。右は車載カメラ（写真:福田道路）

ば、「まずは点検を受注し、診断結果を踏まえて補修方法を提案して工事の受注につなげる」といった流れを作れるかもしれない。ＡＩを使った福田道路の戦略が奏功するか、注目が集まる。

アダルト画像の検出技術を応用

ＮＴＴグループも舗装点検市場の獲得に名乗りを上げた陣営の一つ。ユーザー系システムインテグレーターのＮＴＴコムウェアが開発したのは、ディープラーニングを活用してひび割れとポットホール（路面に生じた穴）の有無を検出するシステムだ。４Ｋのビデオカメラを車のフロントガラスに吸盤で取り付け、時速三十～六十キロメートルで走行しながら路面を撮影。動画を一定間隔で静止画に分割し、技術者が目視で損傷を確認した結果と合わせてＡＩに学習させる。試験段階での検出精度は八十パーセントほどだ。

福田道路のシステムと同様、異状があった箇所の位置情報をＧＰＳで記録。地図上で静止画や動画を確認できる。システムを道路台帳と関連付ければ、異状を示す情報を補修履歴などと合わせて確認したり、補修計画の作成に用いたりしやすくなる。

ＮＴＴコムウェアはこれまでに、肌の露出度などを基にインターネット上のアダルト画像をフィルタリングする技術や、監視カメラによる不審者の検出といったサービスで、ディープラーニングを活用してきた。同社ビジネスインキュベーション部技術開発部門の井藤雅稔統括課長は、「社会インフラの老朽化と、維持管理に携わる人の不足に応えられないかと考え、道路向け

ひび割れやポットホールをディープラーニングで検出

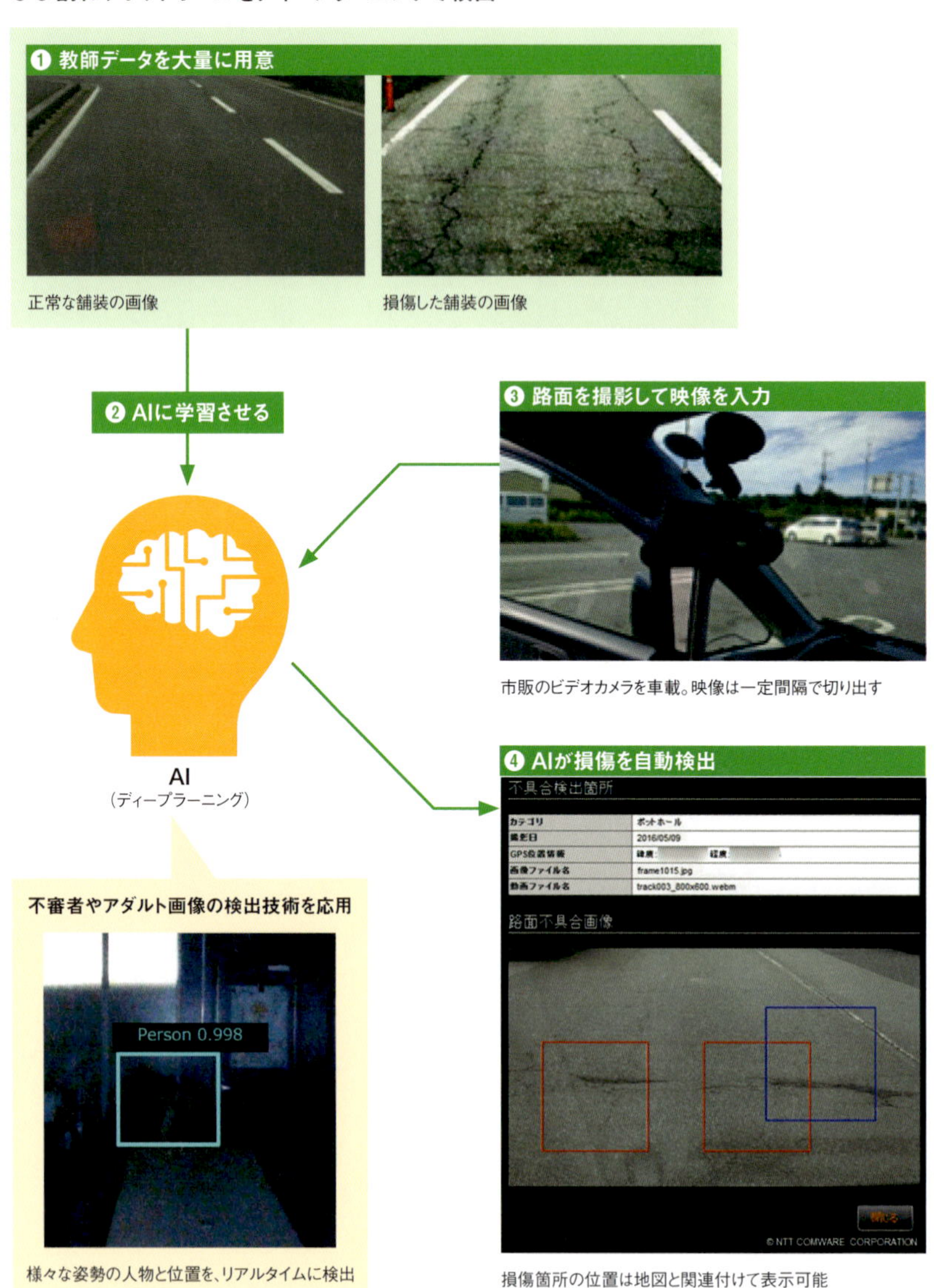

NTTコムウェアの資料を基に日経コンストラクションが作成

システムの開発を進めてきた」と話す。

ＮＴＴ西日本とＮＴＴフィールドテクノは、ＮＴＴコムウェアが開発したシステムなどを利用し、データ収集から解析・診断、診断結果の可視化（電子地図に表示）までをワンストップで提供するサービス「道路路面診断ソリューション」を二〇一八年三月から始めた。大阪府堺市内の道路での実証実験を踏まえて、全国を対象に商用化にこぎつけた。利用料金は条件によって異なるが、百キロメートル以上の診断をする場合、一キロメートル当たり一万八千円（税抜き）だ。

高速道路の点検にも活用

ＡＩで舗装点検を効率化しようと、自ら技術開発に挑む道路管理者もいる。約二百六十キロメートルの道路ネットワークを管理する阪神高速道路会社だ。

同社では、「ドクターパト」と呼ぶ路面性状測定車の後部に搭載したラインスキャンカメラで路面を撮影し、得られた画像からひび割れを検出。ひび割れ率を計算している。従来は、点検員が画像を見ながらひび割れを目視で検出していたので、人によって判断にばらつきが出るうえ、時間がかかるのが課題だった。路面の画像と一日中にらめっこしながら黙々とこなす作業なので根気も必要。適性がないと難しく、人材育成には時間がかかる。

そこで、グループ会社の阪神高速技術はニチゾウテック（大阪市）や日立造船と共同で、路面の画像から自動的にひび割れの位置を検出するシステムを開発した。機械学習の一種でデータ分類に用いる「ＦＣＭ識別器」と呼ぶＡＩ技術を適用したのが特徴だ。ニチゾウテック技術開発室開発チームの堅多達也課長は、「人に近い判断ができるうえ、ディープラーニングに比べて学習にかかる時間が短い利点もある」と話す。同社は、ごみ焼却炉の燃焼状態を、画像に写った炎とごみのバランスなどから確認するシステムに、ＦＣＭ識別器を適用した実績を持つ。

国交省の「ＡＩセンタ」

今回、学習に用いたのは、一般的な仕様の舗装である「密粒度舗装」と、水はけがよくハイドロプレーニング現象の防止や騒音の低減に効果がある「排水性舗装」の画像。ひび割れがないデータは二万二千枚、ひび割れがあるデータは二万三千枚だ。学習を済ませたＦＣＭ識別器を用いて路面の画像を解析すると、ひび割れの位置を自動検出できる。

「空隙が多く、ひび割れの識別が難しい排水性舗装についても精度良く検出できている」（阪神高速技術調査点検課の上中田裕章課長補佐）。ＡＩの解析結果を参考にしながら検出作業をすることで、ひび割れの検出にかかる時間を従来の五分の一に削減できるうえ、判断のばらつきも抑えられる。同社技術開発課の上見範彦課長補佐は、「検出率は今のところ九十三パーセントだが、学習を進めてさらに向上させたい。ひび割れ率まで自動的に算定できるシステムを目指す」と意気込む。

舗装点検を皮切りに、成果を上げ始めた土木のＡＩ活用。国交省も二〇一八年三月、ＡＩの学

阪神高速が保有する「ドクターパト」

車両の背後にラインスキャンカメラを搭載している
（写真：日経コンストラクション）

教師データの作成の流れ

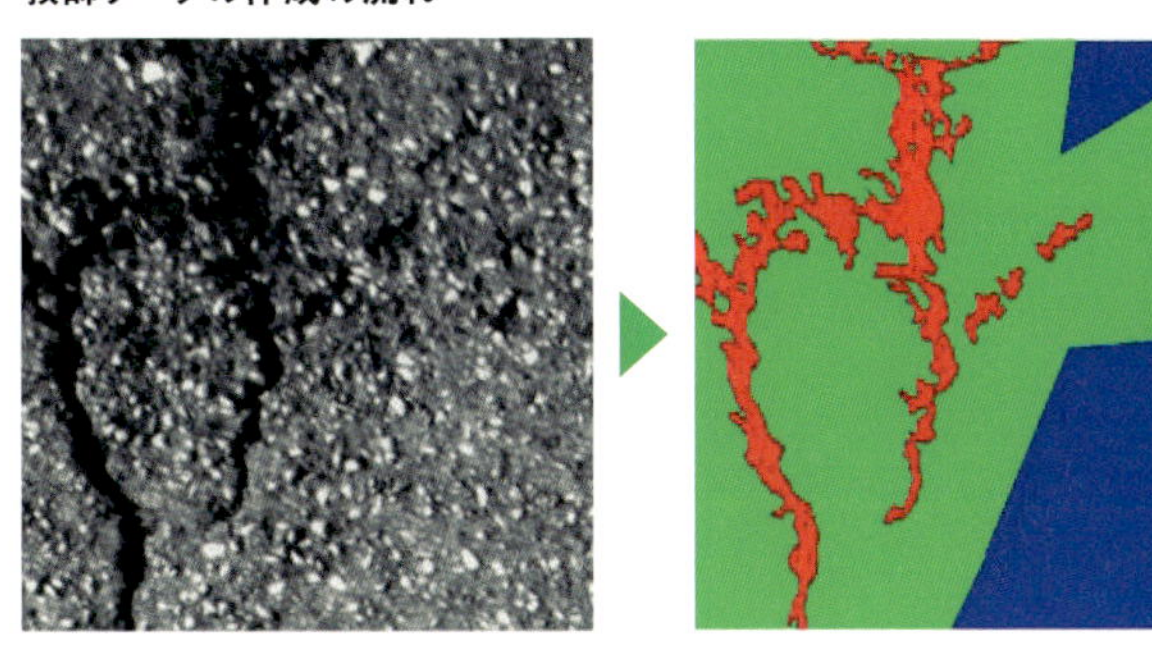

左は舗装のひび割れの画像。サイズは5cm角だ。この画像にラベル付け（色分け）をして教師データとする。具体的には、ひび割れがない箇所を青色に、ある箇所を赤色に、不明か曖昧な箇所は緑色とした（資料：下も阪神高速技術）

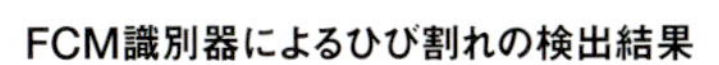

FCM識別器によるひび割れの検出結果

FCMは「Fuzzy-c-means」の略。かつて流行したファジー理論を取り入れた

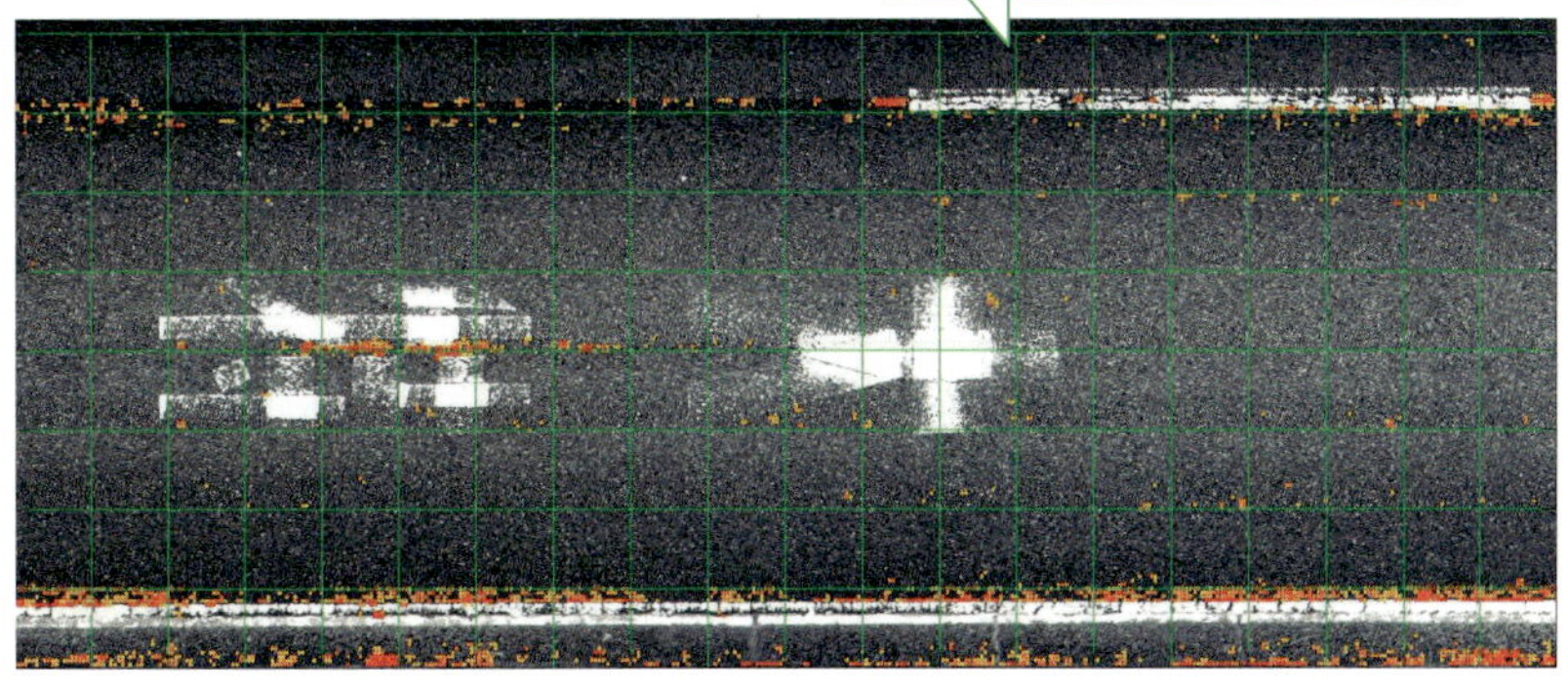

ひび割れがある確率が高い箇所ほど赤色に近く、低い箇所ほど黄色に近い

習に必要となる教師データの収集・整備や提供、企業が開発したＡＩの認証などを担う「ＡＩセンタ構想（仮称）」を打ち出すなど積極的だ。以降では引き続きインフラの維持管理にクローズアップしつつ、「建設テック」の最右翼であるＡＩの様々な活用事例を見ていこう。

column

AIのキホン② 教師なし学習、教師あり学習

機械学習には⑴教師なし学習、⑵教師あり学習、⑶強化学習、の三つの学習方式がある。

このうち教師なし学習は、正解のない大量のデータをコンピューターに学習させ、データの傾向や規則性などを抽出する方式だ。有名な事例が、猫を認識するAI。米グーグルの研究者が二〇一二年に発表した。一千万枚の画像を用いたディープラーニングの結果、AIが猫を認識できるようになったとして当時の研究者に衝撃を与えた。

教師データをそろえるのが大変

一方、教師あり学習は、正解付き（ラベル付き）の「教師デー

機械学習の学習方式

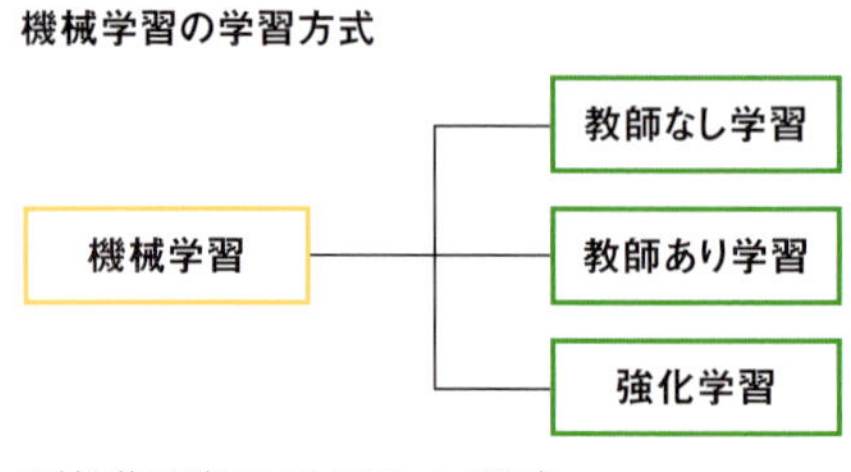

取材を基に日経コンストラクションが作成

タ」を用いる方式。コンクリートの画像から、その健全性を診断するAIを「教師あり学習」で作る場合、画像と専門家による診断結果をセットにした教師データを用意して学習させることになる。教師なし学習と比べるとデータ数は少なくて済むものの、正解付きのデータをそろえるのに多大な労力がかかる。本書で紹介する事例の多くは教師あり学習だ。

　このほか、強化学習も機械学習の学習方式の一つ。コンピューターに自ら試行錯誤させながら、より良い方法を学ばせるのが特徴だ。具体的には、コンピューターが取った行動の結果を評価し、報酬を与える。コンピューターは、より高い報酬を得るにはどう行動すればよいかを学んでいく。

強化学習は重機の自動運転にも

　強化学習の事例としてよく引き合いに出されるのが、米グーグル傘下のディープマインドが開発したAIの「DQN」。ブロック崩しやスペースインベーダーなどのビデオゲーム数十本を学習させたところ、半分以上のゲームで人間を上回る得点をたたき出した。同じくディープマインドが開発した囲碁AIの「AlphaGo（アルファ碁）」も、強化学習を取り入れた有名な事例だ。AlphaGoは二〇一六年三月に世界トップクラスの棋士を打ち破り話題となった。

　強化学習はゲームに限らず、ロボットの制御などにも適用できる。例えば大成建設は、重機の自動運転に必要な制御アルゴリズムの作成や改善に、強化学習を生かそうとしている。

多様でリアルなＡＩ活用事例

インフラの維持管理におけるＡＩの活用と言えば、ディープラーニング（深層学習）による高精度な画像認識によって、構造物の損傷を検出する取り組みが代表的だ。検出対象は、これまでに紹介した舗装のひび割れやポットホールだけではない。道路橋の床版（車両の荷重を支える床のような部材）に代表されるコンクリート構造物のひび割れから地中にできた空洞の位置まで、多岐にわたる。

特に、従来からある画像解析技術では誤りや漏れが多く、実務での使い勝手が悪かったコンクリートのひび割れ検出については、ＡＩの活用によってその精度が大幅に改善する可能性が出てきた。このほかにも、水力発電ダムや廃棄物発電施設の運転の効率化など、画像認識以外の活用方法を模索する企業も増えている。

以降では、維持管理や施設運営の分野で先行する技術開発の事例を紹介する。あなたが仕事で抱える課題を解決するための手掛かりを見つけてほしい。

事例①　空洞探査の結果をディープラーニングで診断
（川崎地質と富士通、土木管理総合試験所など）

道路の下の空洞は、放っておくと陥没事故の原因になる。道路の陥没事故は全国で一年間に三千件ほど起こっており、時と場合によっては大きな事故につながり得る。かように危険な空洞を見つける技術として知られるのが、地中レーダー探査だ。

地中レーダー探査では、車両などに搭載した装置から地中に向けて電磁波を放射し、その反射波の乱れを基に空洞の位置を推定する。波形の乱れが空洞かどうかは、探査で得られた画像を基に人が判定する。医師がレントゲン写真を基に診断を下すようなイメージだ。波形の乱れが空洞か、あるいは下水管などの埋設管か。両者の違いを見分けるにはそれなりの経験が必要になる。また、大量の画像から空洞を洗い出すには非常に手間が掛かる。そこで、ＡＩによる診断の効率化が注目を集めている。

地質調査大手の川崎地質（東京都港区）と富士通は、レーダーで収集した画像と判定結果を基に一万通りの教師データを作成。ディープラーニングで空洞の特徴をＡＩに学習させた。判定したい画像を学習済みのＡＩに入力すると、従来の十分の一の時間で空洞を抽出できた。

土質・地質調査や測量などを手掛ける土木管理総合試験所（長野市）も、空洞の判定にＡＩを活用する企業の一つだ。

同社のユニークなところは、空洞のデータだけでなく埋設物のデータや舗装・床版の診断結果などを電子地図と関連付け、自治体を中心とする道路管理者に一括して提供する「ＲＯＡＤ－Ｓ（ロードス）」と呼ぶサービスを始めたところ。修繕の優先度を決めたり、詳細調査を実施する箇所を絞り込んだりするのに使える。データセンターに複数年の診断データを保管するので、経年変化も容易に把握できる。

川崎地質と富士通がディープラーニングで地下の空洞を判別

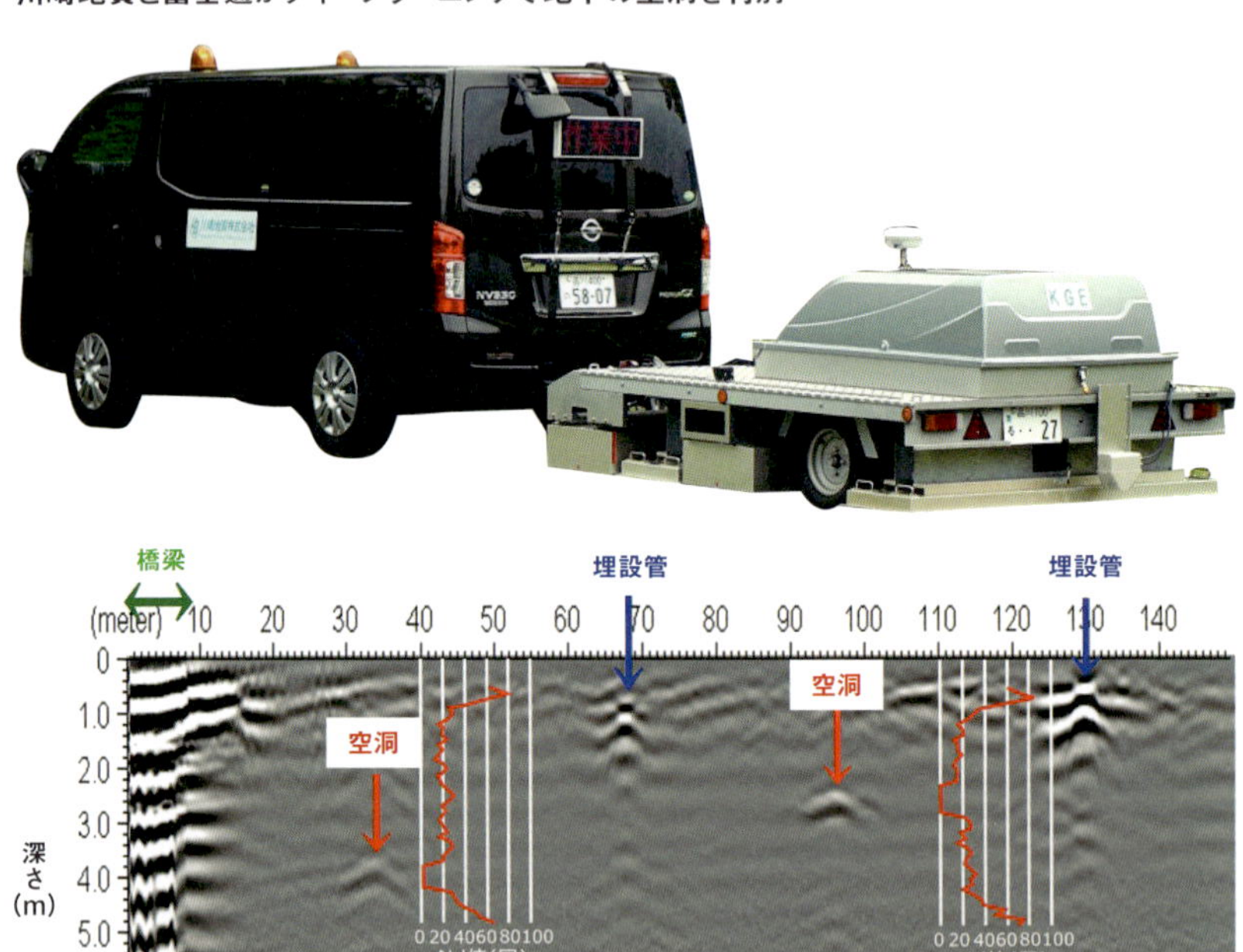

上は計測装置。下は探査で得られた画像の例（写真・資料：川崎地質）

事例②　トンネルの打音検査は機械学習で

（東急建設、東京大学、湘南工科大学、東京理科大学、小川優機製作所、菊池製作所）

道路トンネルの点検では一般に、通行規制をかけてから点検員が高所作業車に乗り込み、覆工コンクリート（トンネルの内壁コンクリート）の近接目視（人が近づいて目視で確認すること）と打音検査（ハンマーで叩いて音で損傷の有無を判定すること）を実施する。点検に時間がかかるので規制が長引くほか、人によって点検結果にばらつきが生じやすい。東急建設などが内閣府の戦略的イノベーション創造プログラム（ＳＩＰ）の下で開発している「トンネル全断面点検・診断システム」は、こうした課題に応える技術だ。

同システムは、車道をまたぐ走行式の門形架構（防護フレーム）の上に、トンネルの断面形状に合わせて自在に変形できる「フレキシブルガイドフレーム」を載せ、打音検査装置とひび割れ検出装置をガイドフレームに沿って移動させる仕組み。点検速度は一時間に百五十平方メートルが目標だ。点検中に交通を規制しなくて済むうえ、遠隔操作で作業をこなせる。「ターゲットは市町村などが管理する一般道のトンネルだ」（東急建設技術研究所メカトログループの中村聡グループリーダー）。

開発した打音検査装置は、専用の機械でハンマーを振って〇・五秒に一回のペースで打ち付ける。発生した音はマイクで拾う。コンクリートに「浮き」がある損傷箇所と、健全な箇所の音の特徴をＡＩに学ばせ、ベテランと同じレベルで診断できるようにした。「機械学習の一種である

フレキシブルガイドフレームは、自在に変形して標識や照明を避けることが可能(写真:このページは東急建設)

打音検査装置。手首の動きを機械で再現し、人がたたくのと同じような音を出せる

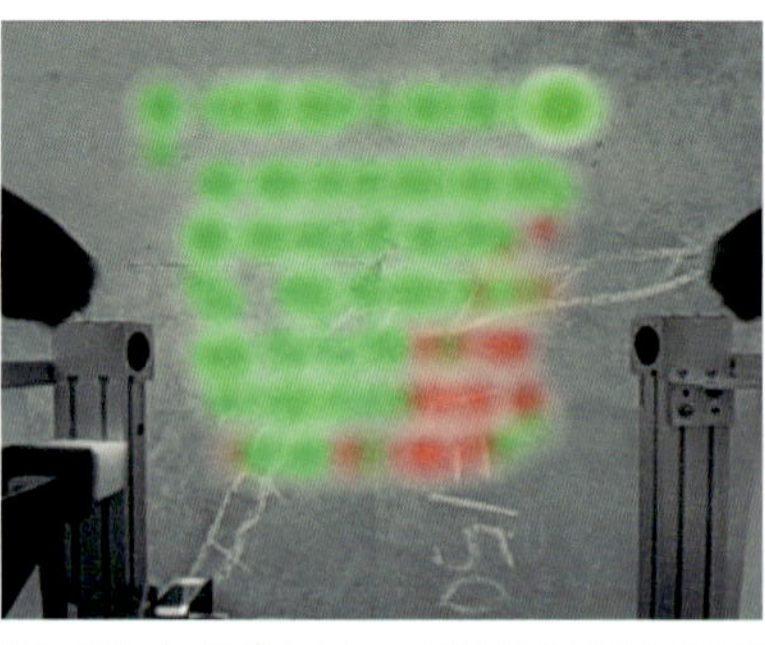

浮きが疑われる箇所を赤色で、問題がなさそうな箇所を緑色で表示する

集団学習（アンサンブル学習）を用いた」（東京大学大学院精密工学専攻の藤井浩光特任講師）。ひび割れの検出には「光切断法」と呼ぶ手法を用いている。専用カメラで覆工コンクリートの表面の画像と凹凸の情報を同時に取得することで、チョークや汚れなどに影響を受けず、ひび割れだけを抽出できる。幅〇・二ミリメートルのひび割れ検出が目標だ。このほか研究チームでは、点検結果を基に補修工法を提案するエキスパートシステムなども開発している。

東急建設が施工した幅員九・五メートルのトンネルで二〇一八年二月に実施した実証実験では、打音検査による異常箇所の検出率が人と同等レベルに達した。また、ひび割れについては幅〇・五ミリメートル以上のひび割れを百パーセント、幅〇・三ミリメートル以上を八十パーセント以上の確率でそれぞれ検出できた。

事例③　ドローンで送電線点検、データ不足もＡＩが解決（東芝デジタルソリューションズ、アルパイン）

東京電力一万四千七百八十八キロメートル、東北電力一万五千百九十キロメートル、関西電力一万四千二百十九キロメートル――。膨大な長さの送電線を管理する電力会社の悩みの一つが、落雷による損傷だ。

送電線が落雷を受けると、表面が溶けて「アーク痕」と呼ぶ黒っぽい痕跡ができる。アーク痕を放置しておくと、送電線の素線切れなどにつながるので、いち早く見つけて補修しなくてはならない。とはいえ、落雷があった付近の送電線を、人海戦術でくまなく点検するには大変な労力がかかる。高所作業は危険も伴う。

こうした電力会社のニーズに目を付け、ドローンによる送電線の点検サービスを開発しているのが、東芝デジタルソリューションズとアルパイン（東京都品川区）。東芝グループが得意とする画像処理技術と、アルパインがカーナビなどの製品開発で培ってきた位置制御技術を生かす。ドローンは手動ではなく自動で飛行し、搭載したデジタルカメラで送電線の写真を撮影する。GPSによる測位だけに頼って自動飛行すると、信号が途切れるなどして位置のずれが生じた際に撮影漏れが発生する恐れがある。そこで、ドローンにLiDAR（ライダー）を搭載し、送電線の位置を把握しながら、飛行できるようにする。「送電線が常に写真の中央に写るよう追尾する」（東芝デジタルソリューションズインダストリアルソリューション事業部の三田恵補事業部長附）。

AIが教師データを自ら生成

損傷箇所はディープラーニングによる画像認識で自動検出する。問題は教師データの不足だ。損傷した送電線の画像（以下、異常画像）が少なく、電力会社から提供を受けた画像だけでは、必要なデータ数を確保できそうもない。そこで同社は、異常画像を自ら作り出すことにした。

まずは電力会社から新品の送電線を借りて工場に持ち込み、巡視点検のプロに助言を受けながら、溶接やニッパーでそれらしい傷を人工的に付けた。作業を繰り返して約十種類の損傷パター

送電線のアーク痕を検出するAIの学習の流れ

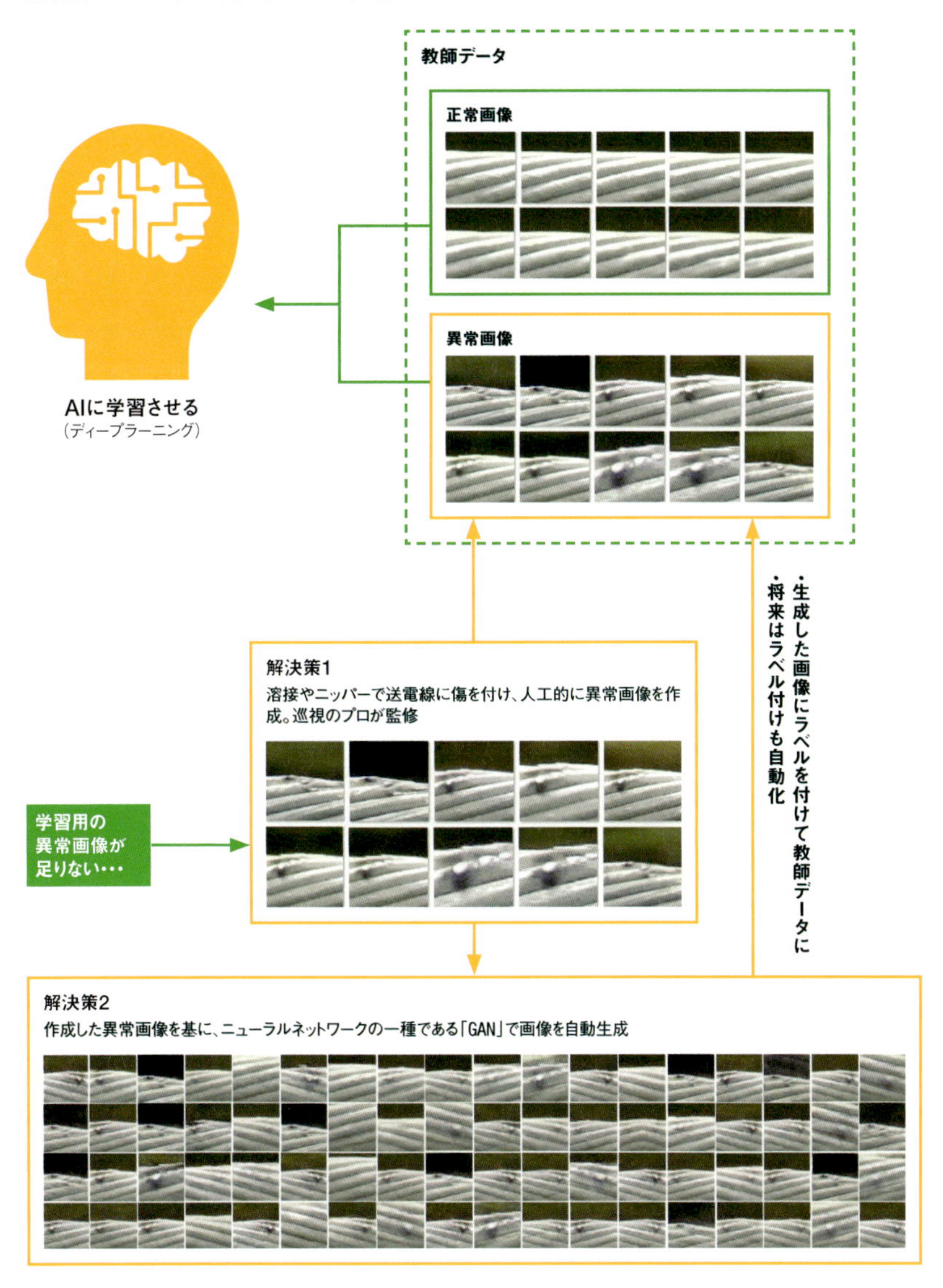

東芝デジタルソリューションズの資料と、同社への取材を基に日経コンストラクションが作成

ドローンで送電線を点検する様子。実験機にはエンルート製のドローンを利用している（写真：東芝デジタルソリューションズ）

ンを作り、それを様々な角度から撮影することで、異常画像を百枚、正常な画像を九百枚ほど作成した。

それでもデータが足りないので、今度は工場で人工的に作った異常画像から新たな異常画像をＡＩに「生成させる」ことにした。

カギを握るのは、ディープラーニングを応用した最新技術であるＧＡＮ。あるデータを与えると、似たような画像を生成するニューラルネットワークの一種だ。ＧＡＮで生成できる画像のサイズは、今のところ百二十八×百二十八ピクセル程度と小さいが、送電線の損傷を表現する程度ならば十分なサイズだ。

人間が写真をソフトウエアで加工して作った画像と違って、損傷があると見なすか、正常な状態と見なすか、微妙な判断を要するようなリアルな画像を生成できるのが特徴。ＡＩが作り出した画像を異常画像、正常な画像にラベル付けし、教師データとして学習させることで、検出精度を高めることができた。

東芝デジタルソリューションズディープラーニング技術開発部の樫本晋一担当部長は、「最終的に七千枚の画像を作ってＡＩに学習させている。今回のように、大量の画像を用意しにくい分野では有効な手法ではないか」と話す。同社はアルパインと共に実証実験を重ねながら開発を進め、ドローンによる巡視点検サービスを実用化する予定だ。

column

AIのキホン③ 注目の深層生成モデル「GAN」

ディープラーニングを応用した「GAN（Generative Adversarial Networks）」は、敵対的生成ネットワークとも呼ばれる。あるデータを与えると似たような画像を生成するニューラルネットワーク（生成器）と、生成した画像が本物か偽物かを見分けるニューラルネットワーク（識別器）を競わせ、本物らしい画像を生成する技術だ。

二〇一四年に米グーグルの研究者が提唱し、今では最も注目を集めるAIの研究分野の一つ。あたかも実在するような寝室の画像を、大量に生成した例などが有名だ。

GANで生成した寝室の画像
（資料:Alec Radford, et al. “Unsupervised Representation Learning with Deep Convolutional Generative Adversarial Networks.”）

事例④ 省電力センサーで上水道の漏水を検知
(NTT、NTTアドバンステクノロジ、首都大学東京、フジテコム)

上水道管の漏水を放置すると、道路の陥没などを引き起こす恐れがある。現状は、ベテランの調査員がまるで聴診器のような器具を地面に当てて、注意深く音を聞き分けながら漏水箇所を特定している。この種の調査は数年おきに実施するのが一般的なので、この間に漏水が生じると見つけるのは難しい。

いつでも誰でも漏水を検知できる仕組みがあれば、上水道の管路をより効率的に管理し、メンテナンスのコストをトータルで削減できる。そこでNTTなどは、内閣府のSIP(管理法人は科学技術振興機構)の下で、マンホール内に設置したセンサーによるモニタリングシステムを開発している。

センサーで収集した音圧や周波数の変化を基に、漏水を見つけるのが特徴だ。漏水音の特徴を、機械学習の一種であるサポートベクターマシン(SVM)で学習させ、自動

巡回車で上水道管のデータを回収する

巡回車に積んだロの字形のコイルで磁界を作ってセンサーを起動する。右がマンホール内に設置したセンサー(写真:NTT)

検出する予定だ。

苦労したのは、センサーの省電力化。地下のセンサーから数十メートル離れた地上の受信機に電波を送るにはバッテリーを食うので、すぐに交換しなければならない。

解決策として、待機電力を極限まで抑える仕組みを考案した。受信機を積んだ車両がセンサーに近づいたら、電磁誘導でセンサーを起動。センサーから車両にデータを送信する。「一日に一回の頻度でデータ収集しても五年はバッテリーが持つ」（ＮＴＴ未来ねっと研究所ワイヤレスシステムイノベーション研究部の吉野修一部長）。

事例⑤　運転員の質問に即答、廃棄物発電を効率化
（ＪＦＥエンジニアリング、日本ＩＢＭ）


廃棄物発電施設の発電効率を高めるには、集めたごみを安定して燃焼させなければならない。プラントの運転は自動化が進んでいるのだが、実はオペレーターが手動で操作する場面も少なくない。一方、高度な運転ノウハウを持つベテラン運転員は不足気味だ。そこでＪＦＥエンジニアリングは、日本ＩＢＭのＡＩ関連技術「ワトソン」を生かしたオペレーターの支援システムを導入する方針だ。

オペレーターが質問を投げかけると、ベテランのノウハウや運転データ、センサーで取得した温度や電力などのデータを基に、音声や文字で回答する仕組み。「工場特有の専門用語も認識できるように学習を進めている」（ＪＦＥエンジニアリング都市環境本部の小嶋浩史氏）。

事例⑥　幅〇・二ミリ以上のひび割れを高精度に検出

（ＮＥＤＯ、首都高技術、産業技術総合研究所、東北大学）

首都高速道路会社のグループ企業である首都高技術と産業技術総合研究所（産総研）などが共同で開発したのは、道路橋の床版などに発生した幅〇・二ミリメートル以上のひび割れを、八十パーセント以上の精度で検出するシステムだ。

使い方は簡単。デジタルカメラで撮影した画像を入力すると、数十秒で検出が終わる。従来は野帳にひび割れを記録し、事務所でＣＡＤデータを作っていた。「作業時間を従来の十分の一程度に短縮できる見込みだ」（首都高技術の森清技術部長）。

六百枚程度の教師データを用いた機械学習で、表面に傷や汚れがあっても見落としや間違いが少ないシステムを実現した。産総研コンピュータビジョン研究グループの永見武司主任研究員は、「既に複数の道路管理者から引き合いがきている」と話す。開発したシステムをウェブサイト上で無料公開し、点検事業者に試験的に使ってもらって検出精度などを検証しているのもこの研究のユニークなところだ。

コンクリートのひび割れの検出結果（赤線がひび割れ）

［コンクリート表面の画像］　［開発したシステムによる検出結果］　［既存技術による検出結果］

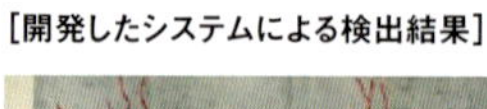

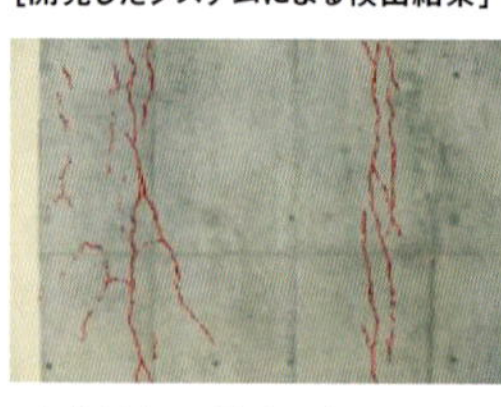

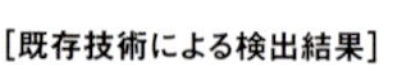

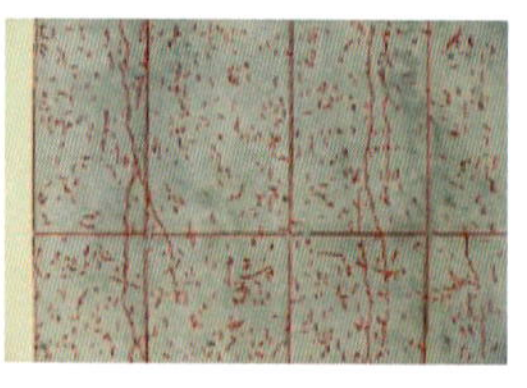

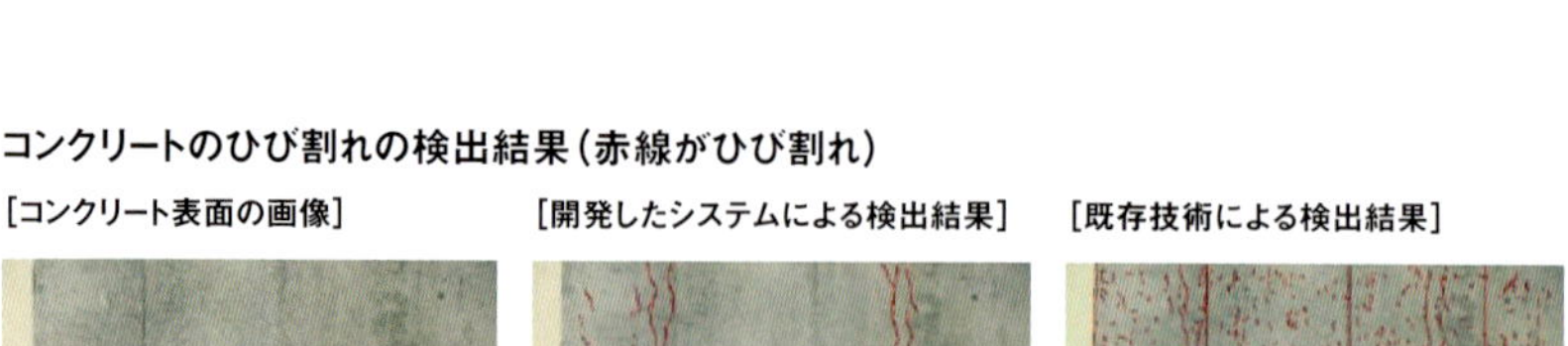

既存の画像解析技術を用いた市販ソフトと比較すると精度の高さが分かる。既存技術は間違いが多く、検出精度は12%だった。システムは新エネルギー・産業技術総合開発機構（NEDO）のプロジェクトで開発した（資料:NEDO）

事例⑦　出水時のダム流入量を高い精度で予測（八千代エンジニヤリング、SOINN）

近年の気候の変化で、出水時のダムへの流入量が増加傾向にあり、放流時のゲート操作の難易度が高まっている。そこで、大手建設コンサルタント会社の八千代エンジニヤリングと東京工業大学発ベンチャーのSOINN（ソイン、横浜市）は、機械学習を活用して水力発電ダムへの流入量を精度良く予測する技術を開発した。

SOINNが開発した「自己増殖型ニューラルネットワーク」を適用した。

雨量や上流の水位などと、ダムへの流入量の相関関係に着目して予測するので、精度を高めやすい。国内のあるダムを対象に、過去十年間に起こった約五十の出水データを学習させたところ、一〜二時間先までであれば高い精度で流入量を予測できると分かった。

過去の出水時の実測値と予測結果の比較

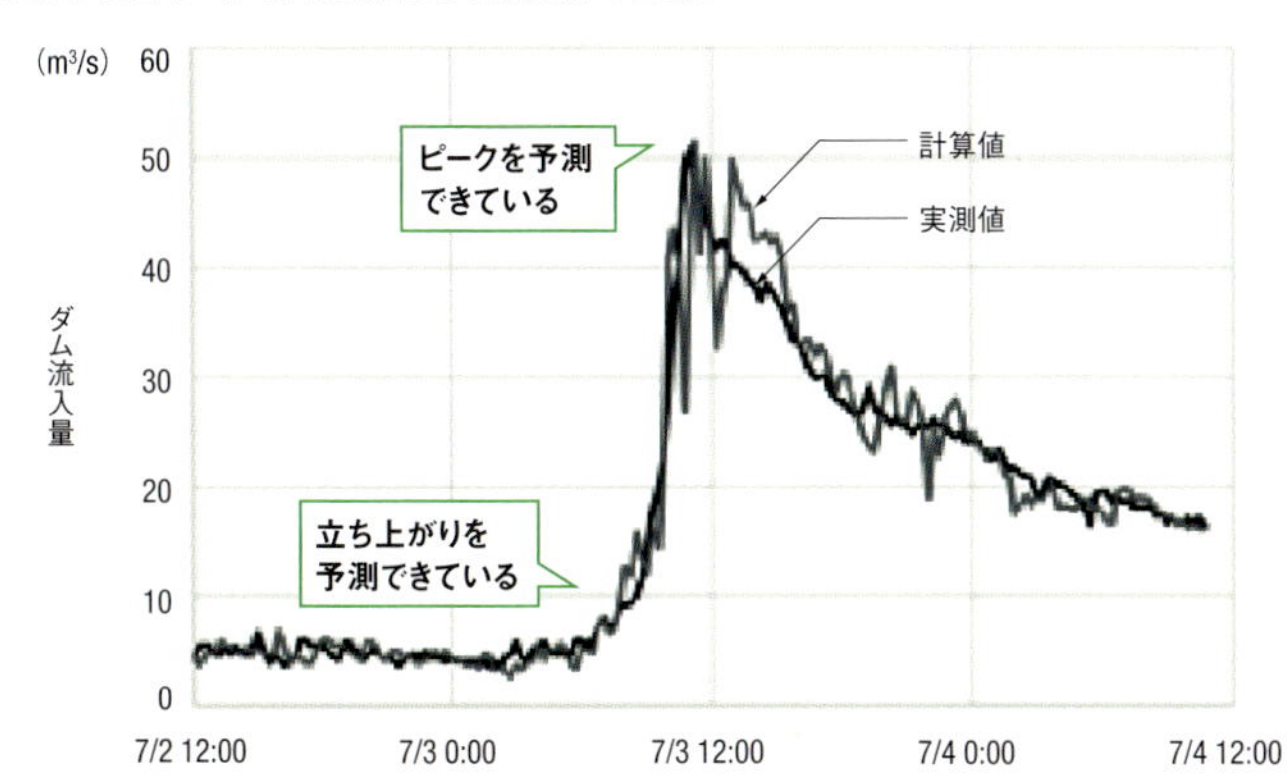

上流側の雨量データと水位データ、ダムの流入量などを学習させて、初期モデルを構築した。予測する際に、気象庁の予測雨量（降水短時間予報）を用いると精度が向上すると分かった。以後はAIが自らモデルを更新して精度を高める（資料：八千代エンジニヤリング）

column

AIのキホン④ AIの回答をどう評価する？

構造物の損傷の有無をAIに検出させる場合、表面の汚れや影のように余計なものは検出せず、しかもひび割れの検出漏れが少ない方が望ましい。

こうしたAIの性能を評価する指標が「適合率」と「再現率」だ。適合率は「異常を正しく検出した割合」、再現率は「異常を見逃さなかった割合」と言える。AIの性能を上げるには、二つの指標をバランスよく高める。

例えば、一千枚の画像のうち一枚しか異常がなくても「全て異常あり」と回答すれば再現率は百パーセントになる。しかし、これでは現実には全く役に立たない。そこで、適合率も併せて考慮する必要がある。

判断の根拠を示す技術も

精度のほか、ディープラーニングを実務に使って

AIが見ている部分を可視化する研究

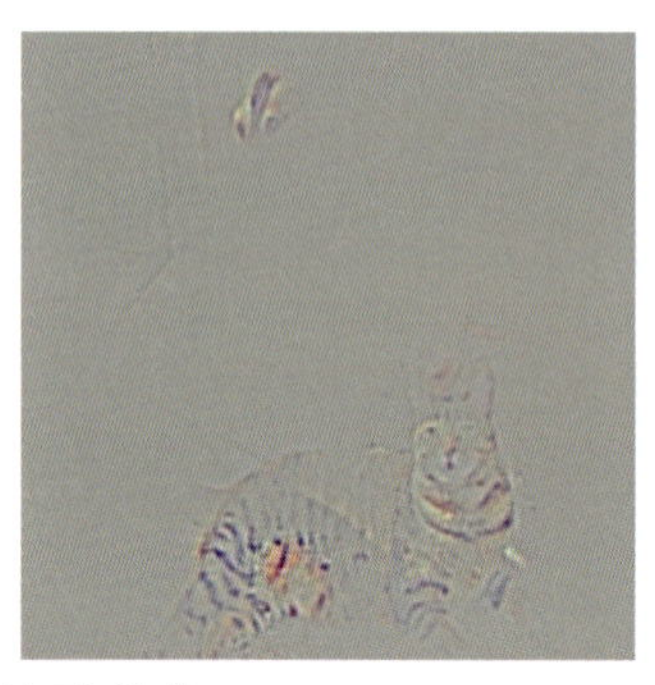

左の画像から猫を判別する際に、AIが着目した部位が右画像（資料:Ramprasaath R. Selvaraju, et al. “Grad-CAM: Visual Explanations from Deep Networks via Gradient-based Localization.”）

いくうえで課題に挙がるのが、判断の「ブラックボックス化」だ。

AIの判断に基づいて、ある橋を優先的に補修したとしよう。ところが不幸にも、AIの判断で補修を後回しにした橋で、老朽化による事故が起こってしまった。このような場合に、判断の根拠を示すことができないと、道路管理者は不具合や事故が発生した場合に説明責任を果たせない。

最新の研究でようやく、AIが何を根拠に判断したか分かるようになってきた程度だ。誤判断によって事故などが生じた時のことを考えると、AIに何もかも丸投げするのは難しいだろう。そこで多くの企業は「AIは人の判断を支援するツール」と位置付けて導入を進めている。

誰がどうやって開発するのか

インフラの維持管理におけるＡＩの活用事例を見てきた。メンテナンスに悩む自治体の担当者や、点検・補修などの実務で苦労している建設技術者であれば、誰しもＡＩを使ってみたいと思うはずだ。とはいえ、何から手を付けていいか分からない人も多いだろう。

ここでは、土木施設の設計や調査などを生業とする建設コンサルタント大手、八千代エンジニヤリングの事例に沿って、開発の流れとポイントを見ていこう。先行する企業では、どんな人物が、どのようにして開発を進めているのだろうか。

八千代エンジニヤリングは二〇一八年二月、企業のデータ分析・活用を支援するブレインパッド（東京都港区）と共同で、河川の「護岸」のコンクリートを対象とした劣化検出システム「ＧｏｇａｎＧｏ（ゴガン・ゴー）」を開発したと発表した。

コンクリートに生じたひび割れの位置をディープラーニングで自動検出する。人が点検するのと遜色ない精度で検出できることを確認済みだ。同システムに画像をアップロードすると、ＡＩが護岸の劣化した領域を検知し、地図上に分かりやすく表示する。全国の河川は総延長十四万五千キロメートルに上るから、点検の効率化へのニーズは強い。

護岸コンクリートの点検にＡＩを活用しようと思い立ち、二〇一六年十月頃から開発を担当してきたのは、八千代エンジニヤリング技術推進本部の天方匡純専門部長だ。天方専門部長は以前

ゴガン・ゴーは、検出したひび割れを赤色で表示する（写真・資料：下も八千代エンジニヤリング）

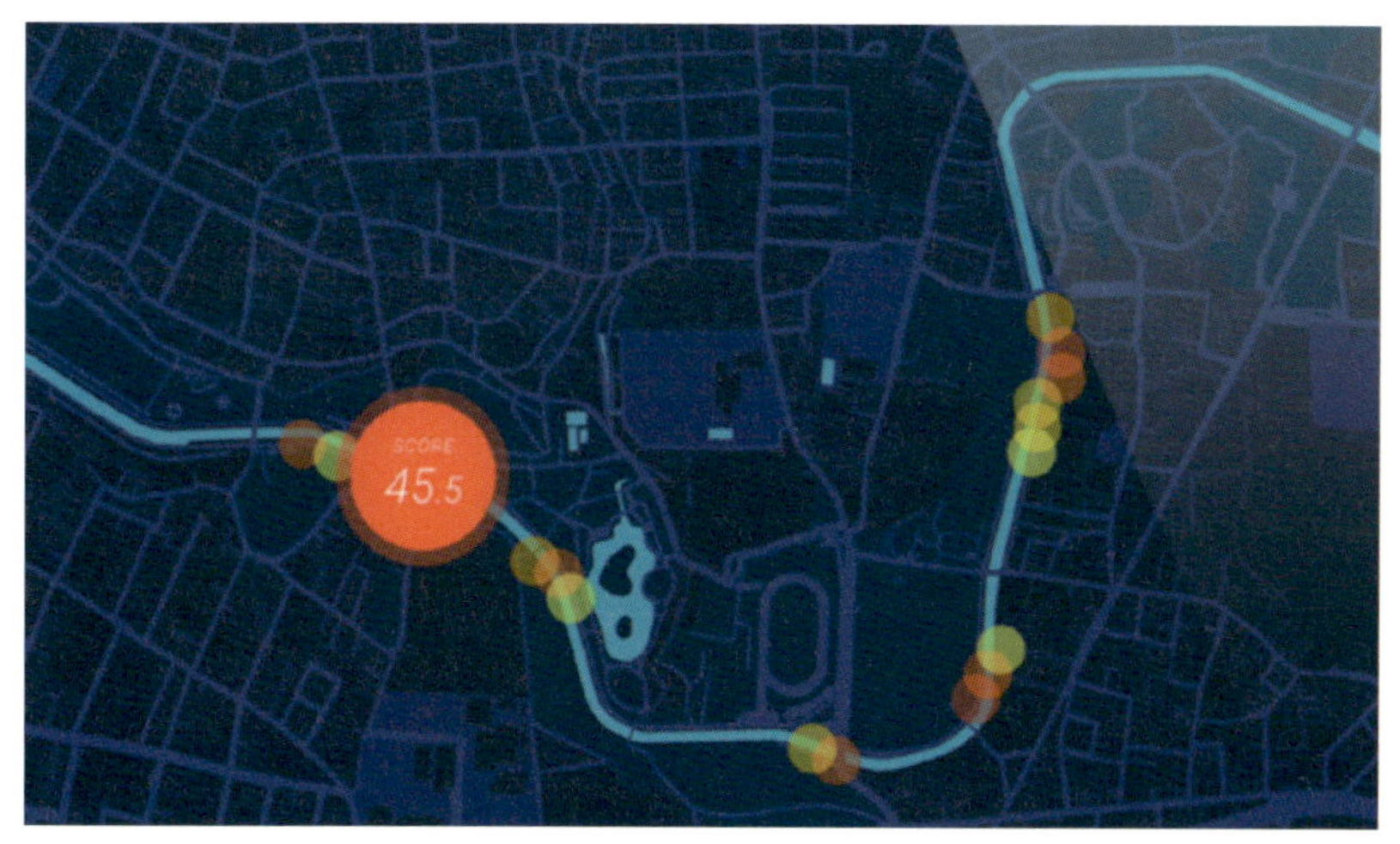

河川護岸の劣化度を地図上に表示する機能も開発中

から統計解析や機械学習に関心があった。セミナーなどに通って自ら勉強を進めるなかで、ある業務に携わったのがきっかけとなった。

その業務とは護岸のひび割れをスケッチし、五年ごとの変化を捉えるという内容だった。「河川の護岸のように長い構造物の劣化状況を、人がスケッチするには限界がある。ＡＩで自動化できないか」。そう考えた天方専門部長は、過去に仕事で付き合いがあったブレインパッドがＡＩ開発を手がけていると知り、連絡を取った。

ＡＩを使った劣化検出システムの開発は、おおむね次のように進めた。まずは八千代エンジニヤリング側で、ディープラーニングに使用する損傷箇所などの画像データをそろえた。今回は百枚ほどの写真を用意した。一般に、ＡＩの活用を考える企業がつまずくことが多いのがこの段階。必要なデータをそろえられず、開発が進まないケースも多い。

データを用意したらブレインパッド側に渡す。ブレインパッドはデータの質や量を確認。簡単な分析を踏まえて最適な手法を見極める。開発を統括するブレインパッドアナリティクスサービス本部の太田満久ＡＩ開発部長は、「どのような手法を選ぶかは、専門的な知見が必要なので、利点や欠点を含めて我々から提案する」と説明する。

八千代エンジニヤリングのケースではディープラーニングを適用したが、顧客が解決したい課題の内容やデータの質・量によっては、既存の機械学習の手法を適用する。「場合によっては、ＡＩを使わなくてもこういうやり方で解決できる、といった提案をすることもある」（太田ＡＩ開発部長）。

そうして「たたき台」となるモデルを作成し、八千代エンジニヤリングとブレインパッドが共同でモデルを調整しながら、完成に近づけていった。ブレインパッドでは、一つのプロジェクトにかかる期間は最短で2カ月ほど。八千代エンジニヤリングのケースも数カ月で一定の成果を出すところまでこぎつけている。「我々がひび割れとして認識する箇所を、ほぼ再現できた。調整をかける前の初期のモデルを見た段階で『これは行ける』と思った」（天方専門部長）。

最も難しい「現場への導入」

解決したい課題と、ＡＩの基本的な知識を備えた社内のプロジェクト担当者、そして顧客のニーズを踏まえて適切な提案ができるパートナーがそろえば開発はスムーズに進むことが、八千代エンジニヤリングの事例から分かるだろう。

ただし、めでたく開発が済んでも、それで終わりではない。開発したシステムを業務に落とし込んで活用しなければ、何の意味もないからだ。実は、ＡＩを導入するうえで最も難しいのがこの段階だといわれる。

例えば、開発したシステムを自社の業務で活用する場合、いくら開発者が意気込んでいても、現場が面倒がったり、効果を疑ったりしてそっぽを向くのはよくある話。まずは試験的に使用し、効果を実感してもらいながら、本格導入に進むのが無難なやり方だろう。

ＡＩに関しては、「人間の仕事を奪う」という負のイメージを持つ人も少なくない。ブレインパッドアナリティクスサービス本部の筧直之営業部長は言う。「実際には、作業の現場担当者の負担が軽減され、従来よりも創造的な業務に取り組めるようになる。この点をうまく伝えなければならない。当社では顧客のプロジェクト担当者と一緒に『現場への伝え方』も考える。そこまでやって、ようやく使えるものになる」。

八千代エンジニヤリングとブレインパッドは今後、開発した「ゴガン・ゴー」を八千代エンジニヤリングが受注した業務で活用し、精度や実用性を高めていくつもりだ。

将来は、自治体や他の建設コンサルタント会社に活用してもらえるようにする。護岸以外のインフラにも適用の幅を広げる方針だ。

ブレインパッドアナリティクスサービス本部の筧直之営業部長（左）と、太田満久AI開発部長。2004年に創業した同社は、企業のデータ分析・活用を手掛ける草分け的存在。社員220人のうち70人強がデータアナリストやAI技術者だ（写真:ブレインパッド）

column

AIのキホン⑤ ディープラーニング以外の手法

AIを使って解決したい課題の内容によっては、必ずしもディープラーニングを用いる必要はない。既存の機械学習の手法で十分に対応できる場合がある。

学習に使える手持ちのデータの量や質にもよる。一般に、ディープラーニングを用いると従来の機械学習に比べて精度を上げることができる。ただし、教師データを大量に用意しなければならないデメリットもある。

対象が犬や猫であれば、インターネット上に大量にある画像を利用できるが、舗装のポットホールやコンクリートのひび割れを撮影した画像を大量にそろえるのは、かなり大変だ。このため、ディープラーニングの適用が難しい場合が少なくない。

一方、こうした課題を解決するために、教師データの不足を補う手法の開発も進んでいる。例えば東芝デジタルソリューションズは、教師データ自体をディープラーニングで生成し、送電線の点検システムの構築に生かしている。

AI関連技術の関係

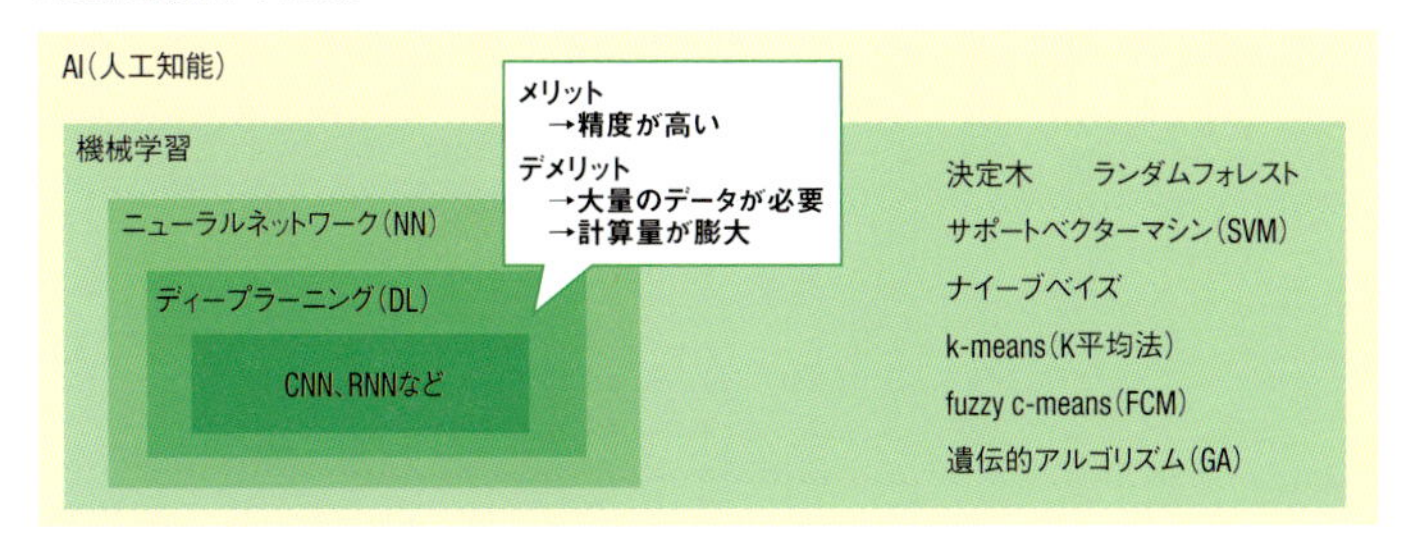

手法によっては、別のカテゴリーに分類されるケースもあるほか、複数の手法を組み合わせる研究も盛んだ。取材を基に日経コンストラクションが作成

「瞬間診断」の時代がやって来る

様々な作業を自動化してくれるAI。近い将来、AIという頭脳を得た機械が自動的にインフラの点検をこなし、診断までもその場で瞬時に下すようになるかもしれない。第四章の最後に、社会インフラの代表格である道路橋の点検に関して、先端的な研究を二つ紹介しよう。

全国に七十万橋もある、長さ二メートル以上の道路橋。これらを五年に一度の頻度で点検するのは、財政力の乏しい市町村などにとっては至難の技だ。

橋を点検するには「橋梁点検車」と呼ぶ専用車両を用いるか、それができなければ点検員用の足場を造らなければならず、非常にお金がかかる。そこで、本書の第一章でも紹介したドローンやロボットで安価に点検ができないかと、様々な分野の企業、研究機関が開発を進めている。

橋梁点検用の「球殻ドローン」はその一つ。カーボン製の球殻で本体やプロペラの周囲を防護することで、橋の下面のように複雑で狭い空間にも難なく入り込み、写真を撮影できるという変わった形のドローンだ。内閣府の戦略的イノベーション創造プログラム（ＳＩＰ）に基づき、東北大学やリコーなどが開発してきた。

既に、ひと通りの開発は終わっている。実証試験を進め、改善を施して実用化を目指す段階だ。ただし、ＳＩＰの研究期間（二〇一四年度から二〇一八年度まで）ではカバーしきれそうにない課題も残っている。「ドローンの自動飛行」と「ひび割れ検出の自動化」がそれだ。

球殻ドローンの外観（上）と、ドローンから見た橋の下面（下）。球殻とドローン本体は、独立して回転する
（写真：東北大学）

現状では、ドローンを手動で操縦している。橋桁や床版に衝突しても問題ないよう、球殻で防護した機体であるとはいえ、操作自体は結構難しい。床版の裏側の画像を漏れなく撮影するのも大変だ。撮影した画像からひび割れなどの損傷を検出する作業は、現状では人に頼っているので労力がかかるうえ、ばらつきや見落としが発生しやすい。

このような課題の解決には理化学研究所革新知能統合研究センター（ＡＩＰ）と連携し、ＳＩＰの終了後も継続して取り組む予定。カギは言うまでもなく、ＡＩの活用である。

ドローンの自動飛行には、「Ｖｉｓｕａｌ ＳＬＡＭ」（ビジュアルスラム、ＳＬＡＭはＳｉｍｕｌｔａｎｅｏｕｓ Ｌｏｃａｌｉｚａｔｉｏｎ ａｎｄ Ｍａｐｐｉｎｇの略）と呼ぶ技術を用いる。カメラの映像を基にリアルタイムに自分の位置を推定したり、周囲の三次元地図を自動的に作成したりする手法だ。

現状では、カメラの急なぶれ（その場での素早い回転など）に弱く、映像の中に特徴的な点がない場合は位置の推定が困難になる。ドローンは、表面がのっぺりとしたコンクリート製の床版を、移動しながら近接撮影しなければならず、自動飛行は非常に難しい課題なのだ。

だが、糸口はある。「ビジュアルスラムと、画像認識向けのディープラーニングであるＣＮＮ（畳み込みニューラルネットワーク）を組み合わせると、従来に比べて高い精度で機体の位置を推定できる可能性がある」。ＡＩＰインフラ管理ロボット技術チームでリーダーを務める東北大学大学院の岡谷貴之教授はこう語る。

例えば、ある物体を写した画像と奥行きに関する情報をセットにした「教師データ」でＡＩに

ドローンの操縦の自動化

【現状】

- 球殻で守られているので衝突しても平気だが、手動での操縦はやはり難しい
- コンクリート橋では床版の画像を漏れなく撮影するのがミッション。現状は撮影漏れが生じやすい

【解決策】

SLAMとディープラーニングの掛け合わせによって、橋梁のような複雑な構造物の周囲を非GPS環境でも自動飛行できるようにする

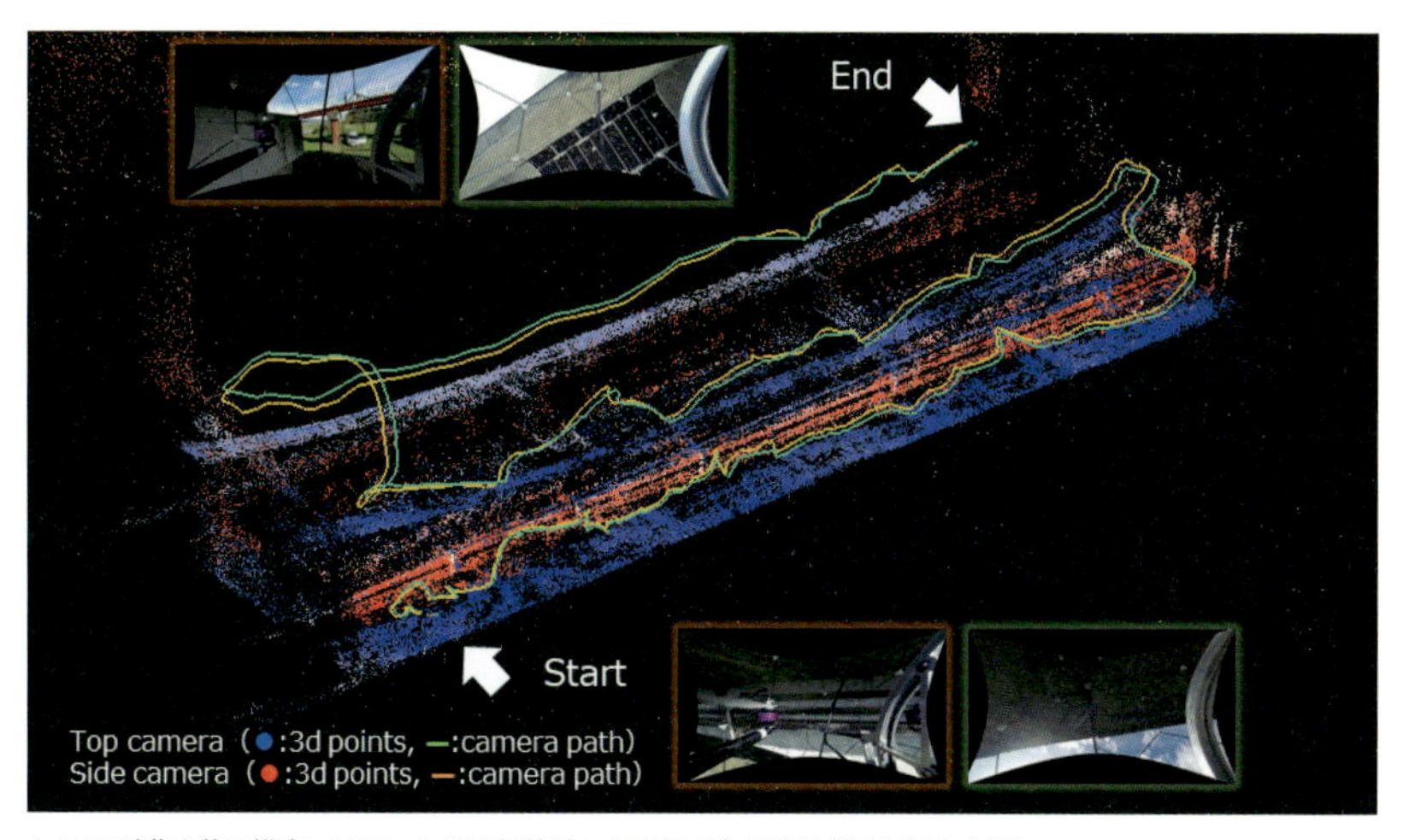

カメラの映像を基に推定したドローンの飛行軌跡と、周囲の3次元形状（資料:東北大学）

学習させる。学習を済ませたＡＩに別の物体の画像を入力すると、奥行きを正確に弾き出す――。最新の研究では、そんな成果が出ているのだ。従来のように、幾何学に基づいて機体の位置や姿勢を計算する手法とは全く異なるアプローチが、ブレークスルーになる可能性がある。

ひび割れの自動検出にもディープラーニングを用いる。難しいのは画像のぶれへの対処。ぶれがあるとひび割れの検出精度は下がる。そこで着目したのが映像の活用だ。点検対象を動画で撮影すると、同じ対象を何枚もの静止画で観察できる。ぶれ方が異なる様々な静止画の情報を統合すれば、ぶれがない画像を作れる。

「囲碁や将棋のような閉じたゲームの世界から、いかに『実世界』へとＡＩの活用の場を広げるか。学術的にも意義のある研究だ」（岡谷教授）。

天気予報のように寿命を予測

点検だけでなく「診断」の場面でも、ＡＩを活用した先端的な研究が始まっている。ＳＩＰのテーマの1つで、東京大学の前川宏一教授らが進める「既設床版の余寿命評価」がそれだ。

国や高速道路会社などの道路管理者は、膨大な枚数の床版パネルを管理している。国交省の点検要領では、その健全性を四段階で評価して補修の優先順位を付けることになっているものの、実際は劣化の度合いが似たような床版が多く、明確に優先順位を付けるのは難しい。既設の床版の「余寿命」を推定して比較できれば、こうした問題を解決し、効率的な維持管理につながる。

column

AIのキホン⑥ 知っておきたいキーワード

▼**チャットボット**　AIを組み込んだ自動会話プログラムのこと。米アップルの「Siri」や、米アマゾン・ドット・コムの「Alexa」が有名だ。金融機関などで顧客の問い合わせに自動回答するサービスが始まるなど、注目分野の代表格。

▼**TensorFlow（テンソルフロー）**　米グーグルが二〇一五年末に無料公開した、機械学習向けのソフトウエアライブラリ（プログラム開発で使用頻度が高い関数などの「部品」を集めたもの）。ディープラーニングを応用したシステム開発などに広く利用されている。

▼**GPU（ジーピーユー）**　リアルタイムな画像処理に適した半導体で、「Graphics Processing Unit」の略称。3Dゲーム向けに使われてきた。大量のデータの並列処理にたけているため、AI用の半導体として普及が進む。米エヌビディア（NVIDIA）が市場を主導する。

▼**汎用AI、特化型AI**　幅広い用途に使えるのが汎用AI、特定の課題を解くためのAIが特化型AI。建設分野をはじめ、産業向けに開発が進むAIは、現状では全て特化型AIに当たる。

▼**Singularity（シンギュラリティー）**　AIが人類の知能を超越する局面と、それによって起こる出来事を指し、「技術的特異点」と訳される。米国の未来学者、レイ・カーツワイルが提唱した概念で、二〇四五年に訪れると予言した。

輪荷重走行試験の様子。費用と時間がかかる（写真:日経コンストラクション）

余寿命の評価には、前川教授が開発してきた「マルチスケール統合解析」と呼ぶ技術を用いる。コンクリート構造物の耐震性から温度ひび割れ（コンクリートの打設時に発生するひび割れ）、塩害による劣化現象まで、様々な問題を高精度に解析できるソフトウエアだ。床版の疲労耐久性を調べる「輪荷重走行試験」も、コンピューター上で容易にシミュレーションできる。

コンクリート構造物の劣化は、ひび割れの位置や形状に左右される面が大きい。点検で得られた床版の下面の「ひび割れ図」を入力して解析すると、疲労破壊に至るまでの余寿命を、ある程度正確に算出可能だ。補強の効果などもコンピューター上で比較できる。

研究チームの幹事を務める東京大学生産技術研究所の田中泰司特任准教授は次のように解説する。「風や気圧などのデータをリアルタイムに取り込みながら精度を高める気象予測の『データ同化』という手法と考え方は似ている。天気予報のように余寿命を予測するイメージだ。今後は床版上面の情報も入力し、精度を高めていく」。

AIで解析時間を大幅短縮

万能にも思えるマルチスケール統合解析だが、実務で使うには弱点もある。数メートル角の床版の解析にさえも二、三日の時間がかかるのだ。専門家向けのソフトなので、扱いも難しい。そこで登場するのがAI。機械学習を専門とする慶應義塾大学の櫻井彰人教授の協力を得て、解析時間の大幅短縮に活用する。

まずは様々なパターンのひび割れ図を用意して解析にかけ、それぞれのひび割れパターンに対して床版の余寿命を算出する。次に、ひび割れ図と余寿命をセットにした教師データを、ニューラルネットワークに学習させる。学習を済ませた後、AIに新たなひび割れ図を入力すると、余寿命を瞬時に算出できるようになる。現在は、学習に必要な五千の教師データを人海戦術で作成中だ。

ドローンによる橋梁点検の完全自動化と、コンクリート床版の余寿命推定。二つの革新的な研究が示唆するのは、「瞬間診断」の時代の到来だ。

まず、自動飛行ドローンが橋梁をくまなく撮影する。撮影した画像から、すぐさまひび割れなどの損傷を検出し、その結果を基に余寿命までが瞬時に推定できる――。補修時期や適切な工法の提示までも、その場でできるようになるかもしれない。

一昔前なら一笑に付されたような夢の点検・診断システムの実現が、実は手の届くところまで来ている。

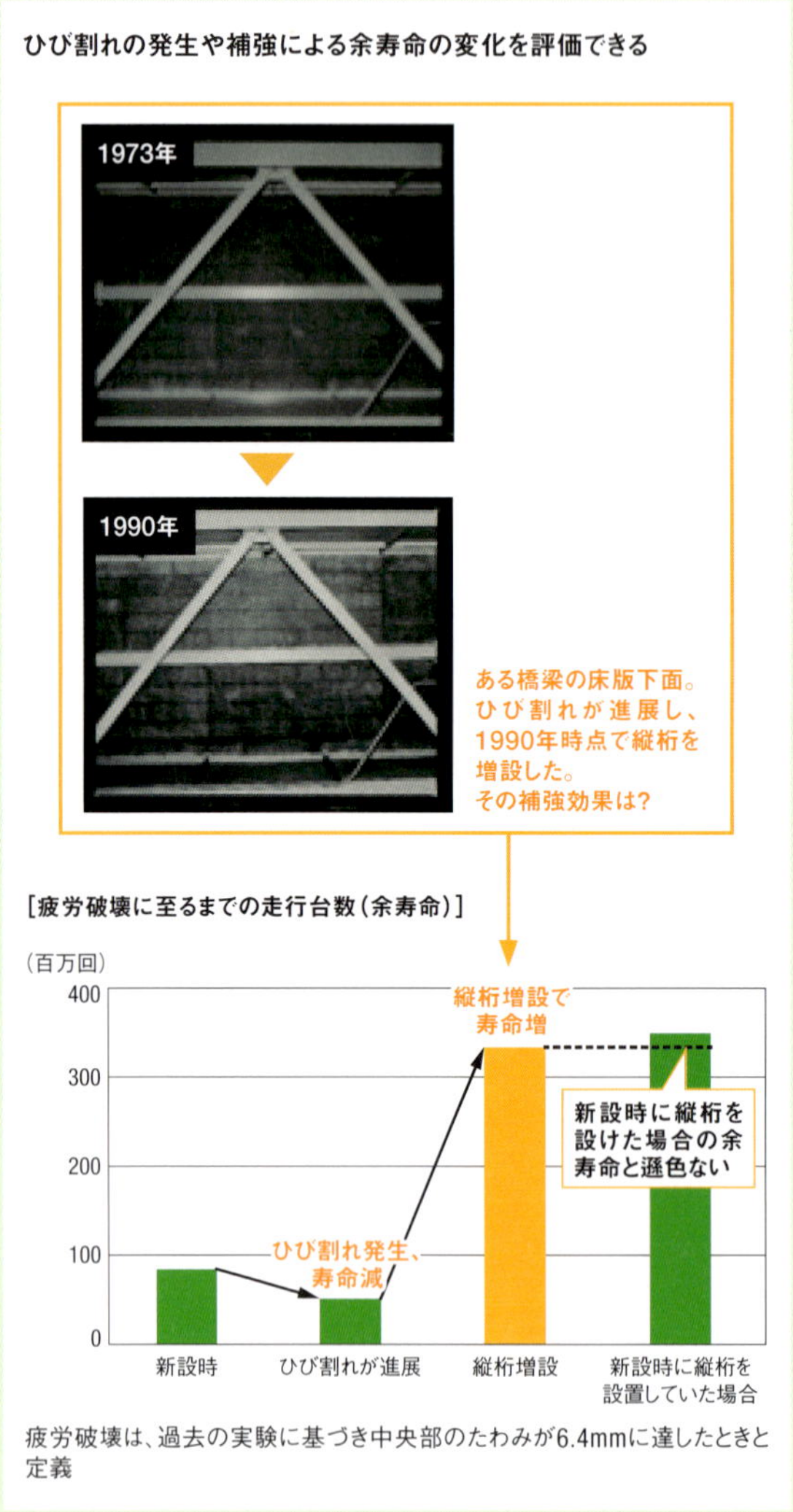

ひび割れの発生や補強による余寿命の変化を評価できる

1973年

1990年

ある橋梁の床版下面。
ひび割れが進展し、
1990年時点で縦桁を
増設した。
その補強効果は?

[疲労破壊に至るまでの走行台数(余寿命)]

(百万回)
400
300
200
100
0

縦桁増設で
寿命増

新設時に縦桁を
設けた場合の余
寿命と遜色ない

ひび割れ発生、
寿命減

新設時
ひび割れが進展
縦桁増設
新設時に縦桁を
設置していた場合

疲労破壊は、過去の実験に基づき中央部のたわみが6.4mmに達したときと定義

コンクリート床版の余寿命推定

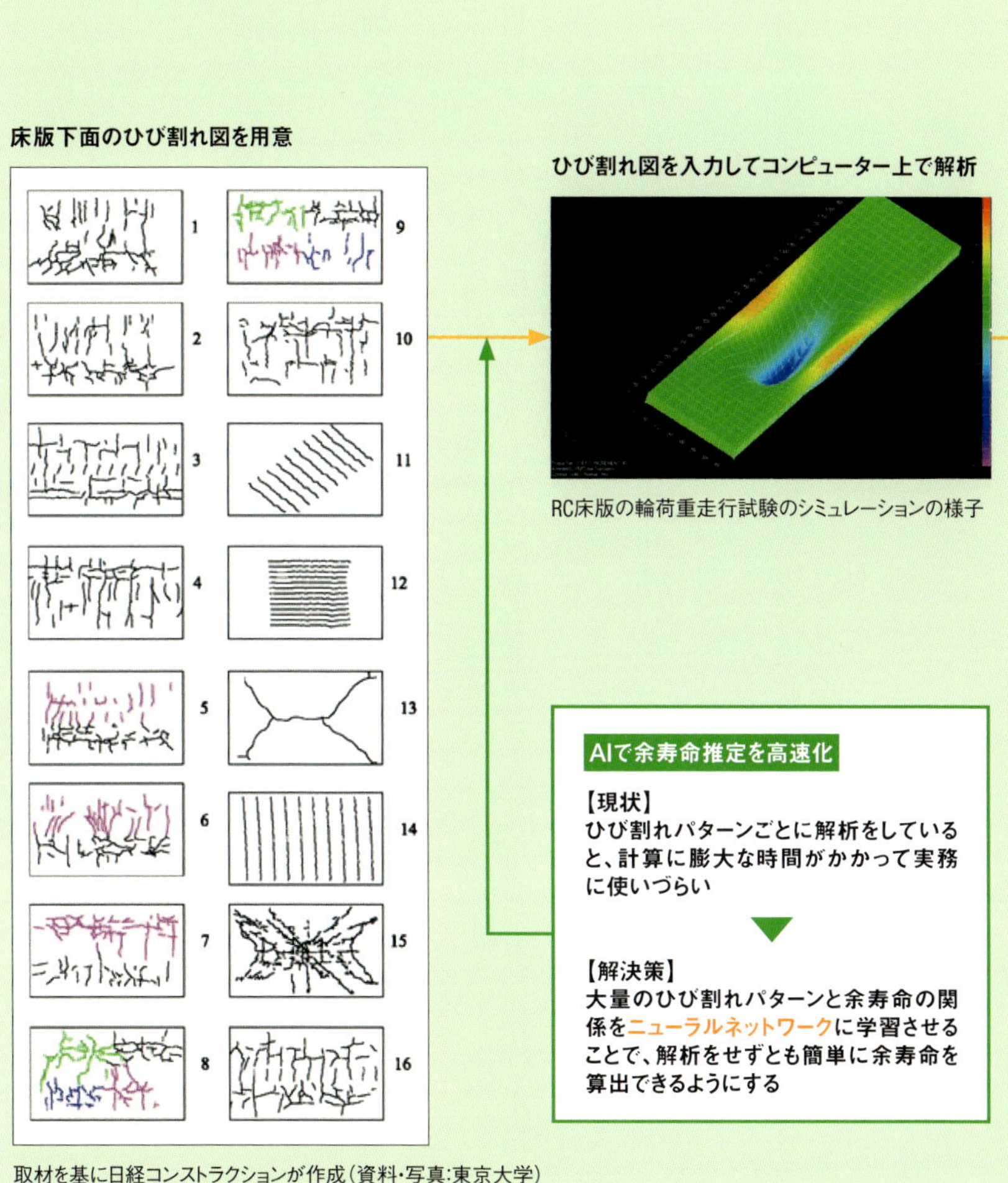

取材を基に日経コンストラクションが作成（資料・写真：東京大学）

第4章のまとめ

- 老朽化が進むインフラの維持管理にＡＩを適用する動きが盛んだ
- 舗装やコンクリートの橋などに生じた損傷を画像認識で検出する試みが多い
- 目視で品質や損傷を判断する建設分野とディープラーニングは相性が良い
- 予算や人材の不足に悩む自治体向けのサービスが出てき始めた
- 点検から診断までの完全自動化も視野に、さらなる研究が進んでいる

第5章

新たな主役はスタートアップ

STARTUPS DRIVE INNOVATION

混雑した道路を走る真紅の電気自動車（ＥＶ）。交差点の手前で路肩に寄ると、銀色のプレートに乗り込んだ。プレートは車を乗せて地下トンネルに下り、レール上を滑るように動き出す。時速二百キロメートルまで加速して、渋滞をものともせず、瞬く間に目的地に到着。再び上昇し、車を地上に送り出した――。

これは、米国でトンネル掘削を手掛けるスタートアップ（革新的な技術やサービスを生かして急成長を目指すベンチャー企業）の「Ｔｈｅ Ｂｏｒｉｎｇ Ｃｏｍｐａｎｙ」（以下、ボーリング社）が二〇一七年四月二十八日にＹｏｕＴｕｂｅ上に公開し、注目を集めた動画の大まかなストーリーだ。

確かに、新たな交通システムを提案するＣＧ映像としてはよくできている。しかし、それだけでは夢物語と片付けられて終わりかもしれない。構想があながち空想でないと受け止められた理由はほかにある。ボーリング社の設立者が、イーロン・マスク氏だからだ。

ＥＶメーカーのテスラモーターズや、民間宇宙開発会社のスペースＸなどを立ち上げたマスク氏は、いわずと知れた当代一の起業家。二〇一三年には真空チューブ内を時速一千キロメートル超で移動する「ハイパーループ構想」を発表するなど、交通インフラにも高い関心を持つ。

同氏は二〇一六年十二月にツイッター上で、「渋滞にはイライラする。ＴＢＭ（トンネル・ボーリング・マシン、掘削機のこと）を造ってすぐにでも掘削を始めたい」と発言し、ボーリング社の立ち上げを宣言していた。ちなみに社名の「Ｂｏｒｉｎｇ」には、「掘削」と「うんざり」の二つの意味を持たせている。

ボーリング社が公開した動画の一部（資料：下もThe Boring Company）

電気自動車を載せた電動スケートが地下トンネルを疾走する

実際に掘削機を調達して掘り始める

マスク氏が提案した交通システムの概要は次の通り。都市部の渋滞緩和のために、天候や地震の影響を受けない地下にトンネル網を何層も構築する。問題は掘削コストだ。現在の十分の一程度に抑えなければ事業としては成立しない。そこで、トンネルの直径を現在の一般的な道路トンネルの半分に縮小し、まずは三分の一から四分の一程度に減らす。

現状では、一車線のトンネルを造ろうとすると、緊急車両の通行や換気などのために直径が八・五メートルほど必要だ。そこで、車輪とプレートを組み合わせた自律制御式の電動スケートに車を載せる方式を採用し、安全性や排ガスの問題をクリア。直径を約四メー

「Godot（ゴドー）」と名付けたボーリング社の掘削機（写真:The Boring Company）

トルに抑える。掘削機の自動化などで掘るスピードを高速化し、さらにコストを下げる。
二〇一七年四月の発表から二カ月後の六月二十八日には、土砂地盤用の泥水式シールド機（シールド機とは、都市部にトンネルを掘る際に使用する掘削機）とおぼしきマシンで実際に掘削を始め、再び世間を驚かせた。同年八月には、二マイル（三・二キロメートル）の試験トンネルの掘削許可を行政から取り付けてしまった。

さらに二〇一八年六月十四日には、米シカゴ市内とオヘア空港を結ぶ高速地下交通システム「シカゴ・エクスプレス・ループ」の建設・運営者にボーリング社が選ばれた。テスラのモデルXをベースとする八～十六人乗りの電動スケートを三十秒おきに時速約二百四十キロメートルで運行することで、市内とオヘア空港をわずか十二分で行き来できるようにする。従来の三、四倍の早さだ。建設費は全て同社が負担するという。

このような、常識の範疇に収まらない発想は、既存のプレーヤーからは出てきにくい。米国のTBMメーカー関係者は、「面白い提案だ。米国は日本と違って、このような壮大なアイデアを受け入れる素地があるところが素晴らしい」と話す。

スタートアップと組む大企業

イーロン・マスク氏のような起業家に続けと、革新的な技術やビジネスモデルを武器に急成長するスタートアップが、世界中で次々に生まれている。金融や教育、農業など多様な分野がターゲットだ。もちろん、本書のテーマである建設テックの領域でも、スタートアップの存在感は日増しに大きくなっている。

古い商慣習をＩＴで変えようともくろむ企業があれば、ロボットやＶＲ（仮想現実）などの先端技術を扱う企業も。市場を奪われる旧来のプレーヤーの目には、スタートアップは憎らしい「敵」と映るかもしれない。一方で、大企業にはまねできない技術やアイデア、身軽さを持つスタートアップを「味方」につけ、共にイノベーション（技術革新）を成し遂げようとする動きが盛んになっている。

日本でも、スタートアップが持つＡＩ（人工知能）やロボット、ＩｏＴ（モノのインターネット）などの新技術や新たなサービスを取り込み、本業の強化や新規事業の立ち上げを目指す企業が急増している。これを裏付けるように、一時は低迷していた国内のスタートアップの資金調達額は増加傾向にある。ジャパンベンチャーリサーチ（東京都港区）によると、二〇一七年の調達額は過去十年間で最高となり、二千七百億円を突破した。

投資の規模は米国や中国などに大きく見劣りするが、スタートアップにとってかつてないほど資金を調達しやすい環境だ。好況を謳歌する建設会社の中にも、将来を見越してスタートアップとの協業や出資を検討する企業が出てきている。第五章では、国内の巨大な建設市場に商機を見いだした「建設テック系スタートアップ」の創業者たちを直撃。建設業界の現状に対する問題意識と、その解決を目指すサービスに焦点を合わせて紹介する。その後、スタートアップとタッグを組んで成長を目指す建設会社などの取り組みを詳しく見ていく。

スタートアップの調達額と社数の推移

(資料:ジャパンベンチャーリサーチ)

国・地域別に見たスタートアップへの投資額(2015年)

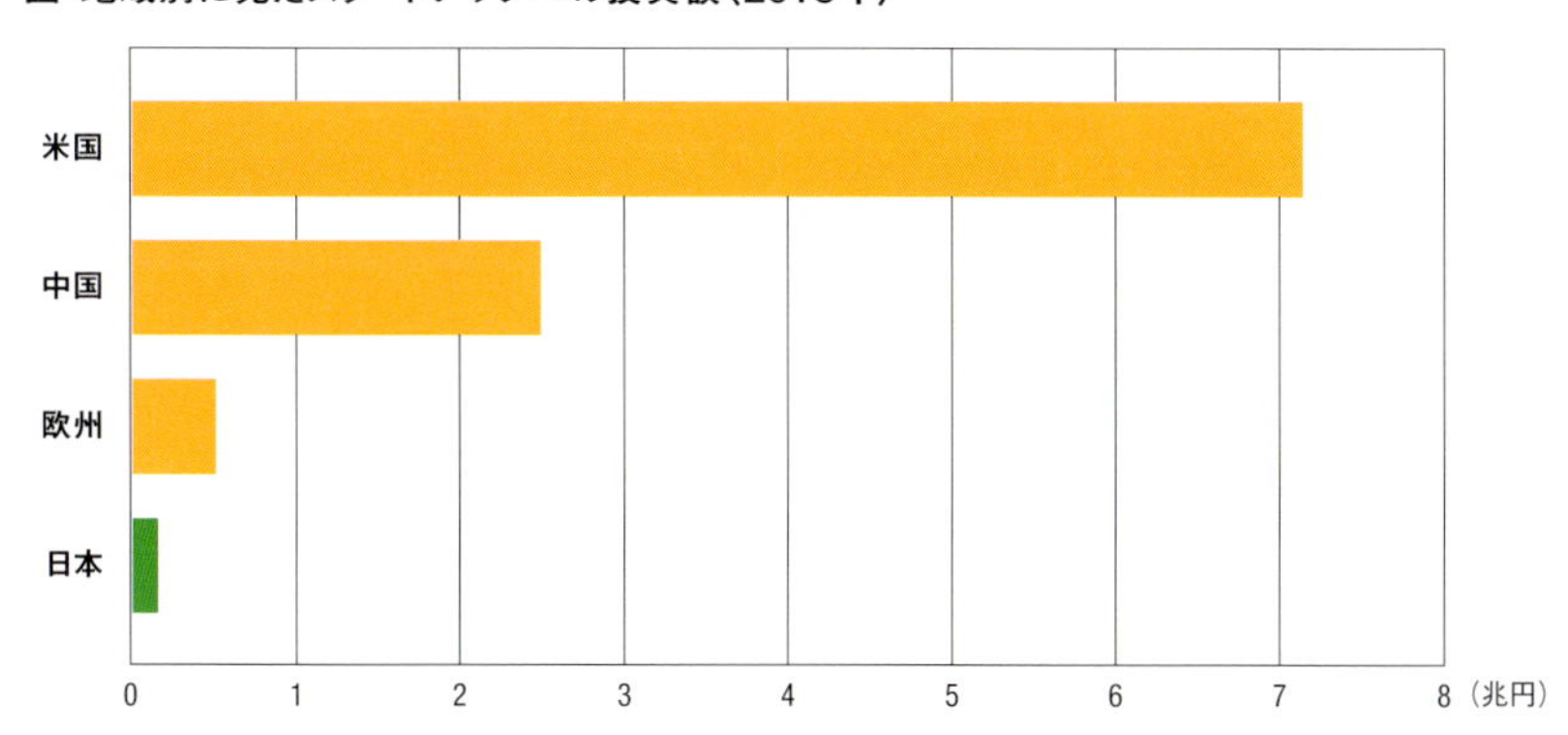

(資料:ベンチャーエンタープライズセンター「ベンチャー白書2016」)

押さえておきたいスタートアップ関連キーワード

▼**スタートアップ**　革新的な技術やサービスを生かして急成長を目指すベンチャー企業を指す言葉。規模を追わず、限られた顧客に対するサービスを提供するベンチャー企業はスモールビジネスと呼んで区別する。

▼**シード／アーリー／ミドル／レイター**　スタートアップの成長過程を表す用語。創業期はシードやアーリーと呼ばれ、事業が成長して上場が視野に入るとレイターと呼ばれるようになる。

▼**スケール**　ビジネスモデルはそのままで、事業規模を拡大できるという意味で使われる用語。「あのスタートアップの事業はターゲットにしている市場の規模が大きいので『スケール』するだろう」などといった使い方をする。

▼**ユニコーン**　企業価値が十億ドル（約一千百億円）を突破した未上場のスタートアップを指す。国内では、スマートフォンアプリを利用したフリーマーケットサービスを運営するメルカリ（東京都港区）がユニコーンに当たるとされた。同社は二〇一八年六月十九日に東証マザーズ市場に上場した。

▼**VC**　ベンチャー・キャピタルの略。ファンドを組成して有望なスタートアップに投資し、上場させるなどして利益を得る。資金を投じるだけでなく、経営の指導などもする。親会社などを持たない国内の「独立系ＶＣ」にはグロービス・キャピタル・パートナーズやグローバル・ブレイン・パートナーズなどがある。

▼**GP／LP**　GPはゼネラル・パートナー、LPはリミテッド・パートナーの略。ベンチャー・キャピタルでは、企業などの投資家（LP）から資金を集め、GPが投資先の決定やファンドの運営を担う。

▼**CVC**　コーポレート・ベンチャー・キャピタルの略。事業会社が資金を用意して、自らスタートアップに出資するために設立した組織。KDDIや三井不動産、JR西日本、損害保険ジャパン日本興亜など、様々な分野の大企業が設立している。

▼**エンジェル投資家**　創業間もないスタートアップに対して資金を提供する個人投資家。成功を収めた起業家が多い。出資の見返りに株式などを得るのが一般的だ。

▼**イグジット（EXIT）**　スタートアップの創業者やファンドが、上場や事業の売却を通じて利益を得ること。出口戦略。

▼**ピッチ**　スタートアップが投資家などに対して、短時間で自社の製品やサービスなどをプレゼンする催し。ピッチイベントの略。出資の獲得や、知名度の向上などが主な目的だ。

▼**アクセラレーター・プログラム**　既存の企業がスタートアップの参加を募り、支援しながら共同で新規事業の創出などを目指す取り組み。「MUFGデジタルアクセラレータ」、「IMBIueHub」などが有名だ。建設業界と関連が深い企業では、JR東日本や三井不動産、住宅設備メーカーのLIXILなども実施している。

発注者と下請けを結びつける（シェルフィー：二〇一四年創業）

二〇一四年創業のシェルフィー（東京都渋谷区）は、店舗やオフィスの内装工事を対象にマッチングプラットフォームを運営している。店舗などの開業や改装を予定している企業と、これまで発注者と接点がなかった優良な下請けの建設会社などを、元請け会社を飛ばして直接結び付ける。発注者側はコストを削減でき、受注者側は利益率を高められるメリットがある。

シェルフィーが発注者から工事の詳細を百項目にわたって聞き取り、内容に見合った施工者をランク付けして紹介。コンペなどを通じて最終的な施工者を決める仕組みだ。法令違反に当たりそうなケースや、工期や金額が厳しすぎる「ブラック」なケースなどは受け付けない。案件の特徴に見合った施工者を紹介するために、受注者側からも得意分野や対応地域などを詳細に聞き取る。竣工後は、発注者と受注者が相互に評価し、その結果を次回の案件に反映していく。

発注者の利用料金は無料。シェルフィーは成約時に、工事の受注者から成果報酬として受注額の三パーセントを受け取る。特命ではなくコンペの場合は、参加時に一パーセントを支払ってもらい、受注後に残り二パーセントを受け取る。

参加時に一パーセント分の支払いを求めるのは、コンペの参加者を、本気で受注を目指す建設会社に絞り込むためだ。代わりに、発注者から過去の工事の図面や見積もりなどの情報を開示してもらうなどして、建設会社がコンペに参加するか判断しやすくした。しかも、コンペの参加者は三社に絞る。受発注者の双方にメリットが出るよう知恵を絞った。

民間取引に健全な競争を

同社の呂俊輝社長にとって起業は二度目だ。一度目は学生時代。漫画の翻訳と電子アプリ化事業を手掛けた。それまで縁もゆかりもなかった出版業界に飛び込み、熱意を伝え、業界のことを教えてもらいながら仕事を受注する。その過程で、「ＩＴ化へのニーズは高いが、腰が重くて進んでいない業界」に関心を持つようになったという。

その後、デジタル写真素材の販売などを手掛けるピクスタ（東京都渋谷区）を経て、二十五歳でシェルフィーを設立した。呂社長は言う。「医療や建設など、市場規模が大きいにもかかわらず、ＩＴ化が進んでいない分野

シェルフィーの呂俊輝社長（写真）は、学生の頃に漫画の翻訳や電子化で起業。その後、写真素材販売のピクスタ（東京都渋谷区）を経てシェルフィーを立ち上げた。メンバーは23人。2017年9月1日に、ジェネシア・ベンチャーズなどから1億円を調達した（写真：日経コンストラクション）

シェルフィーが提供するマッチングサービスのイメージ

シェルフィーの資料を基に日経コンストラクションが作成

を調査したうえで、建設業界に狙いを定めた」。

　例えば建設業界には、民間企業同士の取引において、施工者の良しあしを判断する仕組みがない。このため、優れた企業とそうでない企業に差がつきにくい。そこで、業界に健全な競争を生み出そうと考えてつくったサービスが前述のマッチングプラットフォームだ。「良い仕事をすればさらに仕事が舞い込む。評判の悪い企業には仕事が来なくなり、改善を余儀なくされる。こういう仕組みがあれば、回りまわって良い仕事をする職人に給料がたくさん支払われるようになる。そうすれば、若者にとっても魅力のある業界になるのではないか」（呂社長）。

　シェルフィーの利用者は建設会社などが五百社、発注者が一千社だ。プラットフォームを通じた発注総額は二〇一八年二月に累計二百五十億円を突破した。「今後は建設会社間（元請けと下請け）のマッチングにも取り組む。土木にも事業展開したい」（呂社長）。

工事書類の作成を支援するサービスにも参入した。二〇一八年二月に始めた、安全書類（グリーンファイル）を作成・管理できるウェブサービス「Ｇｒｅｅｎｆｉｌｅ．ｗｏｒｋ」がそれだ。一旦情報を打ち込めば、あとは質問に答えていくだけで簡単に書類を作成できるので、長時間労働の温床である書類作成業務を効率化できる。一人親方や中小企業は無料で利用可能だ。呂社長は言う。「ロボット技術などは、いわば一を百にするようなイノベーション。建設業には、マイナス百を一にするようなイノベーションこそ求められているのではないか。まずは建設業界を、他の業界の水準にまで持っていきたい」。

建設会社と職人のマッチング（ハンズシェア：二〇一三年創業）

家庭の事情で大学を中退し、とび職人として建築の工事現場で十五年近く働いた後にＩＴ業界に飛び込んだ異色の経歴を持つのは、ハンズシェア（東京都港区）の内山達雄社長。自らの経験を生かして、建設会社と協力会社や職人をマッチングするプラットフォーム「ツクリンク」を二〇一三年から運営している。

「側溝の設置工事、単価一万六千二百円」、「住宅新築工事の基礎業者募集、見積もり希望」。ツクリンクには土木・建築にかかわらず様々な案件が集まる。登録した地域や職種に合った案件を会員にメールで通知。気に入ったらアプローチしてもらう。仕事が急にキャンセルになって、職人の手が空いた場合などに、元請け会社に「逆オファー」もできる。パソコンを利用しない人も多いので、スマートフォンアプリを用意した。未入金や無断欠勤などの通報があればじかに確認し、アカウントを凍結するなどの対応を取っている。

建設業界では、職人の手配はいまだに人づてが中心だ。職人は閉じたネットワークの中で仕事をしているので、競争原理が働きづらい。内山社長は、「マッチングを通じて競争原理が正しく働くようになれば、社員教育や社会保険の加入などに力を入れる企業が出てくる。結果として、職人の待遇改善につながる。重層下請け構造の改善にも役立つ」と力を込める。

会員数は二〇一八年七月末時点で二万四千

HANDSSHARE

社名：ハンズシェア
設立：2012年7月18日
資本金：7300万円

ハンズシェアの内山達雄社長。2017年7月には、アコード・ベンチャーズから約8500万円を調達した

百四十二社。口コミを中心に、毎月一千社ほどのペースで増えている。登録や手数料は無料だ。「有料にすると『次回からはサイトを通さずに』となる。サイトに情報がたまるよう無料としている。収益化はもう少し先だ」と内山社長は話す。当面は、会員が自社の案件を目立つ位置に表示したり、サイト内に自社のＰＲページを持てたりする有料サービスを充実させる。利用料は月額三万円だ。

豊富な会員数を生かし、他社との提携による新たなサービスの創出にも積極的だ。二〇一八年二月には弁護士ドットコム（東京都港区）との業務提供を発表した。同社が手掛けるクラウド契約サービス「クラウドサイン」の拡販に取り組む。

クラウドサインは、契約書の作成から締結、保管までをウェブ上で完結できるサービスだ。利用者が契約書のファイルをクラウドにアップロードし、契約の相手方が内容を承認するだけで契約を結べる。将来はクラウドサインとツクリンクを連携させて、ツクリンク内の工事案件の契約をクラウドサインで結べるようにする考えだ。

職人の仕事探し、決済も楽々（助太刀：二〇一七年創業）

「職人の仕事探し」をサポートするスタートアップはほかにもある。二〇一七年三月に創業したばかりの助太刀（東京都渋谷区）だ（二〇一八年三月に「東京ロケット」から社名を変更）。

同社が二〇一七年十一月にリリースしたのが、「助太刀くん」と名付けたスマホアプリ（後に「助太刀」に改称)。リリースから約半年後の二〇一八年五月に、ユーザー数は一万人を突破した。「職種」と「居住地」のわずか二項目を選択するだけで、その人に見合った案件を提示できるようにしたのが特徴だ。

同社の我妻陽一社長は、「入力項目が多いと職人は面倒がって使ってくれない。職人さんでも使えるアプリに徹底的にこだわった」と説明する。職種は全六十一種から専門分野を選ぶだけ。自分の居住地がどこなのか迷う人はいないので、入力が面倒になって途中で「離脱」するのを避けられる。

この仕組みは、職人の二つの特徴を利用している。一つ目は職種が多く、兼業があまりない点。建築の内装工事を取ってみても、塗装やクロス張りなど担当する作業が細かく分かれている。このため、職種からその職人に合った仕事を絞り込める。

助太刀

社名:助太刀

設立:2017年3月30日

資本金:5億7983万6400円(資本準備金含む)

左下が我妻陽一社長。大手電気工事会社で現場監督を務めたほか、電気工事会社の経営経験も
(写真:日経コンストラクション)

二つ目は、居住地で勤務地が決まる点。東京の大きなプロジェクトに従事する職人は、神奈川県や千葉県、埼玉県から通うことが多い。公共工事への依存度が高い地方では、地元の自治体に住む職人が工事を担っていることが多くなる。つまり、職種と居住地さえ分かれば、利用者のニーズに見合った情報を届けられるというわけだ。

稼ぎをその日に受け取れる

工事が終われば、職人と仕事の発注者がお互いを五段階で評価。評価が高い職人ほど待遇が良くなるようにする一方、悪質な発注者や職人は排除する。受注側の利用は無料。発注側は五回まで無料とし、以降は課金する。

マッチングサービスと並んで力を入れるのが業務支援。勤怠管理システムと請求書の発行を代行するサービスも提供する。従来、メモや記憶に頼っていた勤怠管理は、スマホを通じて毎日報告・承認。一カ月分の出勤簿を基に請求書の発行を「助太刀」が代行する。親方任せで請求書を作り慣れていない職人をサポートする。

スマホで簡単に仕事を探せる

職人が太い指でも操作しやすいユーザーインターフェースを追求した（資料:助太刀）

我妻社長は大手電気工事会社で現場監督を務めたのち、自ら立ち上げた電気工事会社を十年以上にわたって経営してきた経歴を持つ。建設業界に身を置き、苦労して会社を経営する中で、「人を探すには紹介しかない」、「仕事のお願いは電話」という旧態依然とした状況に問題意識を持つようになった。我妻社長は言う。「さらに良くないのは、職人を囲い込む慣習が非常に強いこと。ある現場が暇で、別の現場が大忙しでも、応援に行くことができない。つまり、業界としてヒューマンリソースを百パーセント活用できていない。原因は情報の非対称性。これをＩＣＴで解決しようと考えた」。

二〇一八年五月には、セブン銀行の子会社でＡＴＭを通じた決済サービスを手掛けるセブン・ペイメントサービスと提携。「助太刀」が、工事の元請け会社と職人の間に入ることで、職人がその日の工事代金をセブン銀行のＡＴＭを通じて現金で受け取れる「即日受取サービス」を始めた。「仕事が終わったらすぐにその日の支払いを受け、帰りがけにコンビニでお金を下ろして若手と飲みに行くことも可能だ」（我妻社長）。我妻社長は「マッチングを手始めに、建設業のビジネスインフラを目指したい」と力を込める。

設計者向けのクラウドソーシング（スタジオアンビルト：二〇一七年創業）

時間や場所を選ばない働き方として、クラウドソーシングが注目を集めている。インターネットを通じて不特定多数の人に細分化した作業を発注する仕組みで、ランサーズやクラウドワーク

スタジオアンビルトのメンバー。中央が森下敬司社長（写真:日経コンストラクション）

スが大手として知られる。本書の読者の中にも、業務を発注した人や、余った時間の小遣い稼ぎに仕事を引き受けたことがある人がいるかもしれない。

二〇一七年設立のスタジオアンビルト（名古屋市）は、建築設計に特化したクラウドソーシングサイトを運営するスタートアップだ。同社のウェブサイトには、マンションの既存図面のトレース依頼や店舗の内観パース作成など、様々な仕事の依頼がずらりと並ぶ。なかには、護岸耐震工事のCG作成といった土木関連の依頼もある。

一級建築士資格などを持つ会員が依頼に応じ、金額や納期といった条件が折り合えば契約成立。スタジオアンビルトは、受注者側から手数料を受け取って収益を上げる。依頼金額が二十万円以下の場合、手数料は十五パーセントだ。発注から支払いまで、一連の流れは全てサイト内で完結する。

二〇一七年九月十二日時点の会員は、個人と法人を合わせて一千七百十九者。十万者が目標だ。取引実績は九百六十四件。毎月七十件ほどの案件が出てきて、四十～五十パーセントほどが成約するという。同社の森下敬司社長は、「わずか三十分で成約したケースもある」と話す。

まん延する長時間労働への疑問

森下社長は大学院修了後、大成建設の設計部門で働いた後に起業。二〇一四年一月にサービスを開始し、二〇一七年六月に法人化した。スーパーゼネコンを飛び出し起業しようと思い立ったのは、長時間労働が常態化する建築設計業界に疑問を持ったからだ。設計は受注産業なので繁閑の差が激しい。忙しい時期は徹夜も珍しくない一方で、手が空いている時期も少なくない。

例えば、あるプロジェクトが始動するとプロジェクトルームを作り、そこに意匠や構造、設備といった様々な専門家を集めて設計を進めることになる。大手設計事務所や大手建設会社の場合、人材がそろっているのでさほど困ることはないが、中小企業で人材を確保できない場合は、徹夜で作業をするか、仕事をあきらめるかの二択になってしまう。手を貸してほしい企業と手が空いている設計者を引き合わせれば、長時間労働の解消や生産性の向上につながると考えた。

一年目の売り上げは六千円。二年目は六万円。それでも地道にサイトの改善を進め、ようやく利用者が増えてきた。最近は、大量の図面や複数の案件を同時発注する企業向けに、スタジオア

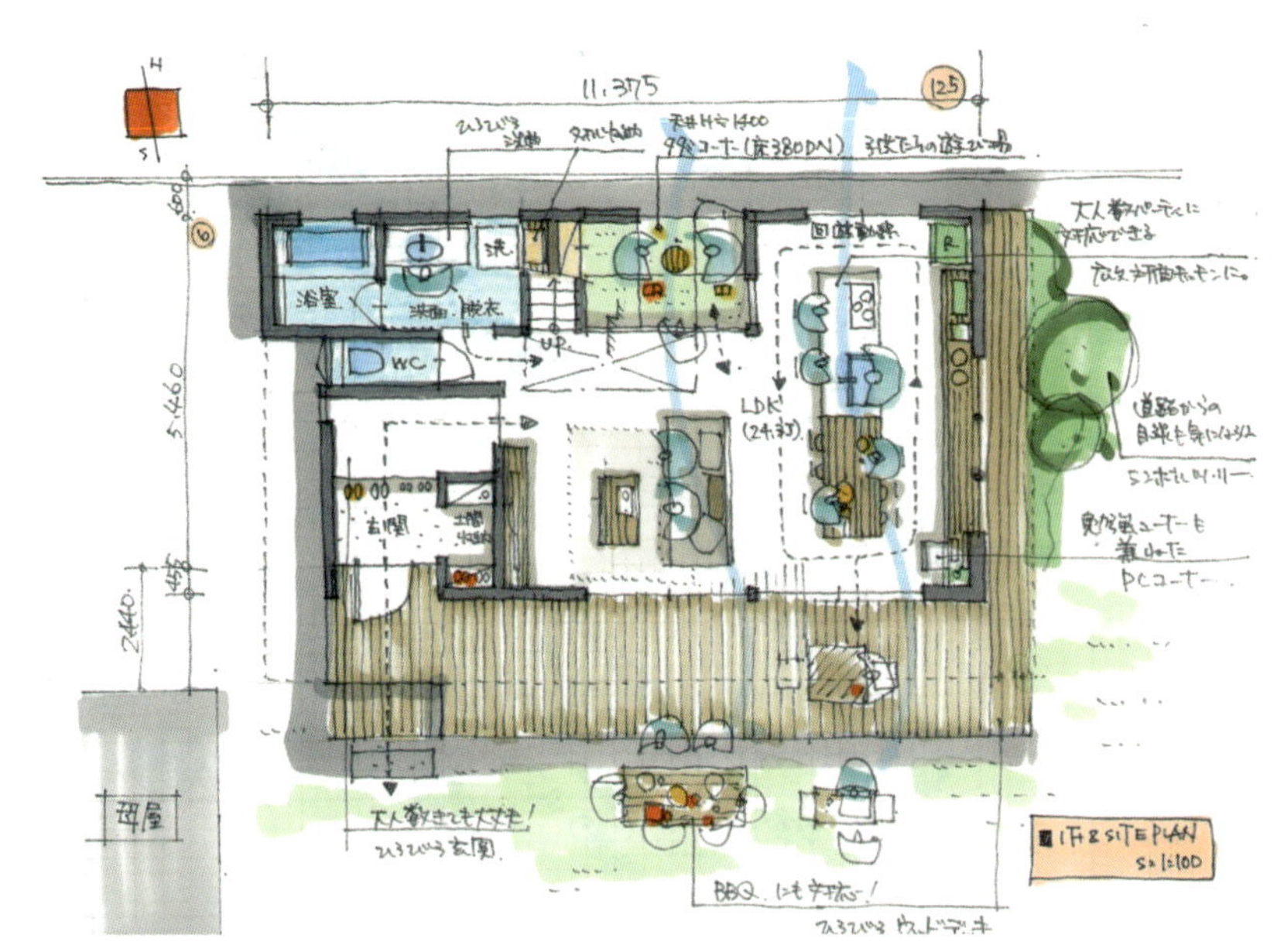

スタジオアンビルトの新サービス「マドリー」で集めた間取りの案（資料：下もスタジオアンビルト）

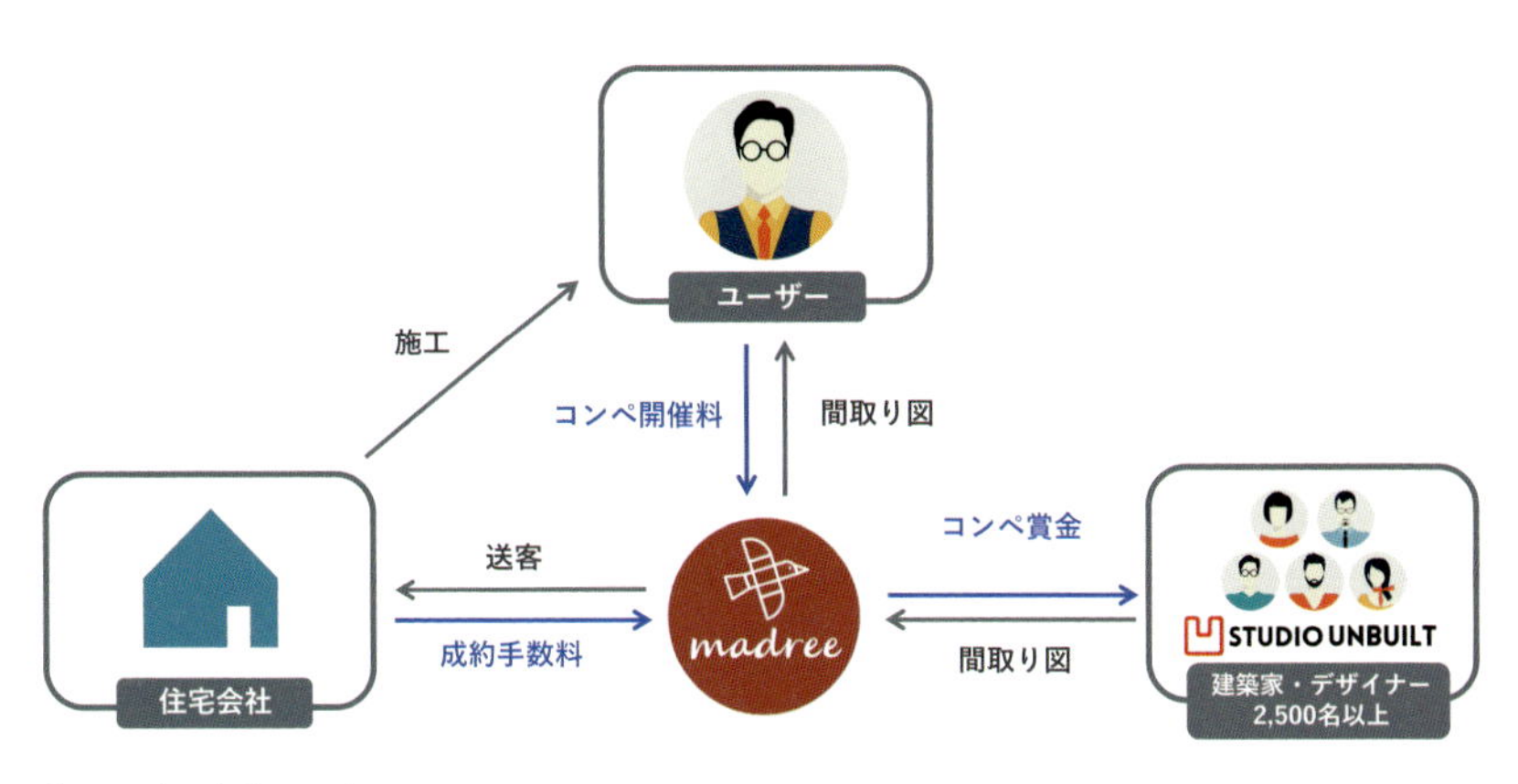

「マドリー」のビジネスモデル

オクトの稲田武夫社長。リフォーム事業を手掛けるホームセンター大手のカインズなどと提携している（写真:日経コンストラクション）

ンビルトが窓口となり、受注者の選定から納品までの進行を管理する「ディレクションサービス」も始めた。好評だが、手間が掛かるのが難点だ。いかにシステム化を進めるかが課題となる。

二〇一八年七月末には、注文住宅を検討する消費者が建築家やデザイナーに「間取り」の作成を手軽に依頼できるサービス「ｍａｄｒｅｅ（マドリー）」も開始した。

スマートフォンで条件を入力するだけで、スタジオアンビルトに登録している設計者がオリジナルの間取りを作成してくれる。利用料金は初回が九千八百円。一回の募集で複数の案を集められる。希望者には住宅会社を紹介する。

住宅を建てた人の多くが間取りに不満を持っていることに目を付けたこのサービスは、ニッセイ・キャピタルがスタートアップ

写真や工程表などの情報を簡単に管理・共有できる「ANDPAD」

進行中の工事を一覧できる横断工程表。人員の配置などを効率的に管理できる（資料:オクト）

を支援するために運営している「50MPROGRAM ニッセイアクセラレーション」の採択を受けて、五カ月間で開発したものだ。サービス開始時は注文住宅の年間着工戸数が多い愛知県に地域を絞り、順次、対象地域を拡大していく。

工務店向け施工管理アプリ（オクト：二〇一二年創業）

スタートアップのオクト（東京都千代田区）は、住宅など十億円程度までの工事をメインターゲットとした施工管理用スマートフォンアプリの「ANDPAD（アンドパッド）」を展開中だ。写真や工程表などの情報をクラウド上で一元管理できるうえ、元請けと下請け、職人などの関係者がスマホを通じて様々な情報を簡単にやり取りすることが可能。勤怠管理機能も付いている。さらには、見積もり作成や受発注もアプリでできる。

例えば、作業が完了したら工程表をスマホで呼び出し、報告ボタンを押す。すると、工程表が最新の状況に変更され、さらには次の作業の担当者に自動的に連絡を送信できる。

連絡手段をＦＡＸや電話に頼っていては手間がかかるうえ、意思疎通に行き違いも生じやすい。情報を紙ベースでやり取りしていると、経営者が現場の状況をリアルタイムに把握できず、トラブルが生じても手を打つのが遅くなる。「関係者のコミュニケーションをＩＴに置き換えれば、生産性を飛躍的に高められる」と、オクトの稲田武夫社長は力を込める。

利用料は、百人分のＩＤを付与するビジネスプランで月額六万円。初期費用は十万円だ。使い続けてもらうために、導入先の支援に力を入れている。ユーザーのログイン情報をまとめて報告し、職人の利用率を上げる方法を一緒に考える。

二〇一八年七月時点で、一千社の元請けがアンドパッドを利用中。ユーザーを五万社に

「黒板文化」にITで対応する「Photoruction」

電子黒板にも対応。事務所でデータを入力し、現場で撮影するとワンタップで完成する（資料：コンコアーズ）

増やすのが当面の目標だ。

工事写真の整理を簡単に
（コンコアーズ：二〇一六年創業）

土木や建築に限らず、工事現場では大量の写真を撮影する。生産過程で生じた写真データはノウハウの固まりのはずだが、整理に労力がかかるわりに活用されていない。

竹中工務店を経て起業したコンコアーズ（東京都中央区）の中島貴春社長は、「データ整理をいくら頑張っても品質には関係がない。技術者が本来の仕事に集中できる環境をつくりたい」と語る。そこで同社が開発したサービスが、「Ｐｈｏｔｏｒｕｃｔｉｏｎ（フォトラクション）」。面倒な写真整理を効率化するアプリケーションだ。

現場で撮影した写真をクラウド上にアップ

コンコアーズの中島貴春社長。同社は2018年6月、Dropbox Japanとの協業を発表した（写真：日経コンストラクション）

ロードすると、日付や撮影者、撮影箇所などの登録情報を基に自動的に整理される。フォルダ分けは不要。工事写真台帳も、写真を選択するだけで簡単に作成できる。データはＰＤＦやエクセルファイル形式で出力可能だ。図面も閲覧できる。建物の場合、図面上で撮影した箇所を指定するだけで、撮影した階や通り芯などの情報を写真の属性情報に追加できる。

利用料金はユーザー数とプロジェクトのタイプに応じて決まる。写真を多く扱う工事現場なら、一ユーザー当たり月額三千九百八十円（一年契約）。これに加えて、保存可能な写真枚数に応じて費用がかかる。無制限に写真を保存できる「ＬＡＲＧＥ」タイプなら、一プロジェクト当たり月額九千九百八十円だ。リリースから半年で、六千五百プロジェクトに使われた。

日本建設情報総合センターの助成を受け、二〇一八年の実用化を目指して進めているのが、「ａｏｚ ｃｌｏｕｄ（アオズクラウド）」と呼ぶＡＩエンジンの開発。二次元の図面の情報を読み取って三次元モデルを自動生成したり、積算の際に図面から数量を自動で算出したりする。フォトラクションと連携させて、さらなる高機能化を図る。

建設機械のマーケットプレイス（ソラビト：二〇一四年創業）

建設業を営む父の下、建設機械に囲まれて育ったというソラビト（東京都中央区）の青木隆幸会長。誰でも簡単に中古の建設機械を売買できる「ＡＬＬＳＴＯＣＫＥＲ」を二〇一五年に立ち上げた。インターネット上で売り手と買い手が自由に取引できるマーケットプレイスには、一般

ソラビトの青木隆幸会長。同社は2015年にGMOベンチャーパートナーズなどから1億円超を、16年にはグリーベンチャーズやJA三井リースなどから約5億円を調達するなどして、事業の拡充を進めている（写真:日経コンストラクション）

海外からの評価が高い日本の中古建機を手軽に売買

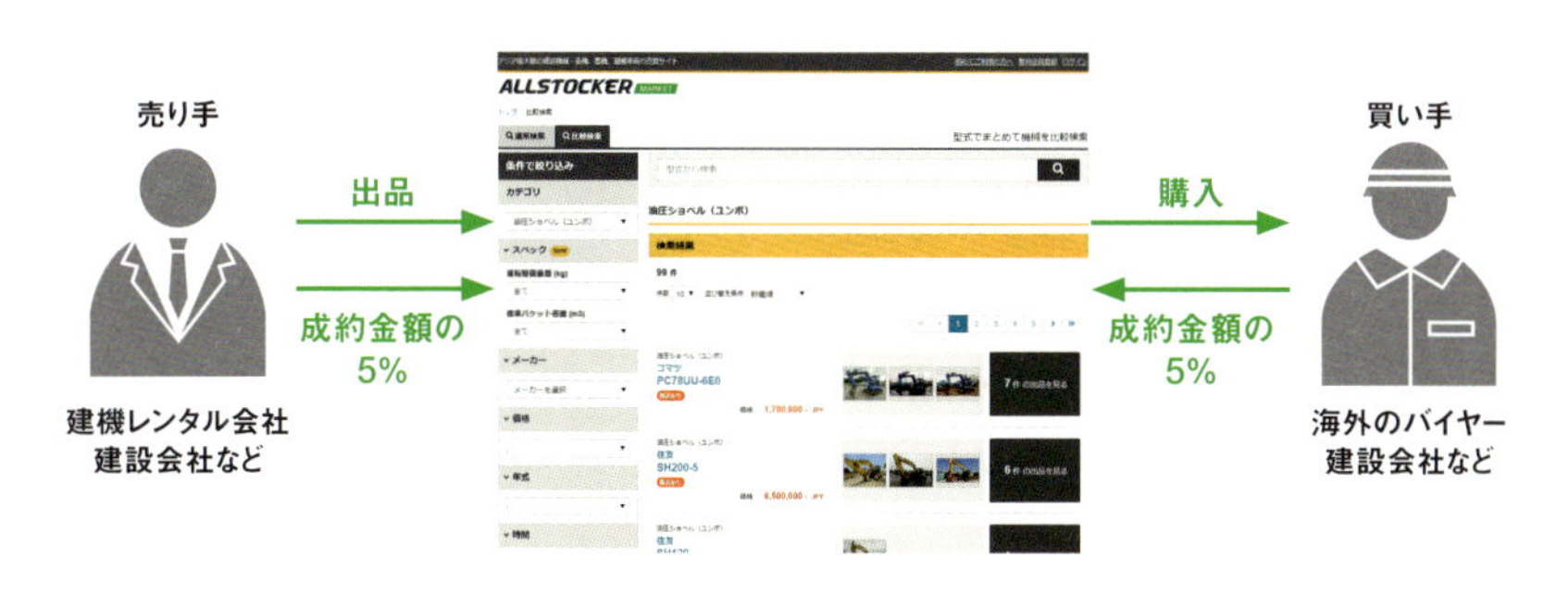

ソラビトの資料を基に日経コンストラクションが作成。ALLSTOCKERには数百万円から1千万円台の建機が出品されている。1件につき100枚前後の写真を載せているので、機械の状態を詳しくチェックできる

消費者向けのサービスとしてはアマゾンマーケットプレイスやメルカリなどがある。ＡＬＬＳＴＯＣＫＥＲはその建設機械版だ。

日本の建設機械は性能が高いうえ、中古であっても年次検査などを通じて一定の品質が保たれている。そのため、東南アジアなどでの需要が高い。ところが、建機の売買は実物を前にした「競り」が中心。開催回数が限られるうえ、輸送費が掛かるなど、非効率な部分が多かった。

ＡＬＬＳＴＯＣＫＥＲであれば、効率的に出品・購入が可能。各地の整備士と提携し、全国どこでも建機の状態を無料鑑定する仕組みも整えた。成約すると提携した物流会社が売り手の保管場所から海外まで輸送する。決済にエスクローサービスを取り入れ、高額商品を安全に売買できる体制とした。

油圧ショベルを中心に毎月百台近くの売買が成立している。サイトの閲覧や出品は無料。ソラビトは、売り手と買い手の両者から成約金額の五パーセントを受け取る。サービスは順次拡大中。二〇一七年二月から月一回の頻度で建機のネットオークションを始めた。今後は買い手から購入希望リストを集め、売却情報と突き合わせて効率的に売買する仕組みも取り入れる。

売り手は建設会社や建機のレンタル会社が中心だ。建設会社は中古車を売買する感覚で手軽に買い替えができる。レンタル会社は数年で建機を売って利益を確定させるが、売却に手間が掛かるのが課題だった。このため、売却をソラビトに一任する企業もある。同社は収集した売買データを基に、レンタル会社に「売り時」を提案することもできる。二〇一八年四月には、伊藤忠建機と中古建機の売買に関する業務提携を結んだ。

column

米国で急成長を遂げる施工管理アプリも

　オクトやコンコアーズのように、土木や建築の施工管理アプリを武器とするスタートアップは米国にもある。

　代表例が二〇一一年設立のPlanGrid（カリフォルニア州）だ。クラウド上で大量の図面を管理できるのが売り。写真の添付なども簡単にできる。同社は二〇一七年十月までに、ベンチャー・キャピタルから約六千万ドル（約六十七億円）を調達。急成長を続けている。

PlanGridのウェブサイト（資料:PlanGrid）

CEOのトレーシー・ヤング氏
（写真:PlanGrid）

大成建設が「力触覚」で新ビジネス

ここまで、様々な建設テック系スタートアップの取り組みを見てきた。では、既存のプレーヤーである建設会社の動きはどうか。社外の専門家や企業と組んで技術革新を目指す「オープンイノベーション」を志向し、スタートアップとの協業によって本業である建設事業の生産性向上や、新規事業の開発に挑む企業が少しずつ出てきている。いくつかの先端的な建設会社の取り組みを見ていこう。

３Ｄプリンターで作ったグローブを右手に装着して指や腕を動かすと、離れた位置のロボットハンドが連動して動く。ロボットハンドで、プラスチック製のトマトをつかんでみる。すると触れた瞬間、何かが当たる感触が手にも伝わった。そのまま力を込めると、実際に硬いものを握ったような抵抗を確かに感じる――。

大成建設エンジニアリング本部技術戦略推進室の大手山亮課長代理は、電動義手の開発で有名なスタートアップのイクシー（東京都中央区）と組み、不思議な遠隔操作システムを開発中だ。このシステムのように、離れた場所に触覚を伝送する仕組みは「ハプティクス（触覚伝達）技術」と呼ばれ、製造業や農業、介護など様々な分野から注目を集めている。

大手山課長代理が所属するエンジニアリング本部では、特殊な機械設備を扱う工場などの計画からメンテナンスまでを手掛ける。工事現場に比べて自動化が進んだ工場でも、人手を介する労

右のロボットハンドで物をつかむと、グローブをはめた手（写真左）に触覚が伝わる。試作品を囲んで顧客などに活発に議論してもらうため、デザイン性にもこだわった。イクシーは社内にデザイナーを擁している
（写真：日経コンストラクション）

遠隔操作システムの仕組み

イクシーの資料を基に日経コンストラクションが作成

働集約型の作業は残る。例えば食品工場で料理を容器に詰める作業などは機械化が難しく、人手に頼らざるを得ない。「顧客から解決策を提案してほしい、といつも言われる」（大手山課長代理）。

折しも二〇一六年、エンジニアリング本部では新規事業開発を担う技術戦略推進室を設置。大手山課長代理は推進役を担うことになった。懸案を解決しつつ、新事業を生み出そうと目を付けたのがハプティクス技術だった。

インターネットを介して時間や場所を問わずロボットを遠隔操作できるようになれば、海外の労働者が日本の工場のロボットを操ることも可能になる。時差を生かせば、海外の安い労働力を活用しながら二十四時間の操業も可能だ。操作データを記録しておき、簡単に再現できるのも魅力だ。

契約方式を工夫してもめ事を回避

「なるべく早く試作品を作り、顧客や関心を持ってくれる企業と議論しながらシステムを作り上げたい」。大手山課長代理がパートナーを探し始めたのは二〇一六年末だ。ハプティクス技術を生かしてVR（仮想現実）内で物体をつかめるシステムをイクシーが開発していると知り、二〇一七年四月ごろに同社の山浦博志社長に連絡。六月から開発をスタートさせた。

大企業とスタートアップが協業する際は、スピード感の違いや権利関係が原因でもめやすい。そこで工夫したのが契約方式だ。

大成建設が工場向けの生産システムなどの発注で用いる業務委託契約のひな形を流用して、手続きを簡略化。一方で、イクシー側に不利にならないよう権利範囲を調整した。「業務委託契約では、成果物の権利や業務で生まれた技術が発注者側に帰属するのが普通だが、かなり配慮してもらった」（山浦社長）。

大企業で新たにひな形を作成しようとすると多くの部署に承認を得なければならないし、本格的な研究開発の形を取ると互いの権利範囲を事細かに決めなくてはならないから、大成建設にとっても省力化になった。

当初は二〇一七年度いっぱいに試作品を完成させる予定だったが、イクシーは上半期で完成させた。大手山課長代理は、「おかげで下半期を有意義に使える」と舌を巻く。

実はこのプロジェクト、大成建設社内で開発費を申請する際に二度も「よく分からない」と却下された経緯がある。イラストや動画などを示し、泥臭く説明を繰り返してようやく予算を確保した。「だんだんと試作品が形になると、『こんなこともできるのでは』という声が増えてきた」（大手山課長代理）。

大成建設とイクシーはその後も試作品をベースにシステムの改良を重ね、二〇一八年七月にはよりシステム構成がシンプルで、操作がしやすいプロトタイプを発表している。以前は五本指だったロボットアームを二本指に簡略化し、デンソーウェーブの多関節ロボットや独ベッコフオートメーションの制御ソフトウエアなどの汎用品を多用するなど、実際の生産現場にも導入しやすいように配慮した。

column

注目のハプティクス技術

任天堂の人気ゲーム機「ニンテンドースイッチ」も取り入れたハプティクス技術。ゲーム産業から製造業、医療分野まで活用の幅は広く、関連するスタートアップも増えている。市場規模は実に五十兆円ともいわれる注目技術だ。

操作データを記録してAIに学習させれば、これまでロボットには不向きだった作業も自動化できるかもしれない。工場はもちろん建設現場にも適用できそうだ。慶応義塾大学ハプティクス研究センターの大西公平教授らがこの分野で先頭を走っており、同大学理工学部システムデザイン工学科の野崎貴裕助教は二〇一七年、シブヤ精機（浜松市）と共同で、腐敗したミカンを取り除く選果ロボットを開発している。

ハプティクス技術を生かした選果ロボット。左はロボットハンド部の構造。右は腐敗した果実を排出する様子
（写真：慶応義塾大学）

シリコンバレーの拠点で本業を強化

日本の建設会社で初めて米シリコンバレーに拠点を設け、スタートアップなどと技術開発に取り組んでいるのが大林組だ。同社は二〇一七年三月に「オープンイノベーション推進プロジェクト・チーム」を設置し、社内の技術とスタートアップや研究機関などの技術を掛け合わせることで、建設工事の品質や安全性、生産性向上などを目指している。二〇一八年七月二十日には初の成果として、世界最大の非営利独立研究機関である「ＳＲＩ Ｉｎｔｅｒｎａｔｉｏｎａｌ」と共同で次世代型の自動品質検査システムを開発したと発表した。

開発した自動品質検査システムは、鉄筋コンクリート構造物の配筋検査業務を効率化するのに役立つ。配筋検査とは、大量に使用する鉄筋の全箇所について、その本数や間隔、直径、長さ、材質といった項目をチェックし、設計図通りに組み立てられているか確認する業務だ。二次元の図面では全ての鉄筋の配置を確認できないので、細かい仕様はいちいち標準配筋図を参照する必要がある。配筋はコンクリートを打設してしまうと分からなくなるので、細心の注意が必要だ。担当者には不具合箇所に気付く一種の感性が求められる。工事の進捗に合わせて現場を動き回らなければならず、労力と時間もかかる。

ＭＲ（複合現実）技術を利用した新開発のシステムを使えば、事前に作成した三次元モデルと実際の鉄筋の映像を重ね合わせて確認できるので、担当者は図面を持ち歩かずとも配筋が正しいかひと目で判別できる。端末のカメラ映像などから自己位置を推定し、周辺環境の地図を自動作成するＶｉｓｕａｌ ＳＬＡＭ（ビジュアルスラム）と呼ぶ技術を使うことで、ＧＰＳ（全地球測位システム）が利用できない屋内などでも利用できるのが強み。ビジュアルスラムは非ＧＰＳ環境におけるロボットの自律移動などに利用されている話題の技術だ（244ページ参照）。

大林組は国内の工事現場で実証実験を実施し、配筋検査の生産性を二十五パーセント以上も向上できると確認。二〇一九年度の本格導入を目指している。このほかにも、現地のスタートアップや研究機関から、建設業界の課題に対するソリューションを公募。複数の提案者と共同でプロジェクトを進めている。

ＶＣへの出資を通じて情報収集

ベンチャー・キャピタル（ＶＣ）を通じたスタートアップへの出資をてこに、本業である建設事業の強化や新規事業開発に挑むのが清水建設だ。

ＶＣとは、投資家から出資を募ってファンドを組成し、スタートアップに成長のための資金を提供する投資会社。清水建設のような事業会社がＶＣのファンドに出資する目的は主に二つある。一つ目は金銭的なリターン。投資先が成長して上場した際などに、ファンドは保有する株式を売却。得られた額と投資額の差額を受け取る。もう一つの目的が、有望な企業や技術に関する情報をいち早く獲得すること。清水建設が狙うのはこちらだ。投資先はもちろん、投資先を決め

大林組がシリコンバレーに設けた研究開発拠点（写真：下も大林組）

自動品質検査システムの実証実験の様子

ベンチャー・キャピタルへの出資を足がかりにする清水建設

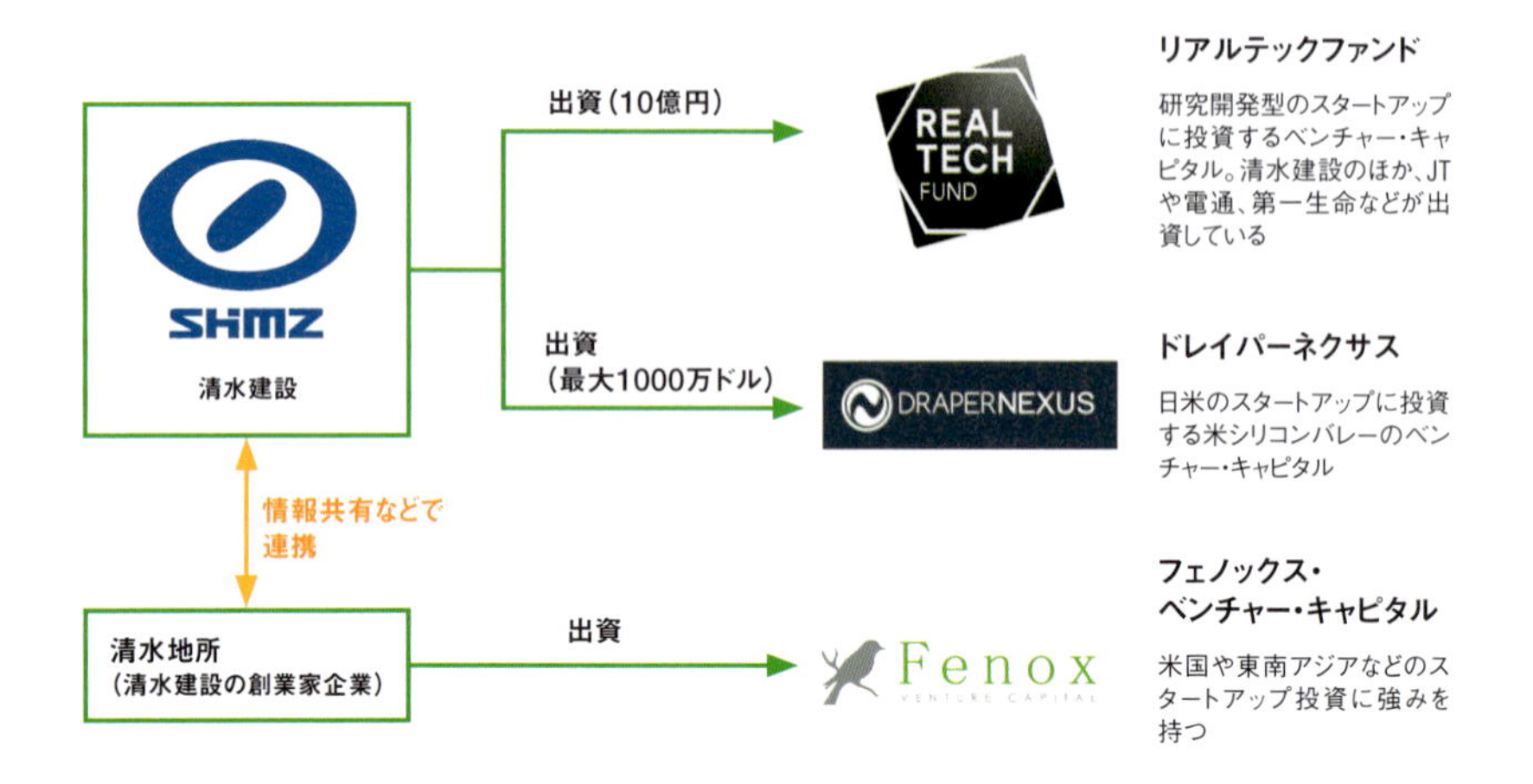

取材を基に日経コンストラクションが作成

る過程で集まった大量の企業情報をＶＣから開示してもらえる。

清水建設次世代リサーチセンターの所長を務める平田芳己執行役員は、「ＩｏＴやＡＩのような最新技術の専門家は社内に少ない。新たに育てるよりも、社外に人材を求めたほうが効率がいい。スタートアップのスピード感に触れ、社内文化を変革する意味合いもある」と語る。

清水建設がこれまでに出資したファンドは二つ。

第一弾は、ミドリムシの大量培養技術で知られるユーグレナ（東京都港区）などが運営する総額七十五億円の「リアルテックファンド」だ。二〇一五年に十億円の出資を決めた。同ファンドは、ＩｏＴやロボット関連のスタートアップに積極的に投資している。

続いて二〇一六年十月には、米シリコンバ

レーを拠点とするドレイパーネクサスのファンド（規模は約一億二千七百万ドル）に対して、最大一千万ドル（約十一億円）の出資を決めた。ドレイパーネクサスもＩｏＴやＡＩなどの技術を持つスタートアップに投資するＶＣだ。清水建設は二〇一七年一月からシリコンバレーに社員を常駐させている。

ドレイパーネクサスと同様、シリコンバレーを拠点とするフェノックス・ベンチャー・キャピタルとも連携して情報収集を強化している。同社のファンドには清水建設の創業家企業である清水地所が出資している。

コマツの成功例にならえ

清水建設の平田執行役員は、「従来、建設会社の投資といえば不動産投資などで、ファンドへの出資はなじみがなく、ゴーサインが出るまでには侃々諤々（かんかんがくがく）の議論があった」と明かす。社内調整には苦労したが、出資を機に有益な情報が大量に集まるようになった。

建設分野における大企業とスタートアップの協業の成功例として知られるのが、建機メーカーのコマツが二〇一五年に発表した米スカイキャッチへの出資だ。スカイキャッチはドローンを用いた測量サービスを手掛けるスタートアップ。コマツは、清水建設も出資したドレイパーネクサスからの情報をきっかけにスカイキャッチと巡り合った。スカイキャッチのドローン技術は、コマツが手掛けるスマートコンストラクション事業の核となっている。「我々も早くメリットを享受できるよう努力したい」。清水建設の平田執行役員はコマツの例を引き合いに語る。

VCを通じた出資にとどまらず、清水建設はスタートアップへの直接出資も始めている。二〇一七年十二月には、月での資源探査に挑むispace（東京都港区）に出資した。同社は清水建設のほか、産業革新機構や日本政策投資銀行、東京放送ホールディングス、コニカミノルタなどから百億円を超える資金を調達し、独自に開発する月着陸船による「月周回」と「月面着陸」の二つのミッションに取り組む予定だ。清水建設は、近年注目が高まっている民間宇宙開発ビジネスに先行投資し、将来の成長の布石とする。

なお、清水建設は二〇一八年七月にキヤノン電子やIHIエアロスペース、日本政策投資銀行と共同で、小型ロケットの打ち上げ事業を手掛けるスペースワン（東京都港区）を設立するなど、建設会社の中でもとりわけ宇宙事業に積極的な姿勢を見せている。

「脱請負」を目指す前田建設工業

準大手ゼネコンの前田建設工業は、スタートアップに直接出資する「MAEDA SII（Social Impact Investment）」と呼ぶ仕組みを二〇一五年度から運用している。出資対象は、社会問題の解決を目指す企業。協業が前田建設工業の業績アップにつながることも条件だ。

出資先の情報は、同社の技術戦略室と技術研究所が連携して足で稼ぐ。技術戦略室の上田康浩

スタートアップへの出資を増やす前田建設工業

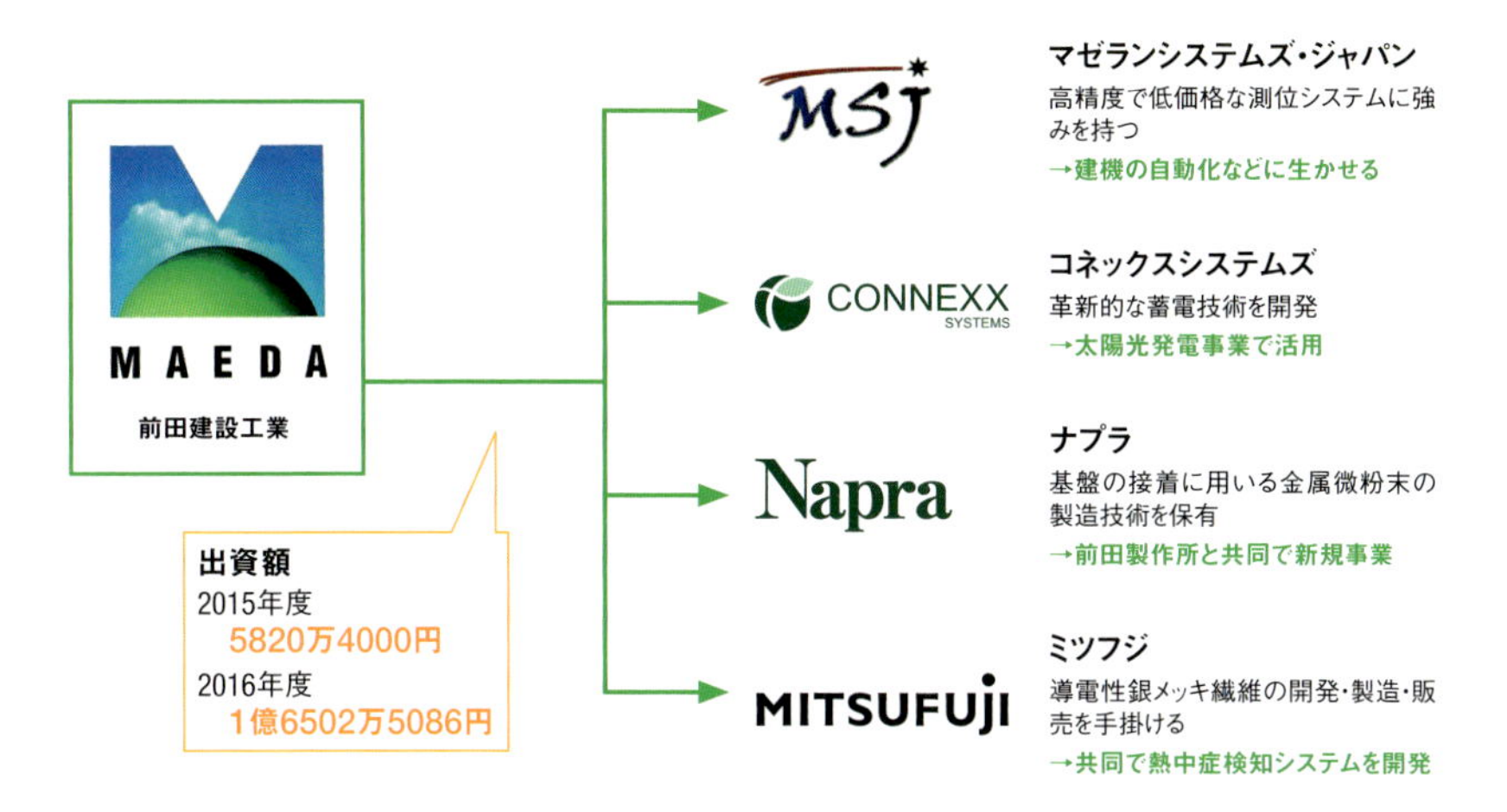

取材を基に日経コンストラクションが作成

室長は、「新聞などの情報はもちろん、ピッチイベントに顔を出したり、VCや金融機関から紹介してもらったりする」と話す。

情報収集に割ける人員は潤沢ではないが、それでもこれまでに収集した企業情報は一千六百社に上る。このうち実際に出資したのは、二〇一七年八月末時点で五社（うち一社は非公表）。個別の出資額は非公表だが、二〇一五年度に約五千八百万円、二〇一六年度に約一億六千五百万円を拠出済みだ。

出資を決める際は、社内に設けた委員会で審査する。ただし、スタートアップは売り上げが立っていない場合も多い。上田室長は、「普通の企業と同じ条件を当てはめると審査を通らないので悩ましい。当社の事業との相乗効果を見込んで基準をかなり緩く設定している」と言う。

出資先は多様だ。高精度で安価なGPSや

ＩＭＵ（慣性計測装置）を農業機械向けに提供するマゼランシステムズ・ジャパン（兵庫県尼崎市）や、西陣織の技術を生かして導電性の銀メッキ繊維を開発するミツフジ（京都府精華町）は、建設業との親和性が高い。

マゼランシステムズ・ジャパンの高精度な測位技術は、工事の自動化などに生かせる。ミツフジの銀メッキ繊維で織った衣服なら心電波形などを正確に把握できるので、熱中症の予防に役立つ。既に土木や建築の現場で計測を始めている。

脱請負に寄与しそうなのが、蓄電システムを手掛けるＣＯＮＮＥＸＸ ＳＹＳＴＥＭＳ（京都府精華町）と、金属間化合物（二種類以上の金属から成る化合物）を用いた基盤の接合技術を持つナプラ（東京都葛飾区）。ＣＯＮＮＥＸＸ ＳＹＳＴＥＭＳの技術を太陽光発電事業に適用すれば、発電効率を高められる。ナプラとは新規事業を始める。自動車や電力分野などで普及が見込める次世代パワー半導体向けの接合材の製造・販売会社「Ｍナプラ」を共同で設立。メーカーなどに販売する予定だ。

インバーターなどに使われる次世代パワー半導体は高温・高電圧になるため、銀などを用いた接合材を使うが、コストが高い。ナプラが保有する特許を生かして製造した特殊な金属間化合物粒子を用いれば、安価な接合材を実現できる。既に複数の企業で採用が決まった。接合材に用いる金属微粉末の製造は、子会社で建設機械などの製造・販売を手掛ける前田製作所が担う。

上田室長は、「出資額こそ大きくないが、出資先からは当社と組むことで信用力が得られると好評だ。件数をもっと増やして新たなつながりを作りたい」と意気込む。

中小・地方から始まった「VR革命」

スタートアップとの協業は、決して大企業だけのものではない。フットワークが軽い中小規模の建設会社こそ、彼らと同じ目線で素早く開発を進められる。本書の最後に、VR（仮想現実）で公共工事の効率化を目指す建設会社とスタートアップの取り組みを紹介する。

ヘッドマウントディスプレーを装着し、用意しておいたCADデータを選択すると読み込みが始まる。模型サイズの三次元モデルが目の前に現れた。コントローラーをかざしてボタンを押すと、たちまち三次元モデルの中に入り込み、自在にバーチャル空間を動き回れる――。

二〇一四年設立のスタートアップ、DVERSE（ディヴァース、米デラウェア州）が開発した建設・不動産ビジネス向けの無料ソフトウエア「SYMMETRY alpha（シンメトリー・アルファ）」は、VRを活用して誰でも簡単にデザインを検証できるのが売りだ。二〇一七年二月に英語版を公開し、九十カ国以上で利用されている（同年十月時点）。

同社の沼倉正吾社長は当初、日本で起業しようと考えていた。二〇一三年ごろのことだ。ところが、当時は日本でVRがブームになるはるか前。日本の投資家からの資金調達が難しい。そこで、海外からの投資を基に世界を相手にビジネスをしようと米国に会社を設立した経緯がある。

事実、最初に同社に投資したのは韓国企業だった。

シンメトリー・アルファが活躍するのは、例えば店舗やオフィス、展示会ブースのデザインを

誰でも手軽にデザインをチェックできるDVERSEのVRソフト

❶ 3次元モデルを作成

トリンブルの
「スケッチアップ」に対応

❷ ヘッドマウントディスプレーを装着

❸ データを読み込み

模型サイズの3次元
モデルが目の前に

データを選択すると
読み込みが始まる

❹ 3次元モデルの中に入る

自由に移動しながら
デザインなどをチェック

SYMMETRY alpha（シンメトリー・アルファ）の概要。対応するCADソフトは、世界に3000万人のユーザーを抱える米トリンブルのSketchUpだ。将来は他のCADにも対応する。VR用のヘッドマウントディスプレーはHTC Viveを使用する（資料：DVERSE）

決めるタイミング。通常は二次元の図面などを前に設計者と発注者が意見を交わし、互いにイメージを共有してから施工段階に進む。しかし、工事が始まってから、発注者が「思っていたデザインと違う」といったクレームを設計者に投げかけることは少なくない。VRという新たなデバイスと企業活動をどのように結び付けるか思案していたディヴァースの沼倉社長は、こうした課題の解決にVRがうってつけだと考えた。

三次元モデルの中に設計者と発注者が「入り込み」、天井の高さや壁の色などを両者で確認すれば、トラブルや手戻りのリスクを封じ込めることが可能だ。東京の設計者とニューヨークの発注者、離れた場所にいる関係者が同じ仮想空間で打ち合わせができるのもメリット。公共事業で行政が住民と合意形成を図る場面などでも、大いに使えそうだ。

スカイプvsメッセンジャーが競合

視野角の拡大や解像度の向上によって没入感が飛躍的に高まり、人気に火が付いたVR。国内では「Oculus Rift」や「HTC Vive」、「PlayStation VR」などの新製品が次々に登場した二〇一六年が「VR元年」とされる。物珍しさも手伝って、建設分野でもVRの活用がちょっとしたブームだ。ただし今のところは、工事現場での事故を疑似体験し、労働災害を防ぐための安全教育や、若手社員の社内研修などに用途は限られる。

ディヴァースが狙うのは、こうしたVRコンテンツ市場とは似て非なるマーケット。沼倉社長

右端が自社のイベントで話すDVERSEの沼倉正吾社長（写真:日経コンストラクション）

は、「デザインを扱うビジネスの意思決定を支援するツールを目指している。ライバルはスカイプや（フェイスブックの）メッセンジャーなどだ」と説明する。

「この分野でのデファクトスタンダードを取りに行く」（沼倉社長）ために、シンメトリー・アルファは無料ソフトにしており、売り上げはまだない。今後、プログラミングの知識がなくてもＶＲ空間を編集できる有料ツールを提供し、収益を上げていく。有料版の価格はせいぜい数万円程度と低く設定する予定。閲覧は無料でも、編集機能を利用するには有料版が必要となるアドビのアクロバットのようなビジネスモデルだ。

ディヴァースは気鋭のスタートアップとして様々な分野の企業から注目を集めている。二〇一七年五月には、大手印刷会社の凸版印刷から百万ドル（約一億一千万円）を調達した。二〇一八年六月にはNTT東日本と共同で、AIとVRを組み合わせて設計業務を効率化したり、インフラ点検の自動化を図ったりする試みを始めた。例えば前者では、VR空間内に表示される物体をAIで識別したり、認識した物体を操作したりできるようにする。自然言語処理技術と組み合わせれば、「玄関の照明をもっと明るく」「天井高を三センチメートル低く」などと音声で指示するだけで、VR空間内のモデルの修正などが簡単にできるようになる。

三次元点群データの中に入る

そんな同社の技術力にいち早く目を付けてタッグを組んだ建設会社もある。意外にも東京の大手建設会社ではなく、地方の中小建設会社十九社（二〇一八年六月時点）から成るグループ「やんちゃな土木ネットワーク（YDN）」だった。

YDNは、正治組（静岡県伊豆の国市）の大矢洋平土木部部長が発起人となって二〇一五年に立ち上げた組織。地方の中小建設会社が情報を共有し合って技術力を高めるのが目的だ。大矢土木部部長は以前から、測量機器や施工管理に役立つソフトウエアなど、新たな技術やツールを使って施工の効率化に取り組んでいた。

一方で、単独での取り組みに限界も感じていた。「地元の競合企業と技術の勘所を教え合うのは難しいが、他の地域なら可能。日本中に同じような思いの土木技術者がいるのでは」。こう考えて全国から仲間を集め始め、YDNの設立に至った。

大矢土木部部長らがＣＩＭ（コンストラクション・インフォメーション・モデリング）関連のイベントに参加した時のことだ。シンメトリー・アルファの試作品を展示していたディヴァースの沼倉社長と意気投合。共同プロジェクトが始動した。両者が取り組んでいるのが、ドローンや地上型三次元レーザースキャナーで取得した工事現場の点群データをＶＲ空間に読み込み、空間内を自由に見て回れる技術の開発。様々な業務の効率化に役立つ可能性がある。

例えば、工事の要所で発注者の監督職員が現場に立ち会って、構造物の出来栄えなどを確認する「段階確認」。品質の確保には重要な手順だが、現場に赴く発注者の負担は大きく、受注者も工事を止めて準備に追われる。三次元点群データを読み込んだＶＲ空間で段階確認を済ませられれば、受発注者双方にとってメリットは大きい。データをクラウド上に保存しておけばいつでも確認できるし、後に不具合が生じた際の原因究明にも役立つ。

二〇二〇年ごろに、第五世代移動通信システム（５Ｇ）が実用化されれば、ＣＡＤデータに比べて容量が大きい三次元点群データを、現場ですぐに読み込めるようになるだろう。国土交通省も省内でデモンストレーションを開催するなど、ＹＤＮとディヴァースの取り組みを後押ししている。ディヴァースの沼倉社長は、「ＹＤＮは会社をまたいで連携する面白い組織。最新技術をどんどん試す姿勢がスタートアップに近く、やりやすい」と言う。大矢土木部部長は、「日本の土木業界のレベルを底上げしたい」と熱意に燃える。

地方の中小土木会社とスタートアップが、ＶＲという武器を手に始めた建設テック革命。長時間労働の解消と生産性向上を目指す公共工事の現場に、一石を投じている。

ドローンなどで取得した3次元点群データ(資料:下もDVERSE)

点群データをSYMMETRY alphaで読み込み、内部を探索する様子

第5章のまとめ

- 建設テック系スタートアップが増えてきた
- ＩＴを武器に、建設業界の旧態依然とした体質に切り込んでいる
- スタートアップと組んで成長の糸口を探る建設会社は少なくない
- スタートアップへの出資に踏み込む大手企業も現れ始めた
- 中小建設会社も、大手にないスピード感で革新的な技術開発に挑んでいる

木村 駿 Shun Kimura

日経コンストラクション記者。1981年生まれ。2007年京都大学大学院工学研究科建築学専攻修了。同年に日経BP社に入社。「日経コンストラクション」や「日経アーキテクチュア」の記者として建設分野のICT活用動向やインフラ老朽化問題などを追うほか、地震などの災害取材にも携わる。著書に「2025年の巨大市場」(2014年)、「すごい廃炉 福島第1原発・工事秘録〈2011～17年〉」(2018年)がある。

本書は、主に日経コンストラクション誌及び日経 xTECH(https://tech.nikkeibp.co.jp)に掲載した下記の記事に加筆し、新たに書き下ろしを加えて再編成した。

日経コンストラクション
・2016年4月25日号「ドローンが現場にやってきた!」(木村 駿)
・2016年11月14日号「生産性狂騒曲」(木村 駿、長谷川 瑶子)
・2017年6月26日号「ドローンが現場にやってきた!II」(木村 駿)
・2017年8月28日号「助けてAI」(木村 駿)
・2017年10月9日号「まだCIM始めてないの?」(真鍋 政彦、長谷川 瑶子)
・2017年10月23日号「敵か味方か『建設スタートアップ』」(木村 駿)
・2018年1月22日号「俺たちが土木を変える!」(木村 駿ほか)
・2018年3月26日号「建設現場は『工場』になるか?」(木村 駿)
・2018年6月25日号「レーザーに夢中!」(木村 駿、長谷川 瑶子)

日経 xTECH
・2017年5～6月「誕生!インフラ×AI 業界地図」(木村 駿ほか)

建設テック革命

アナログな建設産業が最新テクノロジーで生まれ変わる

2018年10月16日　初版第1刷発行
2021年3月5日　初版第4刷発行

著者　木村 駿
編者　日経コンストラクション
発行者　吉田 琢也
発行　日経BP社
発売　日経BPマーケティング
〒105-8308 東京都港区虎ノ門4-3-12
アートディレクション　奥村 靫正（TSTJ Inc.）
デザイン　出羽 伸之／真崎 琴実（TSTJ Inc.）
印刷・製本　株式会社廣済堂

ISBN 978-4-296-10025-5

本書籍に関するお問い合わせ、ご連絡は下記にて承ります。
https://nkbp.jp/booksQA